U0191880

高等职业教育课程改革系列教材

常用机床电气故障检修

主　编　周惠芳　方鸷翔
副主编　陈文明　邓　鹏　张　虹
参　编　张龙慧　姜　慧　宁金叶　袁　泉
王　芳　刘宗瑶　罗胜华　李谟发
李邦彦　左　可
主　审　周哲民

机械工业出版社

本书以常用机床为教学载体，采用项目式方法编写，分成七个项目共28个任务。本书主要内容包括CA6140型车床电气控制线路分析与检修、X62W型万能铣床电气控制线路分析与检修、T68型卧式镗床电气控制线路分析与检修、Z3050型摇臂钻床电气控制线路分析与检修、M7130型平面磨床电气控制线路分析与检修、常用机床电气控制系统的PLC改造、常用机床主拖动系统变频调速改造。

本书从项目描述、项目目标、项目分析三个方面进行项目导入，每个项目最后均设有作业与思考环节。项目中各任务按任务目标、任务分析、相关知识、任务实施、任务测评的顺序编写并驱动教学。本书内容侧重常用机床的电气原理分析以及常见电气故障的检修步骤和检修思路分析。在介绍机床电气原理的基础上引入PLC技术、变频器技术，并介绍了常见机床电气控制系统的PLC改造和主拖动系统变频调速改造的步骤和方法。

本书以培养从事电气维修工作的技能型人才为目标，将课程标准与职业技能鉴定标准相对接、教学内容与湖南省电气自动化技术、机电一体化技术专业技能抽考的项目要求相对接，适合在各职业院校电类专业中大力推广。同时，本书也可为职业技能考证、维修电工相关从业人员提供参考。

为方便教学，本书配有电子课件、模拟试卷及作业与思考答案，凡选用本书作为教材的学校，均可来电索取。电话：010-88379375；E-mail：wangzongf@163.com。

图书在版编目（CIP）数据

常用机床电气故障检修/周惠芳，方鸯翔主编．—北京：机械工业出版社，2018.12（2020.3重印）

高等职业教育课程改革系列教材

ISBN 978-7-111-61478-4

Ⅰ．①常… Ⅱ．①周…②方… Ⅲ．①机床-电气设备-故障诊断-高等职业教育-教材②机床-电气设备-维修-高等职业教育-教材 Ⅳ．①TG502.34

中国版本图书馆CIP数据核字（2018）第267533号

机械工业出版社（北京市百万庄大街22号 邮政编码100037）
策划编辑：王宗锋 责任编辑：王宗锋 王海霞
责任校对：郑 婕 封面设计：陈 沛
责任印制：常天培
北京虎彩文化传播有限公司印刷
2020年3月第1版第2次印刷
184mm×260mm · 14.75印张 · 359千字
标准书号：ISBN 978-7-111-61478-4
定价：38.80元

电话服务 网络服务
客服电话：010-88361066 机 工 官 网：www.cmpbook.com
010-88379833 机 工 官 博：weibo.com/cmp1952
010-68326294 金 书 网：www.golden-book.com
封底无防伪标均为盗版 机工教育服务网：www.cmpedu.com

教材编写委员会

前　　言

本书是编者根据多年的教学实践经验编写而成的，以培养从事电气维修工作的技能型人才为目标，以职业能力培养为主线，以新技术、新标准为课程视野。本书对接维修电工职业资格技能鉴定标准和湖南省高职院校专业技能抽考标准，注重技能应用，突出针对性、实用性和先进性。本书采用项目式方法编写，将实训内容融入书中。本书内容涵盖了湖南省电气自动化专业、机电一体化专业技能抽查题库中机床检修模块的全部内容，再根据实用性、先进性、系统性、综合性的原则对教学内容进行了拓展。

全书共有七个项目，包括CA6140型车床电气控制线路分析与检修、X62W型万能铣床电气控制线路分析与检修、T68型卧式镗床电气控制线路分析与检修、Z3050型摇臂钻床电气控制线路分析与检修、M7130型平面磨床电气控制线路分析与检修、常用机床电气控制系统的PLC改造和常用机床主拖动系统变频调速改造。每个项目下设四个任务，突出重点、难点，可培养学生的电气原理图识读能力、电路分析能力、电路测绘能力、电路安装能力、机床电路综合检修能力、机床设备编程改造能力。

本书由周惠芳和方鸷翔任主编，陈文明、邓鹏、张虹任副主编，参加编写的人员还有张龙慧、姜慧、宁金叶、袁泉、王芳、刘宗瑶、罗胜华、李谟发、李邦彦、左可。周惠芳负责本书的统稿工作。

本书由周哲民主审，他对书稿进行了认真的审阅，并提出了很多宝贵的意见和建议，在此深表感谢。

本书在编写过程中引用并参考了部分同行、专家的书籍和资料，同时参考了浙江亚龙教育装备股份有限公司提供的维修电工实训考核装置相关设备资料。在此对其作者一并表示真诚的感谢。

由于编者学识水平和实践经验有限，书中疏漏之处在所难免，敬请教师和同学们批评指正，并提出宝贵的改进意见。

编　者

目　录

项目一 CA6140 型车床电气控制线路分析与检修

【项目描述】 车床是机械制造和修配工厂中使用最广的一类金属切削通用机床。车床主要用于加工轴、盘、套和其他具有回转表面的工件，以圆柱体工件为主，能够车削外圆、内圆、端面、螺纹、螺杆及成形表面。按用途和结构不同，车床主要分为卧式车床、立式车床、转塔车床、单轴自动车床、多轴自动和半自动车床、仿形车床及多刀车床和各种专门化车床等，在所有车床中，以卧式车床应用最为广泛。CA6140 型车床是一种最常见的卧式车床，其加工范围较广，但自动化程度低，控制电路相对简单，适用于小批量生产及修配车间使用。本项目通过对 CA6140 型车床的结构、运动形式和电力拖动控制要求、电路工作原理进行分析，使学生熟练掌握车床电路常见电气故障的检查和排除方法。常用卧式车床的外形如图 1-1 所示。

图 1-1 常用卧式车床的外形

【项目目标】

1. 知识目标

1）掌握常用车床电气故障检修的一般方法。

2）掌握 CA6140 型车床的基本结构、运动形式和电力拖动控制要求。

3）掌握 CA6140 型车床的通电试车步骤。

4）熟练掌握 CA6140 型车床的电路原理。

2. 技能目标

1）能熟练操作 CA6140 型车床。

2）能按照正确的操作步骤，发现、检查和排除 CA6140 型车床的电气故障。

【项目分析】

在工业生产现场，机床电路故障时有发生，快速排除故障、保障生产设备的正常运行是电气维修人员的岗位职责。本项目下设四个任务：通过认识 CA6140 型车床，学习车床的基本结构和运动形式，熟悉车床的基本操作流程；根据车床的电力拖动控制要求，学习 CA6140 型车床的电路结构、识图方法和电路原理；通过学习车床常见典型故障检修案例，掌握车床常见电气故障检查与排除的方法和步骤；通过进行车床综合检修实训，进一步提升学生对机床电气设备的安装与调试能力、电路分析能力、电路测绘能力及故障检修能力。

任务一　认识 CA6140 型车床

【任务目标】

1）了解 CA6140 型车床的基本结构和用途。

2）熟悉 CA6140 型车床的基本操作方法和步骤。

3）掌握 CA6140 型车床的基本运动形式和电力拖动控制要求。

【任务分析】

在工业生产中，机床设备的日常维护保养非常重要，但也难免出现故障。机床设备是通过机械操作与电气控制紧密配合工作的。当机床出现故障时，要求维修人员能够快速准确地查找故障、分析故障原因和排除故障，以保障生产的顺利进行。CA6140 型车床是一种最常见的卧式车床，其加工范围较广，控制电路相对简单。本任务主要学习 CA6140 型车床的基本结构、主要运动形式、电力拖动控制要求等基本知识及基本操作方法。

【相关知识】

一、CA6140 型车床的型号

CA6140 型车床型号的含义如图 1-2 所示。

二、CA6140 型车床的结构

CA6140 型卧式车床的外形及结构如图 1-3 所示。它主要由床身、主轴箱、进给箱、变换齿轮箱、溜板箱、溜板、丝杠、光杠与刀架等几部分组成。

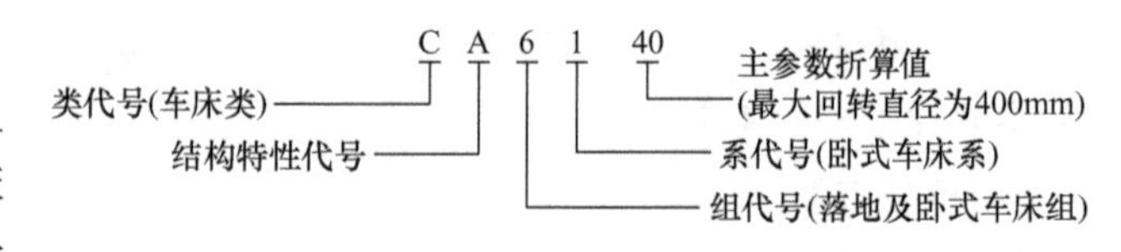

图 1-2　CA6140 车床型号的含义

主轴箱中包含主轴和主轴轴承、传动机构、起停及换向装置、制动装置、操纵机构及润滑装置，其功能是支承主轴并传递主轴运动，使主轴带动工件按照规定的转速旋转。CA6140 型卧式车床的主传动可使主轴获得 24 级正转转速（10～1400r/min）和 12 级反转转速（14～1580r/min）。

进给箱通常由变换螺纹螺距和进给量的变速机构、变换螺纹种类的移换机构、丝杠和光杠转换机构以及操纵机构等组成。其功能是改变被加工螺纹的种类和螺距，以及机动进给所需的各种进给量。

溜板箱固定在刀架部件的底部，其作用是将丝杠或光杠传来的旋转运动转变为直线运动并带动刀架做纵向、横向进给，快速移动或螺纹加工。横溜板带动刀架横向进给；纵溜板带动刀架纵向进给；刀架则用来安装车刀并带动其做纵向、横向和斜向进给运动。在溜板箱上装有各种操作手柄及按钮，工人可以方便地操作机床。

光杠和丝杠用来带动溜板箱运动，光杠主要实现内圆、外圆、端面、镗孔等的切削加工；丝杠主要实现螺纹加工。

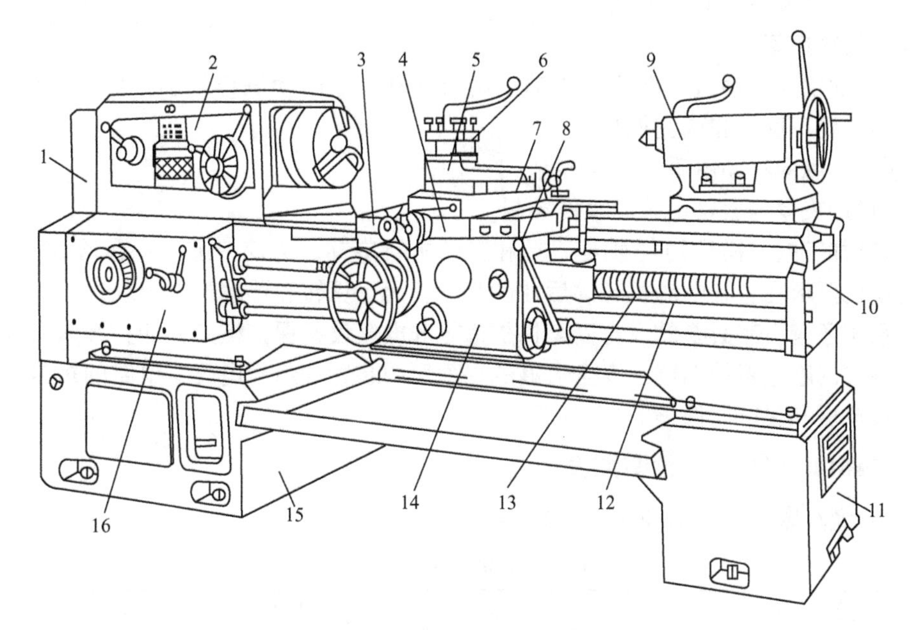

图 1-3　CA6140 型卧式车床的外形及结构

1—交换齿轮箱　2—主轴箱　3—纵溜板　4—横溜板　5—转盘　6—方刀架　7—小溜板　8—操纵手柄
9—尾座　10—床身　11—右床腿　12—光杠　13—丝杠　14—溜板箱　15—左床腿　16—进给箱

床身是机床的基本支承件，床身固定在左床腿和右床腿上，床身上安装有机床的各个主要部件，工作时床身使它们保持准确的相对位置。

卡盘用来夹持工件、带动工件旋转；尾座上可安装顶尖、钻头和铰刀。

三、CA6140 型车床的运动形式和电力拖动控制要求

CA6140 型车床的主要运动形式有主运动、进给运动和辅助运动。

1. CA6140 型车床的主运动

主运动是指主轴通过卡盘或顶尖带动工件的旋转运动。主运动的电力拖动控制要求如下：

1）主运动由主轴电动机拖动，主轴电动机选用三相笼型异步电动机，不要求电气调速。主轴的调速是由主轴箱的齿轮机构进行机械有级调速。

2）车削螺纹时要求主轴能够正反转，一般由机械方法（如摩擦离合器）实现，主轴电动机只做单向旋转，在电气上无反转控制要求。

3）主轴电动机的容量不大，通常只有 7.5kW，可采用直接起动方式，电路上无减压起动要求。

2. CA6140 型车床的进给运动

进给运动是指溜板带动刀架，刀架带动刀具所做的直线运动。

中、小型普通车床的主运动和进给运动一般采用同一台异步电动机驱动。主轴电动机的动力通过交换齿轮箱传递给进给箱来实现刀具的纵向和横向进给。在加工螺纹时，要求刀具的移动和主轴转动有固定的比例关系。

3. CA6140 型车床的辅助运动

车床的辅助运动包括溜板和刀架的快速移动、尾座的纵向移动、工件的夹紧与放松以及

加工过程中的冷却等。

1）刀架的快速移动由刀架快速移动电动机拖动，该电动机容量小，只有250W，可直接起动，不需要正反转和调速控制。

2）尾座的纵向移动由手动操作控制。

3）工件的夹紧与放松由手动操作控制。

4）车削加工时，需用切削液对刀具和工件进行冷却。为此，配有一台冷却泵电动机。冷却泵电动机要求在主轴电动机起动后才能起动，无正反转和调速控制要求。

机床系统还应设有必要的人身安全保护措施和电气设备保护措施，如打开床头传动带罩和配电箱门时的断电保护功能，安全可靠的局部照明装置和信号电路，电路的短路保护、过载保护、失电压和欠电压保护等。

四、CA6140型车床元件明细表

CA6140型车床元件明细表见表1-1。

表1-1　CA6140型车床元件明细表

代号	名　称	型号及规格	数量	用　途
M1	主轴电动机	Y132M-4-B3，7.5kW，1450r/min	1	主传动
M2	冷却泵电动机	A0B-25，90W，3000r/min	1	供切削液
M3	刀架快速移动电动机	A0S5634，250W，1360r/min	1	刀架快速移动
FR1	热继电器	JR20-20/3D，15.4A	1	主轴电动机过载保护
FR2	热继电器	JR20-20/3D，0.32A	1	冷却泵电动机过载保护
KM	交流接触器	CJ20-20，线圈电压110V	1	控制主轴电动机M1
KA1	中间继电器	JZ7-44，线圈电压110V	1	控制冷却泵电动机M2
KA2	中间继电器	JZ7-44，线圈电压110V	1	控制刀架快速移动电动机M3
SB1	按钮	LAY3-01ZS/1	1	主轴电动机停止按钮
SB2	按钮	LAY3-10/3.11	1	主轴电动机起动按钮
SB3	按钮	LA9	1	刀架快速移动电动机起动按钮
SA1	旋钮	LAY3-10X/2	1	控制冷却泵
SA	旋钮	LAY3-10X/2	1	控制照明灯
SB	旋钮	LAY3-01Y/2	1	电源钥匙开关
SQ1	行程开关	JWM6-11	1	传动带罩断电保护
SQ2	行程开关	JWM6-11	1	配电箱断电保护
QF	断路器	AM2-40，20A	1	电源开关
TC	变压器	JBK2-100，380V/110V、24V、6V	1	控制、照明
EL	机床照明灯	JC11	1	照明指示
HL	信号灯	ZSD-06V	1	信号指示
FU1	熔断器	BZ001，熔体6A	1	短路保护
FU2	熔断器	BZ001，熔体1A	1	控制电源保护
FU3	熔断器	BZ001，熔体1A	1	信号灯电路保护
FU4	熔断器	BZ001，熔体2A	1	照明灯电路保护

【任务实施】

1. 认识 CA6140 型车床的主要结构和操作部件

1）观摩车间实物车床，认识 CA6140 型车床的外形结构，指出车床各主要部件的名称。

2）通过观摩车间师傅或教师操作示范，了解 CA6140 型车床各操作部件所在位置，并记录操作方法和步骤。

2. 了解 CA6140 型车床的电路构成

观摩实物车床或实训室模拟车床，认识各电气元件的名称、型号、规格、作用和所在位置，记录三台电动机的铭牌数据、接线方式，了解车床的布线情况。

3. 了解 CA6140 型车床的种类和用途

通过车间观摩和网上查阅，了解目前工厂中常用车床的种类，写出 1 ~2 种车床型号，了解其用途和特点。

【任务测评】

完成任务后，对任务实施情况进行检查，在表 1-2 中相应的方框中打勾。

表 1-2 认识 CA6140 型车床任务测评表

序号	能力测评	掌握情况
1	对照实物车床或图样说出车床各主要部件的名称	□好 □一般 □未掌握
2	对照实物车床或模拟设备指出车床主要操作部件的名称、位置	□好 □一般 □未掌握
3	对照实物车床或模拟设备识别机床各元器件的名称、位置	□好 □一般 □未掌握
4	认识电路图中各元器件的图形符合、文字符号	□好 □一般 □未掌握
5	说出 CA6140 型车床的基本操作方法	□好 □一般 □未掌握

任务二 CA6140 型车床电气控制线路分析

【任务目标】

1）能正确识读和绘制 CA6140 型车床电路图。

2）熟悉 CA6140 型车床电气控制线路中各电气元件的位置、型号及功能。

3）熟练掌握 CA6140 型车床电气控制线路的组成和工作原理。

【任务分析】

作为机床维修人员，熟练掌握机床电路的工作原理是快速、准确地查找和排除故障的前提条件。本任务主要学习机床电气控制线路的基本知识，学习 CA6140 型车床的电路组成和电路原理。CA6140 型车床电路实现三台电动机的起停控制，其中主轴电动机和冷却泵电动机为顺序控制关系，刀架快速移动电动机只需点动。主轴电动机的电气调速和反向运转均由机械方法实现。

【相关知识】

一、绘制和识读电路图

CA6140 型卧式车床电路图如图 1-4 所示。

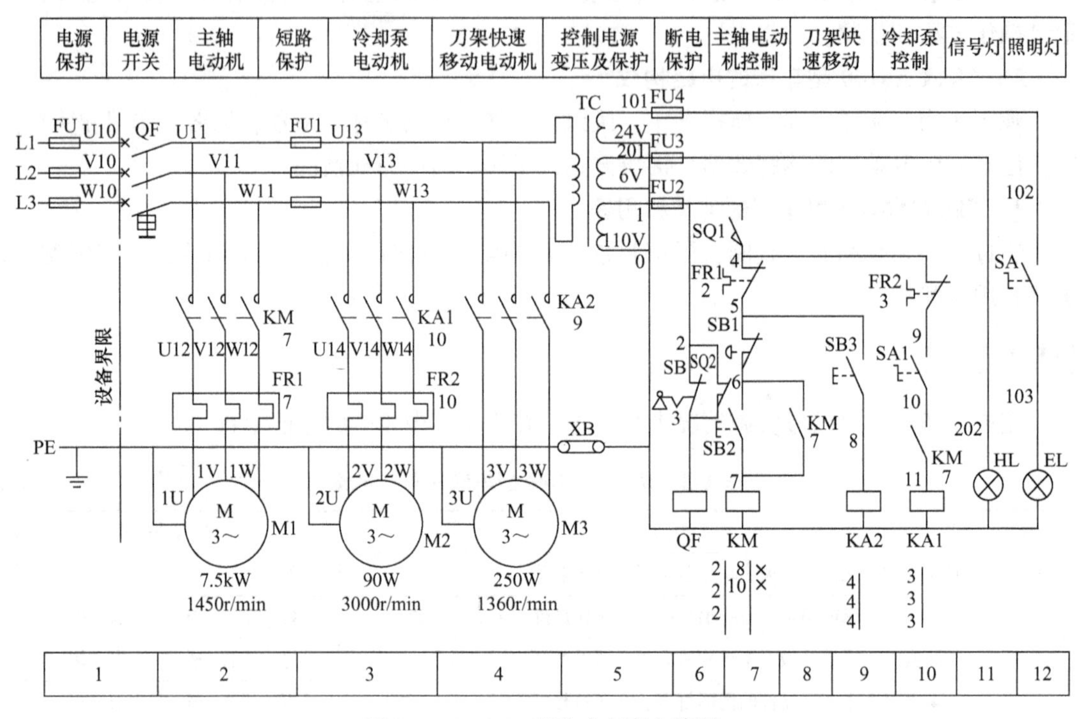

图 1-4　CA6140 型卧式车床电路图

机床电路是由若干个继电控制的基本电路组成的，所包含的电气元件和电气设备通常较多。因此，在绘制和识读机床电路图时，除了遵循基本电路的绘图和识图原则外，还应当明确机床电路按功能划分单元和按回路划分图区等特点。

1. 按功能划分单元标明电路单元用途

用文字将每个电路单元在机床电路中的用途标明在电路图上部的用途栏内。CA6140 型卧式车床电路图按功能划分为电源保护、电源开关、主轴电动机、短路保护、冷却泵电动机、刀架快速移动电动机、控制电源变压及保护、断电保护、主轴电动机控制、刀架快速移动、冷却泵控制、信号灯、照明灯 13 个单元。

2. 按回路划分图区

通常是将一条回路或一条支路划为一个图区。在原理图下面的图区栏中，用阿拉伯数字从左到右进行编号。图 1-4 所示的 CA6140 型卧式车床电路图共划分了 12 个图区。

3. 接触器线圈、继电器线圈下方的数字标记

因机床电路中所使用的接触器、继电器等元件较多，通常用线圈符号下的数字标记来指示主触点、辅助常开触点和辅助常闭触点所在图区。图 1-4 所示电路图中接触器 KM 线圈、继电器 KA1 和 KA2 线圈符号下的数字标记的含义见表 1-3。

表 1-3　接触器线圈、继电器线圈符号下的数字标记的含义

栏　目	左　栏	中　栏	右　栏
触点类型	主触点所在图区	辅助常开触点所在图区	辅助常闭触点所在图区
KM 2 ┃ 8 ┃ × 2 ┃ 10 ┃ × 2 ┃ ┃	表示 3 对主触点在图区 2	表示 1 对辅助常开触点在图区 8，另外 1 对辅助常开触点在图区 10	表示辅助常闭触点未用
KA1 3 ┃ 3 ┃ 3 ┃	表示 3 对常开触点在图区 3	无	表示辅助常闭触点未用
KA2 4 ┃ 4 ┃ 4 ┃	表示 3 对常开触点在图区 4	无	表示辅助常闭触点未用

接触器线圈符号下方画两条竖直线，分成左、中、右三栏，分别标记主触点、辅助常开触点、辅助常闭触点所在图区。继电器线圈符号下方画一条竖直线，分为左、右两栏，分别标记常开触点和常闭触点所在图区。

二、主电路分析

图 1-4 中，CA6140 型卧式车床共有三台电动机：M1 为主轴电动机，用于拖动主轴旋转和刀架做进给运动；M2 为冷却泵电动机，用于供应切削液；M3 为刀架快速移动电动机，用于拖动刀架快速移动。主电路中各台电动机的作用、控制电器和保护电器见表 1-4。

表 1-4　主电路中各台电动机的作用、控制电器和保护电器

名称及代号	电动机功率和转速	作　用	控制电器	过载保护电器	短路保护电器
主轴电动机 M1	7.5kW 1450r/min	拖动主轴旋转和刀架做进给运动	接触器 KM	热继电器 FR1	低压断路器 QF 和熔断器 FU
冷却泵电动机 M2	90W 3000r/m	供应切削液	继电器 KA1	热继电器 FR2	熔断器 FU1
刀架快速移动电动机 M3	250W 1360r/min	拖动刀架快速移动	继电器 KA2	无	熔断器 FU1

三台电动机均设有熔断器进行短路保护，电动机 M1 和 M2 的过载保护分别由热继电器 FR1 和 FR2 来实现，而刀架快速移动电动机 M3 为短时工作，不需要设置热继电器进行过载保护。

机床电源采用三相 AC 380V 电源供电，由低压断路器 QF 引入，总电源短路保护电器为熔断器 FU。

三、控制电路分析

机床控制电源通常有 AC 110V 和 AC 127V 两种。图 1-4 所示 CA6140 型卧式车床电路图的控制电路通过控制变压器 TC 输出的 AC 110V 电源供电，由熔断器 FU2 做短路保护。

1. 控制电路的合闸和人身安全保护措施

行程开关 SQ2 装于配电箱门处，配电箱门闭合时，SQ2 常闭触点断开。总电源合闸断路器 QF 是带钥匙开关锁的断路器。钥匙开关 SB 和行程开关 SQ2 在车床正常情况下是断开的，QF 的线圈回路不通电，QF 能合闸。若在车床运转过程中配电箱门被打开，则 SQ2 闭合，QF 线圈获电，断路器 QF 自动断开，切断车床电源。

行程开关 SQ1 装于床头传动带罩内，车床正常情况下，床头传动带罩盖上，行程开关 SQ1 常开触点闭合。当打开床头传动带罩后，SQ1 的常开触点断开，切断控制电路电源，以确保人身安全。

因此，为保障人身安全，车床在正常运行情况下必须将床头传动带罩合上，配电箱门关闭。若需要打开配电箱门进行带电检修时，应将行程开关的传动杠拉出，使断路器 QF 仍然能合上，关上配电箱门后，SQ2 复原恢复保护作用。

2. 主轴电动机 M1 的控制

主轴电动机 M1 的起动由按钮 SB2 控制，停止由按钮 SB1 控制。

（1）M1 起动　按下 SB2，接触器 KM 吸合，主触点闭合，KM 的一对辅助常开触点（6－7）闭合自锁，主轴电动机 M1 起动运转。同时，KM 的另一对辅助常开触点（10－11）闭合，为 KA1 得电做准备。

（2）M1 停转　按下 SB1，接触器 KM 线圈失电，KM 主触点和辅助常开触点复位断开，M1 失电停转。

3. 冷却泵电动机的控制

冷却泵电动机 M2 必须在主轴电动机 M1 起动后才能起动，在控制电路中实现顺序控制。主轴电动机起动后，接触器 KM 的辅助常开触点（10－11）闭合，合上旋钮 SA1，中间继电器 KA1 吸合，冷却泵电动机 M2 才能起动。当主轴电动机停止运行或断开旋钮 SA1 时，冷却泵电动机 M2 停止运行。

4. 刀架快速移动电动机的控制

从安全角度考虑，刀架快速移动电动机 M3 采用点动控制，按下 SB3 就可以快速进给。SB3 安装在进给操作手柄顶端，与中间继电器 KA2 组成点动控制环节。将操作手柄扳到所需移动的方向，按下 SB3，KA2 得电吸合，电动机 M3 起动运转，刀架沿着指定的方向快速移动。

四、照明与信号电路分析

控制变压器 TC 的二次侧输出 24V 和 6V 电压，分别作为车床低压照明和信号指示灯电源。图 1-4 中的 EL 为车床低压照明灯，由开关 SA 控制，FU4 做短路保护；HL 为电源指示灯，由 FU3 做短路保护。

【任务实施】

1）认真识读 CA6140 型车床电路图，熟悉车床电路组成。

① 熟悉各元件在电路中的作用、图形符号和文字符号。

② 熟悉车床的布线情况，可通过测量方法找出各回路的实际布线路径。

2）认真识读 CA6140 型车床电路图，分析讨论下列问题。

① CA6140 型车床共有几台电动机？其功率分别是多大？在车床系统中各起什么作用？

② CA6140 型车床的电气保护措施有哪些？分别用哪些电气元件来实现？

③ 为什么冷却泵电动机和刀架快速移动电动机的控制电器可以采用中间继电器？

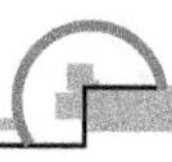

④ CA6140 型车床的主轴电动机因过载而自动停车后，操作者立即按下起动按钮，但电动机不能起动，试分析可能的原因。

⑤ 主轴电动机运转时出现“嗡嗡”的响声，可能的原因是什么？应当如何处理？

⑥ 若主轴电动机 M1 只能点动，则可能的故障原因有哪些？在此情况下，冷却泵电动机能否正常工作？

3）认真识读 CA6140 型车床电路图，并观摩实物车床，进一步熟悉车床的操作流程。对照电路图写出车床电路中各台电动机的起停操作步骤和工作原理。

【任务测评】

完成任务后，对任务实施情况进行检查，在表 1-5 中相应的方框中打勾。

表 1-5　CA6140 型车床电气控制线路分析任务测评表

序号	能力测评	掌握情况
1	能画出电路图中所有元件的图形符号和文字符号	□好　□ 一般　□ 未掌握
2	能说出图中所有按钮、行程开关、信号灯在电路中的作用	□好　□ 一般　□ 未掌握
3	能说出 CA6140 型车床电路的工作原理	□好　□ 一般　□ 未掌握
4	能说出 CA6140 型车床电路的操作流程	□好　□ 一般　□ 未掌握

任务三　CA6140 型车床常见电气故障检修与排除

【任务目标】

1）熟悉常用机床电气设备维修的一般要求和方法。

2）掌握 CA6140 型车床电路典型故障的分析方法。

3）掌握 CA6140 型车床电路典型故障的检修流程和方法。

4）能按照正确的检修方法和流程，排除 CA6140 型车床的典型电气故障。

【任务分析】

电气设备维修包括日常维护保养和故障检修两方面。在实际工作中，通过日常维护保养能及时发现一些非正常因素，并给予及时的修复或更换处理，从而可以及时预防故障的产生和扩大，将故障消灭在萌芽状态，能有效降低设备电气故障的发生率。但机床在使用过程中会不可避免地发生各种电气故障，一旦发生故障，应采用正确的维修步骤和方法，查明故障原因并及时修复，保障设备的正常使用。本任务通过学习 CA6140 型车床常见电气故障检修与排除方法，熟悉机床电气设备检修的一般要求、方法和步骤。

【相关知识】

一、常用机床电气设备维修的一般要求和方法

1. 常用机床电气设备维修的一般要求

1）应采用正确的维修步骤和方法。

2）不可损坏完好的电气元件。

3）不可擅自改动电路，不可随意更换电气元件及连接导线。

4）电气设备的各种保护性能必须满足使用要求。

5）绝缘电阻合格，通电试车能满足电路的各种功能，控制环节的动作程序符合要求。

6）修复后的电气装置必须满足其检修质量标准要求：

① 外观整洁，无破损和炭化现象。

② 所有触点均应完整、光洁、接触良好。

③ 压力弹簧和反作用力弹簧应具有足够的弹力。

④ 操作、复位机构必须都灵活可靠。

⑤ 各种衔铁运动灵活、无卡阻现象。

⑥ 灭弧罩完整、清洁、安装牢固。

⑦ 整定数值大小符合电路使用要求。

⑧ 指示装置能正常发出信号。

2. 常用机床电气设备的日常维护保养

电气设备维修包括日常维护保养和故障检修两方面。电气设备的日常维护保养包括电动机和控制设备的日常维护保养，具体方法见表 1-6。

表 1-6　机床电气设备的日常维护保养方法

电动机的日常维护保养	电动机应保持表面清洁，进出风口保持畅通无阻，不允许水滴、油污或金属等任何异物掉入电动机内部
	定期用绝缘电阻表检查其绝缘电阻。三相 380V 电动机及各种低压电动机的绝缘电阻至少为 0.5MΩ
	检查电动机的接地装置，使其保持牢固可靠
	检查电源电压是否与铭牌相符，三相电源电压是否对称
	检查电动机的温升是否正常
	检查电动机的振动、噪声是否正常，有无异常气味、冒烟、起动困难等现象
	检查电动机轴承是否存在过热、润滑脂不足或磨损现象，其振动和轴向位移不能超过规定值
	对于绕线转子异步电动机，应检查电刷与集电环之间的接触压力、磨损及火花情况
	对于直流电动机，应检查换向器表面是否光滑、圆整，有无机械损伤或火花损伤
	检查机械传动装置是否正常，联轴器、带轮或传动齿轮是否跳动
	检查电动机的引出线是否绝缘良好、连接可靠
控制设备的日常维护保养	电气柜的门、盖、锁及门框周边的耐油密封垫均应良好
	操作台上的所有操作按钮、主令开关的手柄、信号灯及仪表护罩都应保持清洁完好
	接触器、继电器等的触点系统吸合是否良好，电磁线圈是否过热；各种弹簧弹力是否适当；灭弧装置是否完好无损
	试验位置开关能否起位置保护作用
	检查各电器的操作机构是否灵活可靠，相关整定值是否符合要求
	检查各线路接头与端子板的连接是否牢靠，各部件之间的连接导线、电缆或保护导线的软管不得被切削液、油污等腐蚀，管接头处不得出现脱落或散头现象
	检查电气柜及导线通道的散热情况是否良好
	检查各类指示信号装置和照明装置是否完好
	检查电气设备和工业机械上的所有裸露导体件是否接到保护接地专用端子上，是否达到了保护电路连续性的要求

3. 常用机床设备电气故障的检修步骤

常用机床设备电气故障的检修步骤如图1-5所示。

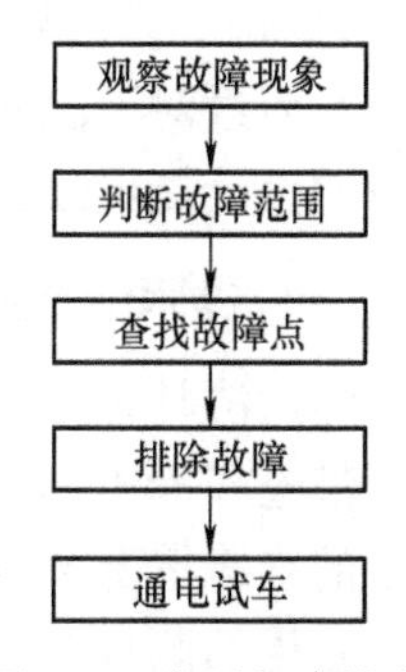

图1-5　常用机床设备电气故障的检修步骤

（1）观察故障现象　在机床电气设备发生故障后，切忌盲目动手检修。检修前应通过问、看、听、摸、闻来了解故障前后的操作情况和故障发生后出现的异常现象，并准确记录故障现象，根据故障现象判断出故障发生的部位，进而准确地排除故障。

（2）判断故障范围　对于简单的电路，可采取逐一检查每个电气元件、每根连接导线的方法找到故障点；对复杂的电路，应根据电气设备的工作原理和故障现象，采用逻辑分析法结合外观检查法、通电试验法、模拟操作法来确定故障可能发生的范围。

（3）查找故障点　选择合适的检修方法查找故障点。常用的检修方法有直观法、电压测量法、电阻测量法、短接法、试灯法、示波器波形测量法等。查找故障时，必须在确定的故障范围内，顺着检修思路逐点检查，直到找出故障点。

（4）排除故障　针对不同故障情况和部位采用正确的方法修复故障。对更换的新元件应注意尽量使用相同的规格、型号，并应进行性能检测，确定性能完好后方可替换。在故障排除过程中，还要注意避免损坏周围的元件、导线等，防止故障扩大。

（5）通电试车　故障修复后，应重新通电试车，检查生产机械的各项操作是否符合技术要求。

4. 机床电气设备检修过程中的注意事项

在进行机床检修前必须先准备好检修工具，主要有螺钉旋具、尖嘴钳、电工刀、活扳手等电工常用工具，并准备好万用表、验电笔、绝缘电阻表等电工常用仪表。

（1）检修过程中应注意的事项

1）检修机床时，应穿戴好绝缘鞋、工作服。

2）应保持头脑清醒，避免引发安全事故。

3）停电检修机床时，应由两人合作进行，一人监护，守护在动力箱前，以防止其他人合闸，并且悬挂“有人工作，严禁合闸”的警示牌，另一人检修机床。

4）停电操作时，应先拉开断路器，然后拉开隔离开关；送电时，应先合隔离开关，然后合断路器，否则将发生安全事故。

5）检修前，应校准验电笔、万用表等，确保准确无误后方能使用。

6）在用手接触导线或电气元件之前，应先用验电笔或万用表检测其是否带电，确保不带电后才能用手触摸，否则禁止用手触摸电气元件和导线。

7）在带电检修机床测量电压时，应注意观察万用表档位开关是否拨到了电压档位。

（2）故障修复过程中应注意的事项

1）当找出故障点和修复故障时，应注意不要把找出故障点作为寻找故障的终点，还必须进一步分析查明产生故障的根本原因，避免类似故障再次发生。

2）找出故障点后，一定要针对不同故障情况和部位采取相应的正确修复方法，不要轻易采用更换元件和补线等方法，更不允许轻易改动电路或更换规格不同的元件，以防产生人为故障。

3）在故障点的修复过程中，一般情况下应尽量使其复原。

4）电气故障修复完毕，需要通电试运行时，应避免出现新的故障。

5）每次修复故障后，应及时总结经验，并做好维修记录，作为档案以备日后维修时参考。并通过对历次故障的分析，采取相应有效措施，防止类似事故的再次发生或对电气设备本身的设计提出改进意见等。

二、机床电气故障检修常用测量方法

测量法是维修电工工作中用来准确确定故障点的一种行之有效的检查方法。通过对电路进行带电或断电时有关参数（如电压、电阻、电流等）的测量，来判断电气元件的好坏、设备的绝缘情况及电路的通断情况等。

常用的测量工具和仪表有验电笔、万用表、钳形电流表、绝缘电阻表、示波器等。部分测量工具和仪表实物图如图 1-6 所示。

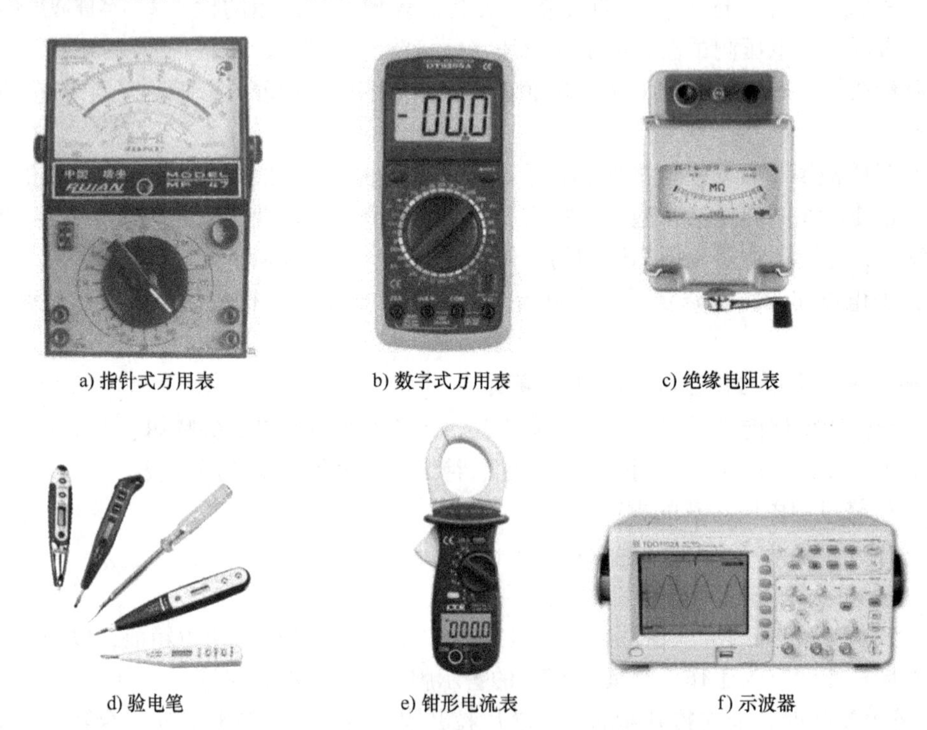

a) 指针式万用表　b) 数字式万用表　c) 绝缘电阻表

d) 验电笔　e) 钳形电流表　f) 示波器

图 1-6　常用测量工具和仪表实物图

常用的测量方法有电压测量法、电阻测量法、短接法、电流法及元件替代法等。检测故障点时，一定要保证各种测量工具和仪表完好，使用方法正确，还要注意防止感应电、回路及其他并联支路的影响，以免产生误判断。

1. 电压测量法

电压测量法是在机床电路带电的情况下，通过测量各节点之间的电压值，与机床正常工作时应具有的电压值进行比较，从而判断故障点及故障元件所在位置。它不需要拆卸元件及导线，同时机床处于实际使用条件下，提高了故障识别的准确性，是故障检测中采用最多的方法。采用电压测量法时的注意事项如下：

1）电压测量法是带电测量，因此要注意防止触电，确保人身安全。

2）测量时人体不要接触表笔的金属部位。

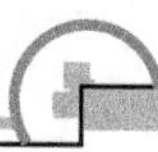

3）检测前应清楚电路的走向、元件位置，明确电路的正常电压值。

4）万用表要及时换档，将万用表拨至合适的电压倍率档位，对测量值与正常值进行比较并做出分析判断。

用电压测量法测量机床电气故障的方法有电压交叉测量法、电压分阶测量法、电压分段测量法三种。具体采用哪种方法视具体情况定。

下面以图1-7所示接触器自锁正转控制电路的故障为例，比较三种不同的电压测量法是如何检测故障的。故障现象为：电源正常的情况下，按下起动按钮SB2，KM线圈不吸合。

（1）电压交叉测量法　电压交叉测量法如图1-8所示。

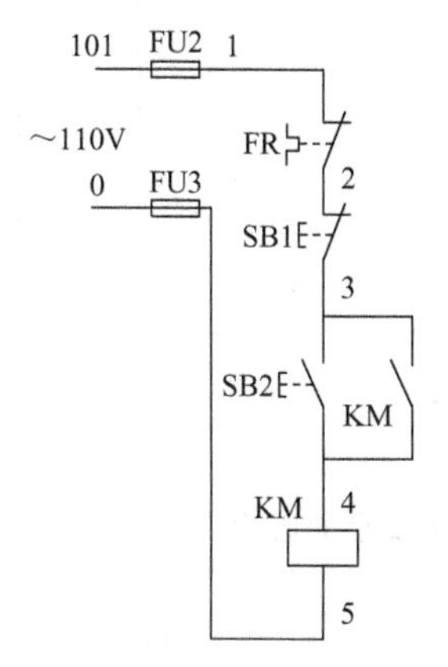

图1-7　接触器自锁正转控制电路

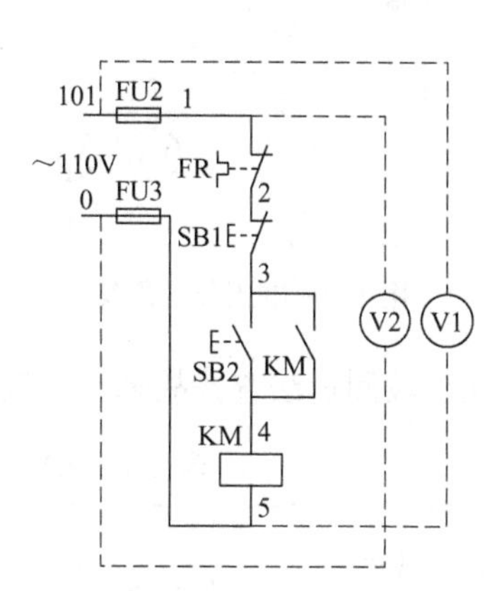

图1-8　电压交叉测量法

首先检测电源端101－0之间的电压是否正常，若其电压为110V，则表示电源正常。再检测1－5之间的电压是否正常，若1－5之间无110V电压，则采用电压交叉测量法查找熔断器故障，检测流程见表1-7。

表1-7　电压交叉测量法查找熔断器故障

故障现象	测量点	电压值/V	故障点
101－0之间电压正常，但1－5之间电压为0	0－1	0	FU2熔丝断
	101－5	0	FU3熔丝断

（2）电压分阶测量法　若1－5之间电压为110V，则采用电压分阶测量法或电压分段测量法查找故障。

电压分阶测量法如图1-9所示，选择电路中某一公共点作为参考点，然后逐阶测量相对参考点的电压值。

用电压分阶测量法查找故障点的流程见表1-8。

表1-8　用电压分阶测量法查找故障点的流程

故障现象	测量点间电压值/V				故障点
	1－5	2－5	3－5	4－5	
保持按下按钮SB2，KM1线圈不吸合，1－5之间电压正常	110	0	0	0	FR触点接触不良或接线脱落
	110	110	0	0	SB1接触不良或接线脱落
	110	110	110	0	SB2接触不良或接线脱落
	110	110	110	110	KM内部线圈开路或接线脱落

（3）电压分段测量法　电压分段测量法如图1-10所示，分别测量同一条支路上所有电气元件两端的电压值，当测量出某段的电压值为电源电压时，即可视其为故障点。

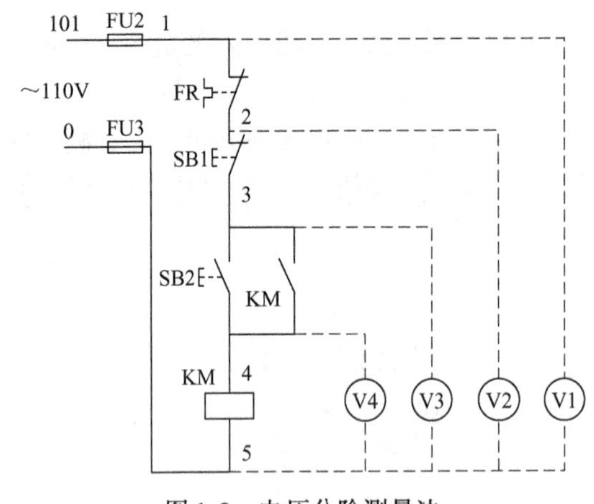

图1-9　电压分阶测量法

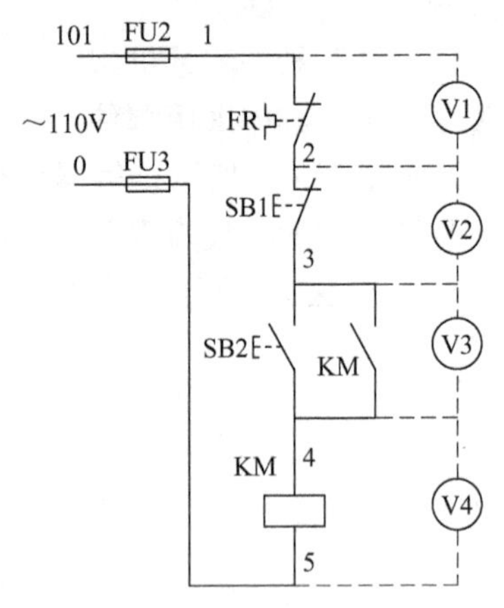

图1-10　电压分段测量法

用电压分段测量法查找故障点的流程见表1-9。

表1-9　用电压分段测量法查找故障点的流程

故障现象	测量点间电压值/V				故障点
	1-2	2-3	3-4	4-5	
保持按下按钮SB2，KM1线圈不吸合，1-5之间电压正常	110	0	0	0	FR触点接触不良或接线脱落
	0	110	0	0	SB1接触不良或接线脱落
	0	0	110	0	SB2接触不良或接线脱落
	0	0	0	110	KM内部线圈开路或接线脱落

2. 电阻测量法

电阻测量法就是在断开电路电源后，用仪表测量电路中两点之间的电阻值，通过对电阻值进行对比，检测电路故障的一种方法。当电路中存在断路故障时，利用电阻测量法对电路中的断线、触点虚接等故障进行检查，可以快速找到故障点。这种方法主要是用万用表的电阻档对电路通断或元件好坏进行判断。

用电阻测量法查找故障的优点是安全；缺点是测量电阻值不准确时易产生误判断，快速性和准确性低于电压测量法。

使用电阻测量法时应注意以下事项：

1）测量前应确保机床电源断电。

2）不应有其他电路与被测电路并联，如被测电路与其他电路并联，则应将该电路与其他并联电路断开，否则会产生误判断。

3）适时调整万用表的电阻档，并注意机械调零和欧姆调零，以避免判断错误。

具体方法有电阻分阶测量法和电阻分段测量法。下面仍以接触器自锁正转控制电路故障为例，比较两种不同的电阻测量法是如何进行故障检测的。故障现象为电源正常的情况下，按下起动按钮SB2，KM线圈不吸合。

（1）电阻分阶测量法　电阻分阶测量法是选择电路中的某一公共点作为参考点，然后逐阶测量出两参考点之间的电阻值或通断情况。当所测量某相邻两阶的电阻值突然增大时，则说明该跨接点为故障点。测量方法如图1-11所示，测量前先断开电源，将万用表转换开关置于R×10（或R×100）档。为防止其他并联支路的干扰，检测前可将熔断器FU2、FU3拔出。

用电阻分阶测量法查找故障点的流程见表1-10。

表1-10　用电阻分阶测量法查找故障点的流程

故障现象	测量点间电阻值/Ω				故障点
	5-1	5-2	5-3	5-4	
1-5之间电压正常，按下SB2，接触器KM不吸合	∞	R	R	R	FR触点接触不良或接线脱落
	∞	∞	R	R	SB1常闭触点断开或接触不良
	∞	∞	∞	R	SB2接触不良或接线脱落
	∞	∞	∞	∞	KM线圈开路或接线脱落

（2）电阻分段测量法　电阻分段测量法如图1-12所示，测量时先切断电源，选用合适的电阻档位逐段测量相邻点之间的电阻。用电阻分段测量法查找故障点的流程见表1-11。

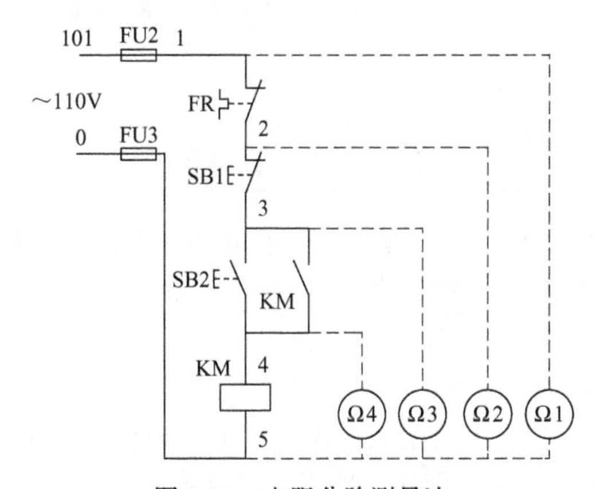

图1-11　电阻分阶测量法

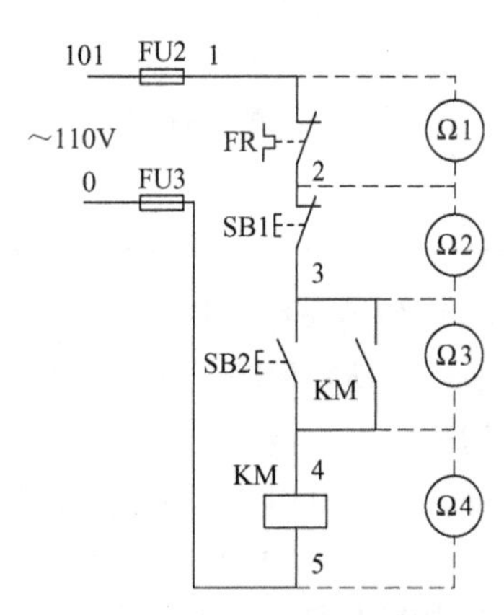

图1-12　电阻分段测量法

表1-11　用电阻分段测量法查找故障点的流程

故障现象	测量点	电阻值/Ω	故障点
1-5之间电压正常，按下SB2，接触器KM不吸合	1-2	∞	FR触点接触不良或接线脱落
	2-3	∞	SB1常闭触点断开或接触不良
	3-4	∞	SB2接触不良或接线脱落
	4-5	∞	KM线圈开路或接线脱落

3. 短接法

熟练的维修人员还常采用短接法查找故障点。这种方法是检查电路断路故障的一种简便、可靠的方法。但前提是维修人员必须相当熟悉电路，初学者慎用。

短接法又称跨接线法，是用一根绝缘良好的导线，把所怀疑的断路部位短接，如短接过程中电路被接通，就说明该处断路。具体操作又分为局部短接法和长短接法。

用短接法检测故障时必须注意以下问题：

1）一定要注意用电安全。

2）短接法一般只适合检查控制电路，不能在主电路中使用，而且绝对不能短接负载或压降较大的电器，如电阻、线圈、绕组等的断路故障，否则将发生电源相间或相对地（中性线）短路现象。

3）对于生产机械的某些要害部位，必须在保证电气设备或机械部件不出现事故的情况下，才能使用短接法。

（1）局部短接法　局部短接法是用一根绝缘良好的导线分别短接标号相邻的两点来检查线路断路故障的方法。用局部短接法检查故障，如图 1-13 所示。故障现象为：按下起动按钮 SB2，KM1 不吸合。

检查前，先用万用表测量 1－0 两点间的电压，若电压正常，可按下 SB2 不放，然后用一根绝缘良好的导线分别短接标号相邻的两点 1－2、2－3、3－4、4－5、5－6（注意绝对不能短接 6－0 两点，否则会造成电源短路）。当短接到某两点时，接触器 KM1 动作，则说明故障点在该两点之间。用局部短接法查找故障点的流程见表 1-12。

表 1-12　用局部短接法查找故障点的流程

故障现象	测试状态	短接点标号	电路状态	故障点
按下 SB2，接触器 KM1 不吸合	按下 SB2 不放	1－2	KM1 吸合	FR 常闭触点接触不良或误动作
		2－3	KM1 吸合	SB1 触点接触不良
		3－4	KM1 吸合	SB2 触点接触不良
		4－5	KM1 吸合	KM2 常闭触点接触不良
		5－6	KM1 吸合	SQ 触点接触不良

（2）长短接法　长短接法是一次短接两个或两个以上触点来检查线路断路故障的方法，用长短接法检查故障，如图 1-14 所示。故障现象为：按下 SB2，KM1 不能吸合。

用长短接法检查时，先将 1－6 两点短接，若 KM1 吸合，则说明 1－6 这段电路上有断路故障，然后再用局部短接法逐段找出故障点。也可先短接 3－6 两点，若 KM1 不吸合，再短接 1－3 两点，如果 KM1 吸合，则说明故障在 1－3 范围内。由此可见，用长短接法可把故障范围缩小到一个较小的范围内，与局部短接法结合使用，能很快找出故障点。

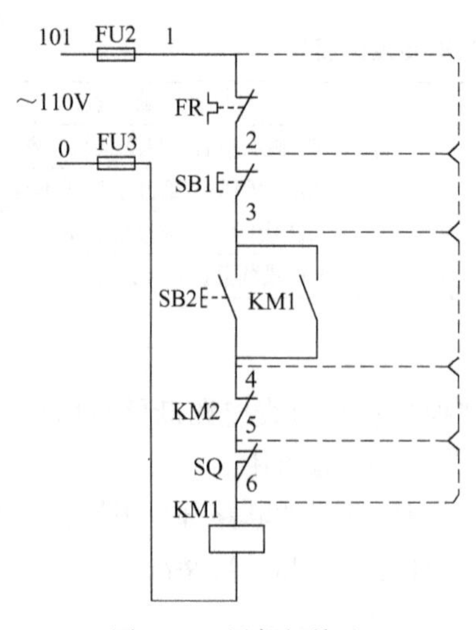

图 1-13　局部短接法

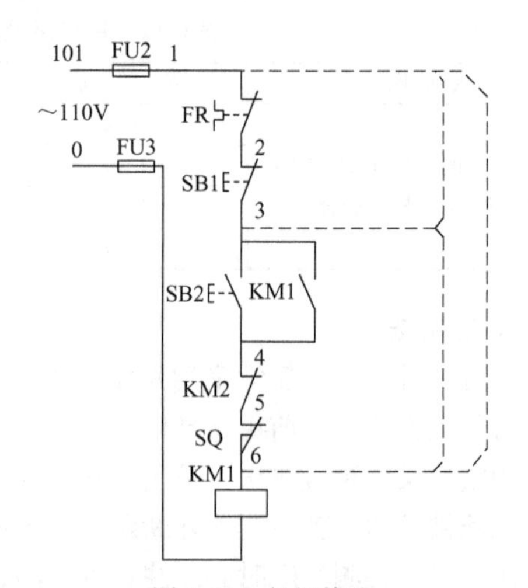

图 1-14　长短接法

4. 其他测量方法

其他测量方法包括验电笔、示波器、电流法、元件替代法等，见表1-13。

表1-13　查找电气故障的其他测量方法

测量方法	具体做法	注意事项
验电笔	低压验电笔是检测导线和电气设备外壳是否带电的一种常用检测工具，但它只适合检测对地电位高于氖管启辉电压（60~80V）的场合，只能做定性检测，不能做定量检测。当电路接有控制和照明变压器时，用验电笔无法判断电源是否缺相；氖管启辉发光消耗的功率极低，由绝缘电阻和分布电容引起的电流也能启辉，容易造成误判断。为避免测量中的误判断，只将验电笔作为验电工具	在使用验电笔检测电气设备是否带电时，要先用一个已知正常的电源检测验电笔氖泡能否正常发光，能正常发光才能使用
示波器	示波器是一种测量电压的工具，主要用于测量峰值电压、微弱信号电压。在机床电气设备故障检修中，示波器主要用于电子线路部分的检测	使用示波器前，要仔细阅读使用说明书
电流法	利用电流表或钳形电流表在线监测负载电流，判断三相电流是否平衡；检测交流电动机运行状态，判断交流电动机是处于过载还是轻载运行，判断交流电动机某相是否存在匝间短路故障	在检测前，应根据负载电流大小选择合适的钳形电流表量程；不能带电旋转量程开关来改变量程
元件替代法	利用相同型号、规格的元件去替代可能有故障的元件，替代以后看设备故障是否排除。可用于核实采用电压测量法、电阻测量法所确定的故障点；核实模棱两可而无法确定的故障；核实元件参数选用不当带来的故障	多用于电子线路检查和排除故障

三、CA6140型车床检修前的操作步骤

在实际检修工作中，应遵循以下正确的检修步骤：

1）检修前的故障调查（采用通电试验法进一步观察故障现象）。

2）判断故障范围（依据电路图，用逻辑分析法进一步缩小故障区域）。

3）查找故障（确定故障范围后采用正确的检测方法查找故障点）。

4）排除故障。

5）检修完毕后，通电试车，并做好维修记录。

故障检修的第一步是通过故障调查判断故障现象，作为检修人员，应掌握正确的试车操作步骤。

1. 开机前的准备工作

检查各电气元件是否安装牢固，各电气开关能否合分，熔断器是否安装好熔芯，接线端子上的电线是否松动。各接线端子与连接导线紧固后，关好电气柜门。

2. 试车操作

1）合上电源总开关QF。

2）合上机床照明灯开关SA，照明灯点亮。

3）按下主轴起动按钮SB2，主轴电动机M1正常起动运转；向上抬起机械操作手柄，主轴正转，向下压下机械操作手柄，主轴反转。

4）冷却泵开关 SA1 置于“接通”状态时，冷却泵电动机 M2 正常起动运转；冷却泵开关 SA1 置于“断开”状态时，冷却泵电动机 M2 停止运转。

5）按下紧急停止按钮 SB1，主轴电动机和冷却泵电动机同时停止运转。

6）按下点动按钮 SB3，刀架快速移动电动机 M3 得电运转，带动刀架快速移动，实现迅速对刀。松开点动按钮 SB3，刀架快速移动电动机失电停转，刀架立即停止移动。

7）溜板的进给操作。可扳动丝杠、光杠变换手柄，然后再扳动进给操作手柄，实现大溜板的进给操作或中溜板的横向进给；也可以摇动手轮，实现各溜板的手动进给。

3. 停机操作

1）将各进给操作手柄扳至中间状态，溜板箱停止工作。

2）加工完毕后，按下主轴停止按钮 SB1，主轴电动机和冷却泵同时停止。

3）断开车床照明灯开关 SA，照明灯熄灭。

4）断开车床总电源开关 QF。

5）确认各开关、手柄重新置于初始状态。

四、CA6140 型车床常见电气故障

根据对车床电路的分析和现场操作检修人员的经验总结，整理出 CA6140 型卧式车床常见电气故障，见表 1-14。

表 1-14　CA6140 型卧式车床常见电气故障一览表

序号	故障现象
1	车床不能工作（信号和照明灯都不亮，主轴、冷却泵和快速移动电动机都不能起动）
2	按下主轴起动按钮，主轴电动机不能正常起动
3	主轴电动机出现“嗡嗡”的异常响声
4	按下主轴起动按钮，主轴只能点动
5	主轴电动机起动后，接通冷却泵开关，无切削液流出
6	主轴电动机能工作，但冷却泵和刀架快速移动电动机不能工作
7	按下刀架快速移动电动机起动按钮，刀架快速移动电动机不工作
8	照明灯不亮
9	主轴电动机 M1 能起动，但不能停止
10	合闸断路器 QF 合不上闸

在机床电气故障检修过程中，通常采用多种检修测量方法进行配合。控制电路故障通常采用电压测量法，主电路故障中除电源故障外，一般采用电阻测量法。在检修之前一定要熟悉原理图并了解机床的操作过程，根据电路的特点，通过相关操作和通电试车，尽量缩小故障范围。

五、CA6140 型车床常见电气故障案例分析

按照机床电气故障检修步骤，首先观察故障现象。查找故障时，为缩短检修时间，常运用逻辑分析法进一步判断故障范围。逻辑分析法是根据电气控制线路的工作原理、各控制环节的动作顺序以及它们之间的联系，结合故障现象进行具体分析，迅速缩小故障范围的一种方法。

1. 主轴电动机 M1 不能正常起动

主轴电动机 M1 不能正常起动是比较常见的机床故障，用逻辑分析法可以迅速区分是主电路故障还是控制电路故障，再进一步缩小故障范围，继而选用适当的检查方法找出故障点。主轴电动机不能起动故障的检查流程如图 1-15 所示。

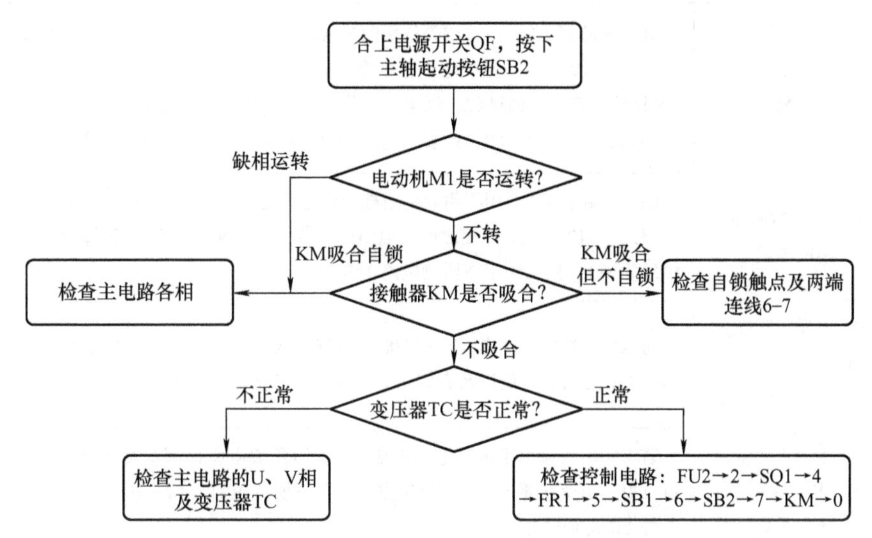

图 1-15　CA6140 型车床主轴电动机不能起动故障的检查流程

（1）主电路故障点检查　由图 1-15 可知，若 KM 吸合但电动机不转，或者在电动机转动过程中出现“嗡嗡”的响声，则可判断故障必定出现在主电路上。此时应按下主轴停转按钮，断开 KM 线圈电路，使主轴电动机脱离电源，再做进一步检测。主电路图如图 1-16 所示。

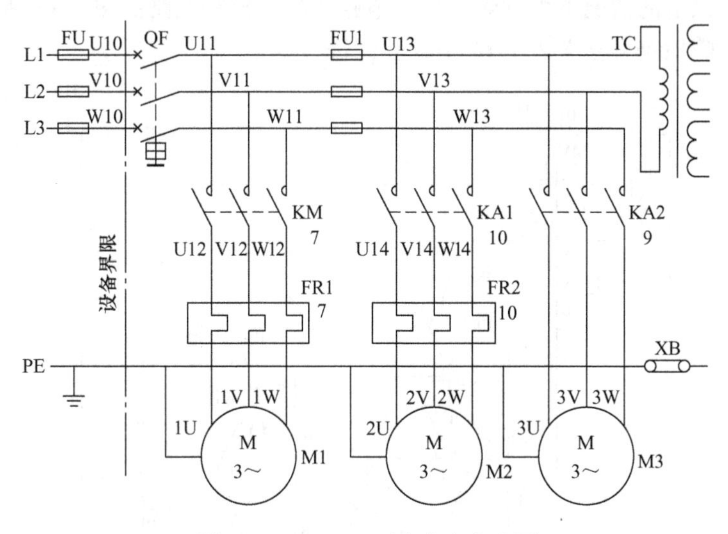

图 1-16　CA6140 型车床主电路图

主电路故障点检查步骤可参考表 1-15 进行。在主电路故障检测过程中，万用表一定要置于正确的档位和合适的量程。查出故障后，还需查明损坏原因，然后修复或更换相同规格和型号的元件以及相关元件之间的接线。

表 1-15　CA6140 型卧式车床主轴电动机主电路故障点检查步骤

步骤	检查位置	检修流程
1	QF 进线端 电压测量	断开 QF，测量 QF 进线端电压，如果电压是 380V，则电源正常；若无电压，则为进线电源故障
2	KM 进线端 电压测量	合上断路器 QF，用万用表依次测量 KM 进线端 U11、V11、W11 之间的电压。如果电压是 380V 左右，则说明电源正常；若无电压，则为熔断器 FU 熔断，或者断路器 QF 接触不良或连线断线。断电后再依次测量 QF 出线端到 KM 进线端同一相之间的电阻是否为 0，若不为 0，则表示连线松脱；若为零，则检测 KM 主触点是否完好
3	KM 出线端测量 （断电测量）	断开断路器 QF，用万用表电阻档的合适档位（R×10 或 R×1）依次测量 KM 输出端 U12、V12、W12 三相之间的电阻值，若三相电阻值相等且数值较小（电动机相间绕组阻值），则 KM 以下所测电路正常
4	FR 出线端测量， M1 进线端测量 （断电测量）	若 KM 出线端三相阻值不相等或阻值很大，则依次检查 FR1，电动机 M1 端 1U、1V、1W 之间的阻值以及它们之间的接线，三相阻值相等且数值较小为正常
5	KM 主触点测量， FR 主元件测量 （断电测量）	若 KM 出线端以下所测电路正常，则用万用表电阻档测量接触器 KM 主触点是否接触良好，有无烧毛现象。若 FR 主元件以下所测电路正常，则用万用表电阻档测量主元件 FR 是否完好
6	主轴电动机好坏判别 （断电测量）	若以上电路和元件测量均正常，需要检查电动机是否能正常工作，机械部分是否良好。若有问题，需要配合机修钳工进行维修或更换

（2）控制电路故障点检查　按下起动按钮，主接触器 KM 线圈不吸合，主轴电动机不转。在电源正常供电的情况下可判断为控制电路故障，控制电路如图 1-17 所示。

控制电路故障检查可参考表 1-16 中的步骤进行。

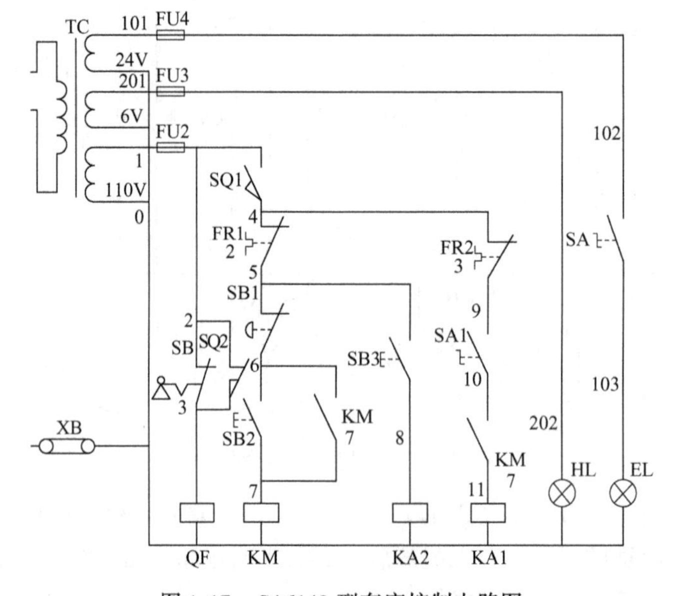

图 1-17　CA6140 型车床控制电路图

表 1-16　CA6140 型卧式车床主轴电动机不转控制电路故障检查步骤

步骤	检测位置	检修流程
1	照明灯和信号灯是否亮	若信号灯和照明灯工作正常，则进一步测量 0－2、0－1 之间的电压是否为 110V。若 0－2 之间无电压，0－1 之间电压正常，则说明熔断器 FU2 熔断或接线故障；若 0－1 之间无电压，则考虑电源变压器 TC 二次绕组故障 若信号灯 HL、照明灯 EL 都不亮，说明电源部分有故障，但也不能排除元件故障
2	若信号灯、照明灯亮，则检查 KA2 是否吸合	若 KA2 吸合，则说明 KM 和 KA2 公共支路正常，故障范围在 KM 线圈支路 5→SB1→6→SB2→7→KM 线圈→0 中；若 KA2 不吸合，则说明故障在 KM 和 KA2 公共支路 1→FU2→2→SQ1→4→FR1→5 中
3	故障支路分段测量	按下 SB2，用电压法分段测量线圈电路中 5－6、6－7、7－0 之间的电压，若两点之间的电压为 110V，可判断在两点之间存在元件接触不良或接线脱落故障 用电压法分段测量 2－4、4－5 之间的电压，若两点之间的电压为 110V，可判断在两点之间存在元件接触不良或接线脱落的故障

用电压分段测量法检测 CA6140 型车床主轴电动机控制电路故障如图 1-18 所示。

根据电压分段测量法所测数据进行分析和判断，最终找到故障点并进行排除，见表 1-17。

表 1-17　CA6140 型车床 KM 线圈电路电压分段测量值分析

故障现象	测量点电压值/V					故障点	排除方法
	2－4	4－5	5－6	6－7	7－0		
按下 SB2，KM 不吸合，TC 电压正常，2－0 之间电压正常	110	0	0	0	0	SQ1 触点接触不良或接线脱落	更换 SQ1 或将脱落线接好
	0	110	0	0	0	FR1 触点接触不良或接线脱落	更换 FR1 或将脱落线接好
	0	0	110	0	0	SB1 接触不良或接线脱落	更换 SB1 或将脱落线接好
	0	0	0	110	0	SB2 接触不良或接线脱落	更换 SB2 或将脱落线接好
	0	0	0	0	110	KM 内部线圈开路或接线脱落	更换同型号线圈或将脱落线接好

对于初学者，为了安全起见，通常采用电阻法进行故障电路测量。特别需要引起注意的是使用万用表电阻档测量时，切记断电检修，并选择合适的阻值量程进行测量，若使用指针式万用表，则在切换量程后还应进行欧姆调零。图 1-19 所示为 CA6140 型车床主轴电动机控制电路的电阻分段测量法举例。

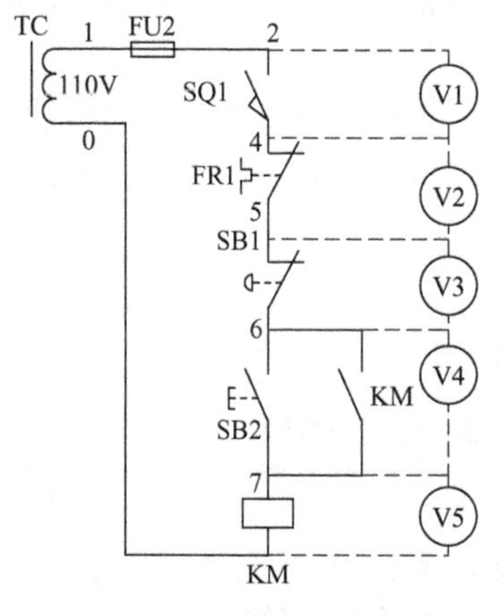

图 1-18　用电压分段测量法检测 CA6140 型车床主轴电动机控制电路故障

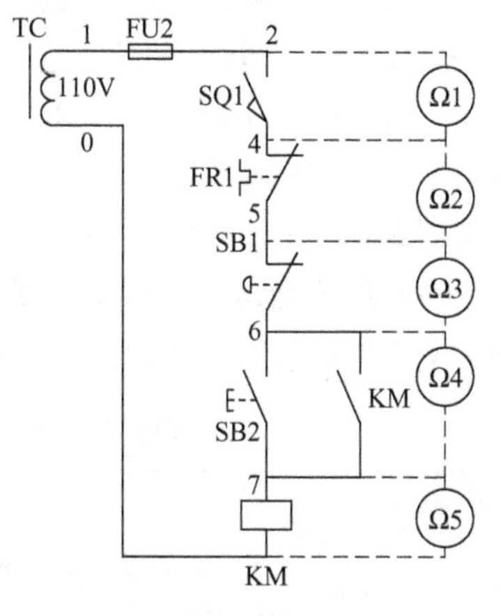

图 1-19　CA6140 型车床主轴电动机控制电路的电阻分段测量法

根据电阻测量法所测数据进行分析和判断，最终找到故障点并进行排除，见表 1-18。

表 1-18　CA6140 型车床 KM 线圈电路电阻分段测量值分析

故障现象	测量点	电阻值/Ω	故障点
按下 SB2，KM 不吸合（已知 TC 电压正常，1-0 之间电压正常）	1-2	∞	FU2 熔断器熔丝熔断
	压合 SQ1，测 2-4	∞	SQ1 触点接触不良或接线脱落
	4-5	∞	FR1 触点接触不良或接线脱落
	5-6	∞	SB1 触点接触不良或接线脱落
	按下 SB2，测 6-7	∞	SB2 触点接触不良或接线脱落
	7-0	∞	KM 线圈开路或接线脱落

在实际工作中，通常采用电压测量法与电阻测量法相结合进行故障检测，这样能较快地找到故障点。

2. 冷却泵电动机常见电气故障分析

冷却泵电动机 M2 最常见的电气故障是当主轴电动机 M1 起动后，冷却泵电动机不能起动运转，其故障分析检修流程如图 1-20 所示。

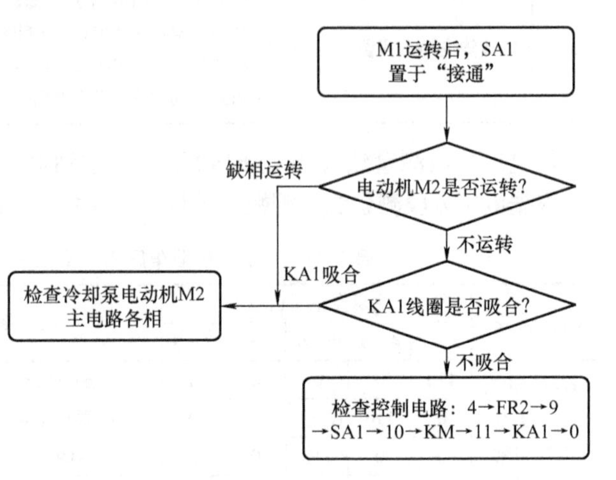

图 1-20　冷却泵电动机电气故障检修流程

对于主电路故障，应立即切断电源，采用电阻测量法依次测量，以免电动机因缺相而烧毁。KA1 线圈电路故障可依个人经验采用电压测量法或电阻测量法，或两种方法相结合的方式。在实际测量中，万用表一定要置于合适的档位和量程。

3. 刀架快速移动电动机常见电气故障分析

若刀架快速移动电动机 M3 不能起动，故障检修时可通过相关的试车尽量缩小故障范围。首先判断继电器 KA2 线圈是否得电吸合。

1）若 KA2 得电吸合，则故障在主电路。这时，应依次从 U、V、W 起检查至刀架快速移动电动机 M3，直至找到故障点。

2）若 KA2 不能得电吸合，则故障在控制电路。可进一步观察主轴电动机接触器 KM 是否得电吸合，若 KM 能吸合，则故障多在电路 5→SB3→8→KA2→0 中。若接触器 KM 也未吸合，则故障可能在公共电路 4→FR1→5 上。

4. 其他常见典型电气故障的分析与排除方法

其他常见典型电气故障的分析与排除方法见表 1-19。

表 1-19　其他常见典型电气故障的分析与排除

故障现象	故障原因和故障范围分析	故障排除
主轴电动机 M1 起动后不能自锁	接触器 KM 的自锁触点接触不良或连接导线松脱。合上 QF，测量 KM 自锁触点（6-7），若两端电压正常，则故障是自锁触点接触不良；若无电压，则故障是自锁触点的接线出现断线或松脱	更换或修复元件、连接导线

（续）

故障现象	故障原因和故障范围分析	故障排除
主轴电动机 M1 能起动，但不能停止	KM 主触点熔焊；停止按钮 SB1 被击穿或电路中 5、6 两点的连接导线出现短路；KM 铁心端面被油垢粘牢不能脱开。断开 QF，若 KM 释放，则说明故障中停止按钮 SB1 被击穿或导线短路；若 KM 不释放，则故障为 KM 主触点熔焊或 KM 铁心端面被油垢粘牢不能脱开	更换或修复元件
主轴电动机运行过程中停车	热继电器 FR1 动作，动作原因可能是：电源电压不平衡或电压过低；热继电器动作整定值偏小；电动机负载过大；连接导线接触不良	找出 FR1 动作的原因，排除后使其复位
主轴电动机 M1 起动后，冷却泵电动机 M2 不能起动	主电路中 KA1 触点接触不好；FR2 热元件两端出现断路；冷却泵电动机 M2 烧毁；FR2 未复位，常闭触点断开；常开触点 KM 两端接线 10－11 接触不良；KA1 线圈损坏	根据具体情况更换或修复元件；排除连线接触不良的问题
机床无工作照明	FU4 熔断；SA 接触不良；照明灯 EL 损坏或灯泡和灯头接触不良；变压器 T C 损坏或接点松动；	根据具体情况更换灯泡或 TC，采取相应的措施修复电路

在机床电气故障的检修过程中，通常将多种检修测量方法进行配合。控制电路的故障通常采用电压测量法（初学者建议采用电阻测量法），主电路故障通常采用电阻测量法。在检修之前一定要熟悉原理图并了解机床的操作过程，根据电路的特点，通过相关操作和通电试车，尽量缩小故障范围。

【任务实施】

1. 检修前的准备

列出工具材料清单，准备好电工常用工具、万用表、钳形电流表、绝缘电阻表等。熟悉现场实训设备和工具材料的使用，确保工具材料完好。

2. 识读 CA6140 型车床电路图

1）在教师的指导下，结合对机床的实际操作，进一步理解机床各部分的功能及工作原理。

2）熟悉各元件的用途、位置和型号。熟悉车床的布线情况，并通过测量等方法找出各种电路的实际布线路径。

3. CA6140 型车床检修前的操作

1）开机前的检查。

2）接通电源。

3）主轴电动机 M1 的操作。

4）冷却泵电动机 M2 的操作。

5）刀架快速移动电动机 M3 的操作。

6）刀架的进给操作。

7）关机操作。

4. 设置故障点

在教师指导下，针对以下可能出现的故障现象，在 CA6140 型车床设备上分别设置故障点。

1）主轴不能起动。

2）主轴起动后冷却泵不能起动。

3）主轴只能点动运行。

4）机床照明灯不亮。

5）控制电路全部失效。

6）电动机缺相运行。

5. 故障检修

根据通电试车状况描述故障现象，并结合图样分析故障范围，拟订检修思路和方法，在教师指导下查找故障点并进行故障排除，做好现场记录。

【任务测评】

完成任务后，对任务实施情况进行检查，并填写表1-20。

表1-20　CA6140型车床常见电气故障检修与排除任务测评表

评价内容		配分	考核点			得分
职业素养与操作规范（20分）	工作准备	10	清点元件、仪表、电工工具、电动机并摆放整齐；穿戴好劳动防护用品			
	6S规范	10	操作过程中及作业完成后，保持工具、仪表、元件、设备等摆放整齐。操作过程中无不文明行为，具有良好的职业操守，独立完成考核内容，合理解决突发事件。具有安全用电意识，操作符合规范要求			
继电器控制系统故障分析（80分）	观察故障现象	10	操作机床，观察并写出故障现象			
	故障处理步骤及方法	10	采用正确、合理的操作方法及步骤进行故障处理。熟练操作机床，正确掌握工作原理。正确选择并使用工具、仪表，进行机床系统故障分析与处理，操作规范，动作熟练			
	写出故障原因及排除方法	20	写出故障原因及正确排除方法，故障现象分析正确，故障原因分析正确，处理方法得当			
	排除故障	40	故障点正确，采用正确方法排除故障，不超时，按定时处理问题			
定额工时	每个故障30min，不允许超时检查故障					
备注	除定额工时外，各项内容的最高扣分不得超过配分分数；未正确使用仪表致其烧毁或恶意损坏设备者，以零分计				成绩	
开始时间			结束时间		实际时间	

任务四　YL－WXD－Ⅲ型考核装置CA6140型车床模块综合实训

【任务目标】

1）培养学生对相似车床电路的分析能力。

2）加深对CA6140型车床电路工作原理的理解。

3）学习CA6140型车床的电路测绘和制作。

4）能完成CA6140型车床电路常见电气故障的检修。

【任务分析】

根据维修电工职业资格鉴定和专业技能考核标准和题库训练要求，学员应能对具有相似难度的机床电气设备进行安装、调试、维护、检修。图 1-21 为维修电工实训考核装置 CA6140 型车床电路图，本任务要求按此图完成设备电源、电动机的安装接线，完成电路测绘。经指导教师检查无误后，进行通电试车、检修和排除故障实训，要求学员严格遵守安全操作规程。具体任务要求如下：

1）熟悉车床电气设备的名称、型号规格、代号及相应位置。

2）熟悉操作流程，明确开机前各开关的位置、各元件的初始状态。

3）在教师指导下对车床进行通电试车，正确操作车床。

① 开机前的准备。

② 主轴电动机的起停操作。

③ 刀架快速移动电动机的起停操作。

④ 冷却泵电动机的起停操作。

⑤ 照明灯开关的合分。

⑥ CA6140 型车床关机操作。

4）认真分析电路图、元件布置图，在教师的指导下，结合对机床的实际操作，完成对车床设备的电路测绘。

5）针对预设故障进行排除故障实训，按如下步骤进行：观察、检测或操作设备，判断故障现象；读图分析，判断故障范围；制订检修方案，用电工仪器仪表进行测量，查找故障点；排除故障后再次通电试车，并做好检修记录。

【相关知识】

1. 主电路分析

主电路中共有三台电动机；M1 为主轴电动机，用来带动主轴旋转和刀架做进给运动；M2 为冷却泵电动机；M3 为刀架快速移动电动机。

三相交流电源通过转换开关 QS1 引入。主轴电动机 M1 由接触器 KM1 控制，热继电器 FR1 对主轴电动机 M1 进行过载保护。冷却泵电动机 M2 由接触器 KM2 控制，热继电器 FR2 对 M2 进行过载保护。刀架快速移动电动机 M3 由接触器 KM3 控制。

2. 控制电路分析

控制电路的电源由控制变压器 TC 二次绕组输出 AC 110V 电压。

（1）主轴电动机的控制　按下起动按钮 SB2，接触器 KM1 的线圈得电吸合，KM1 自锁触点闭合自锁，KM1 主触点闭合，主轴电动机起动运行。同时，KM1 的另一对辅助常开触点闭合，运行指示灯 HL1 点亮。按下停止按钮 SB1，接触器 KM1 的线圈断电释放，各触点复位，主轴电动机 M1 停车。

（2）冷却泵电动机控制　车削加工过程中，需要使用切削液时，在主轴电动机 M1 运转的前提下，接触器 KM1 线圈得电吸合，KM1 辅助常开触点（25－26）闭合。合上开关 SA2，接触器 KM2 得电吸合，冷却泵电动机得电而运行。只有当主轴电动机 M1 起动后，冷却泵电动机 M2 才能起动，当 M1 停止运行时，M2 也自动停止。主轴电动机 M1 和冷却泵电动机 M2 之间实现顺序控制功能。

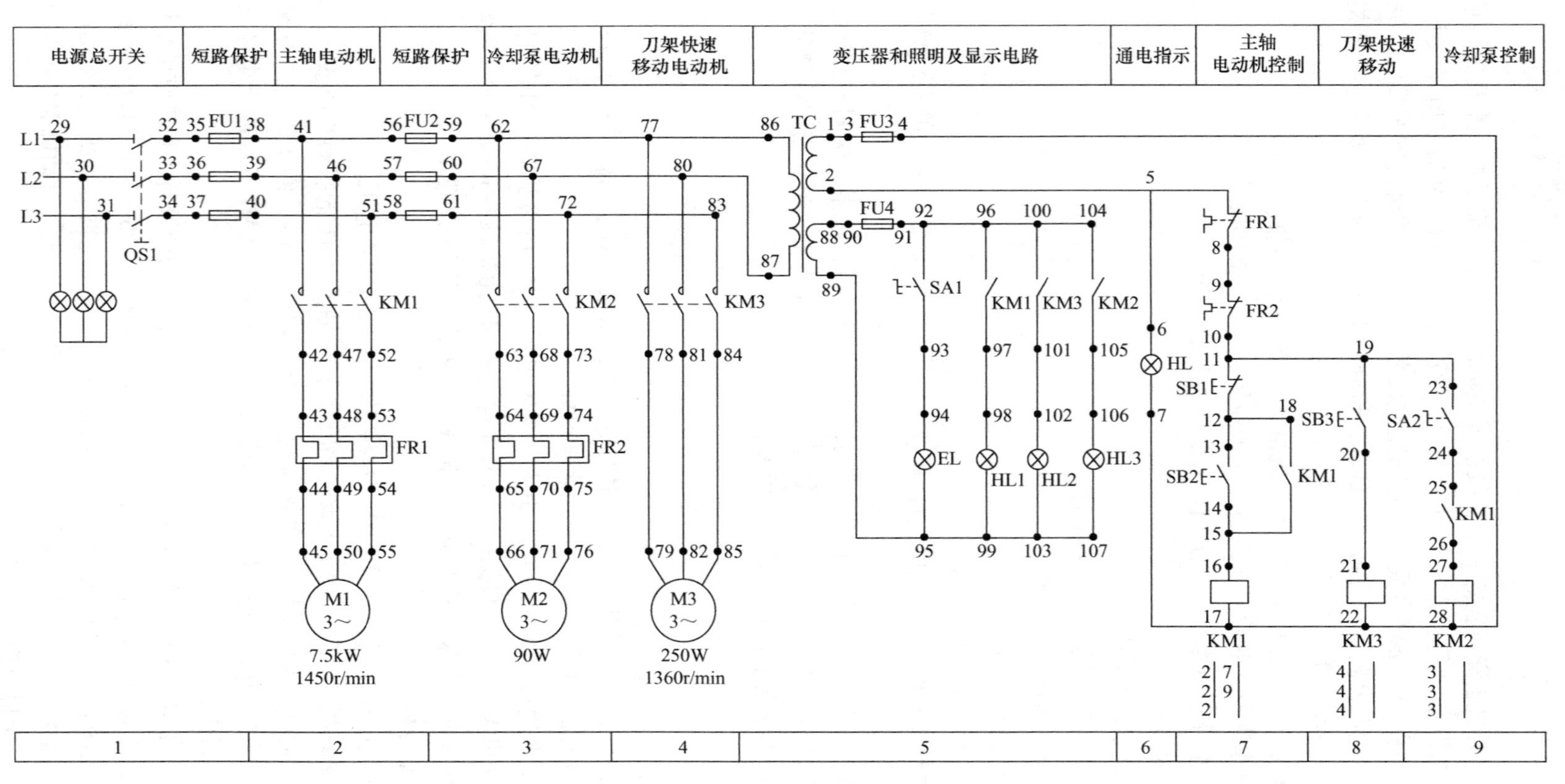

图1-21 维修电工实训考核装置CA6140型车床电路图

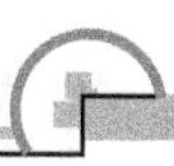

（3）刀架快速移动电动机的控制　刀架快速移动电动机 M3 的起动是由安装在进给操纵手柄顶端的按钮 SB3 来控制的，它与接触器 KM3 组成点动控制环节。将操纵手柄扳到所需的方向，按下按钮 SB3，接触器 KM3（或中间继电器 KA）得电吸合，M3 起动，刀架向指定方向快速移动。

3. 照明灯、信号灯电路分析

控制变压器 TC 的二次绕组（副边）还输出 AC 36V 电压，作为机床低压照明灯和信号灯的电源。EL 为机床低压照明灯，由开关 SA1 控制；HL 为电源指示信号灯。FU4 做短路保护。

【任务实施】

一、工具、仪表、设备及器材准备

1）工具：螺钉旋具、电工钳、剥线钳、尖嘴钳等。

2）仪表：万用表 1 只。

3）设备：YL－WXD－Ⅲ型高级维修电工实训考核装置——CA6140 型车床电路智能实训考核单元，实物布局图如图 1-22 所示。

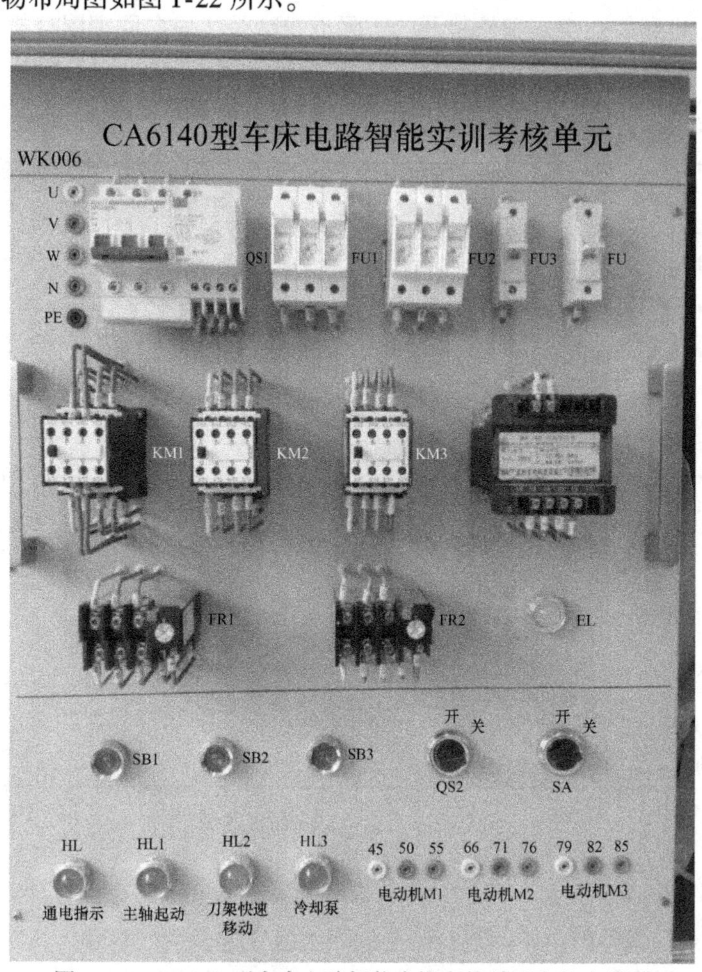

图 1-22　CA6140 型车床电路智能实训考核单元实物布局图

4）器材：所需元件见表1-21。

表1-21 元件明细表

名　称	型号规格	数　量
三相断路器	DZ47－60 10A	1只
熔断器	RL1－15	2只
3P熔断器	RT18－32	2只
主令开关	LS1－1	7只
交流接触器	CJ20－10/110V	3只
热继电器	JR36－20/3	2只
三相笼型异步电动机		3台
开关、变压器、端子板、线槽、导线		若干

二、车床电路测绘

1）在断电情况下，根据元件明细和电路原理图，熟悉车床电路智能实训考核单元的元件布局，熟悉各元件的作用，并检测和判别元件、电动机的好坏。如遇损坏现象，需及时报告指导教师予以更换或维修。

2）熟悉车床电路智能实训考核单元的实际走线路径，根据原理图分析和现场测绘绘制车床电路布局接线图。

3）识读和分析图1-23所示的车床电路布局接线图是否正确。

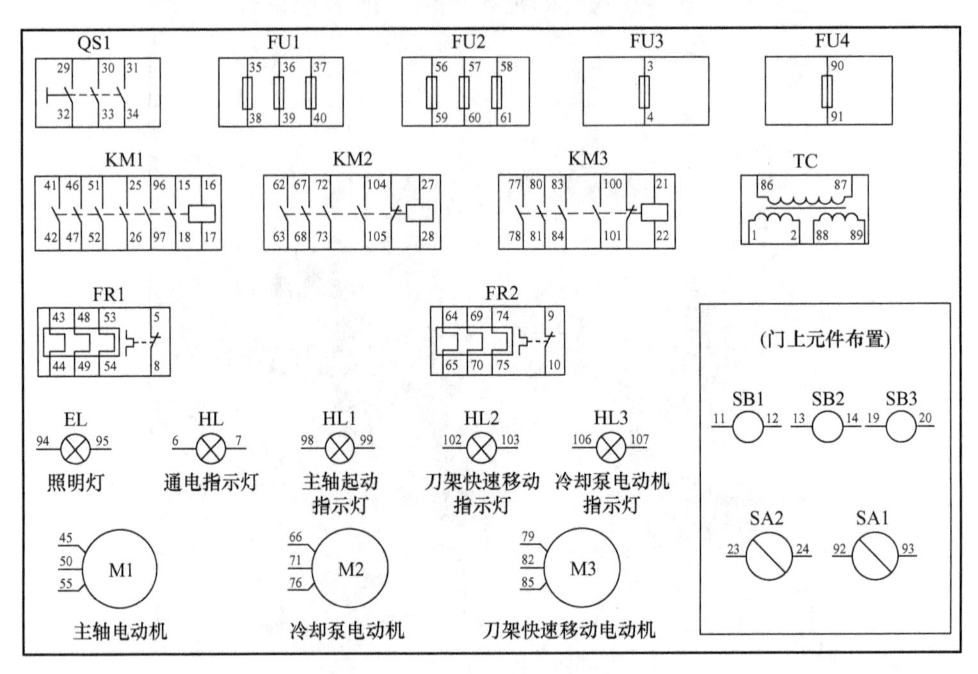

图1-23 车床电路布局接线图

三、车床通电试车

通电试车必须在教师的监护下进行，必须严格遵守安全操作规程。

1）正确连接电源线，正确选用和安装主轴电动机、进给电动机、冷却泵电动机。

2）系统安装好后，经指导教师检查认可后方可通电试车。

3）试车操作步骤：

① 合上电源开关 QS1，车床系统上电，电源指示灯 HL 亮。

② 接通照明开关 SA1，照明灯 EL 亮。

③ 按下主轴电动机起动按钮 SB2，主轴电动机 M1 起动运行，指示灯 HL1 亮。

④ 合上冷却泵开关 SA2，冷却泵电动机 M2 正常起动运行，指示灯 HL3 亮。

⑤ 按下刀架快速移动按钮 SB3，刀架快速移动电动机 M3 运转，指示灯 HL2 亮；松开刀架快速移动按钮 SB3，刀架快速移动电动机停止，指示灯 HL2 灭。

⑥ 按下主轴电动机停止按钮 SB1，指示灯 HL1 灭，主轴电动机停止运行。

⑦ 关闭照明灯开关 SA1，照明灯 EL 灭。

⑧ 断开电源开关 QS1，电源指示灯灭，车床系统断电。

四、电气故障检修

严格遵守电工安全操作规程，按如下步骤进行电气故障检修：

1）上电前，检查设备的完好性，检测元件的好坏。

2）正确安装接线，经教师检查认可后通电试车，观察车床电路是否正常工作。在设备正常工作的前提下，记录操作流程。

3）在教师指导下，针对车床电路可能出现的故障现象人为设置故障点，或通过故障箱设置故障点，实施电气故障检修训练。

① 通过操作试车，判断并记录故障现象。

② 结合电路分析，明确故障检修思路，确定故障范围。

③ 检测故障，直至找到并排除故障点，做好检修记录，并将检修记录填入表 1-22 中。

表 1-22　CA6140 型车床电气故障检修记录表

编号	故障现象描述	故障范围	故障点
1			
2			
3			
4			
5			
6			
7			
8			
9			
10			
11			
12			
13			
14			
15			
16			

④ 排除故障后，再次通电试车。

⑤ 整理检修记录，完成车床电气故障检修实训报告。对每一个故障点均要求准确描述故障现象、分析故障现象及处理方法、写出故障点。实训报告格式参见表 1-23。

表 1-23　CA6140 型车床电气故障检修实训报告

<table>
<tr><td>课程名称</td><td colspan="3">常用机床电气故障检修</td><td>责任教师</td><td></td></tr>
<tr><td>项目名称</td><td colspan="3">CA6140 型车床电气控制线路分析与检修</td><td>学生姓名</td><td></td></tr>
<tr><td>设备名称</td><td colspan="3">CA6140 型车床电路智能实训考核单元</td><td>台位编号</td><td></td></tr>
<tr><td>班级</td><td></td><td>小组编号</td><td></td><td>成员名单</td><td></td></tr>
<tr><td>实训目标</td><td colspan="5">熟悉 CA6140 型车床的结构、电路工作原理，能熟练完成 CA6140 型车床常见电气故障的检修，并能排除故障</td></tr>
<tr><td>实训器材</td><td colspan="5">AC 380V 电源、数字万用表、十字螺钉旋具、电气元件等</td></tr>
<tr><td rowspan="3">实训内容</td><td>1 号故障现象</td><td colspan="4"></td></tr>
<tr><td>分析故障现象及处理方法</td><td colspan="4"></td></tr>
<tr><td>故障点</td><td colspan="4"></td></tr>
<tr><td rowspan="3">实训内容</td><td>2 号故障现象</td><td colspan="4"></td></tr>
<tr><td>分析故障现象及处理方法</td><td colspan="4"></td></tr>
<tr><td>故障点</td><td colspan="4"></td></tr>
</table>

【任务测评】

完成任务后，对任务实施情况进行检查，在表 1-24 中相应的方框中打勾。

表 1-24　YL－WXD－Ⅲ型考核装置 CA6140 型车床模块综合实训任务测评表

序号	能 力 测 评	掌 握 情 况
1	能正确使用工具、仪表	□好　□一般　□未掌握
2	CA6140 型车床电路的安装和接线	□好　□一般　□未掌握
3	CA6140 型车床各电气元件的识别	□好　□一般　□未掌握
4	CA6140 型车床的正确试车操作流程	□好　□一般　□未掌握
5	能根据试车状况，准确描述故障现象	□好　□一般　□未掌握
6	电气故障分析和检修思路描述正确	□好　□一般　□未掌握
7	能标出最小故障范围	□好　□一般　□未掌握
8	能正确测量、准确标出故障点并排除故障	□好　□一般　□未掌握
9	实训报告	□好　□一般　□未掌握
10	安全文明生产，6S 管理	□好　□一般　□未掌握
11	损坏元件或仪表	□是　□否
12	违反安全文明生产规程，未清理场地	□是　□否

作业与思考

一、填空题

1. 机床电气设备的维修应包括________和________两方面工作。
2. 在一带自锁功能的控制电路中，当自锁触点被油污或灰尘严重覆盖时，会造成________现象。
3. 三相380V及以下的电动机，若由于受潮使其绝缘电阻低于________，则不可正常使用。
4. 使用万用表检查电气故障时，常选择万用表的________档检查电气元件是否短路或断路。
5. 采用电阻测量法检测电路故障时，机床设备必须处于________状态。
6. CA140型车床的电气保护措施有________、________、________。
7. 车床的切削运动包括________、________。
8. CA6140型车床主轴电动机没有反转控制，而主轴有反转要求，这是靠________实现的。

二、选择题

1. 车削加工是（　　），因而一般采用三相笼型异步电动机作为拖动电动机。

A. 恒功率负载　　B. 恒转矩负载　　C. 恒转速负载

2. CA6140型车床的过载保护采用（　　），短路保护采用（　　），失电压保护采用（　　）。

A. 接触器自锁　　B. 熔断器　　C. 热继电器

3. 主电动机在电源缺相运行时会发出“嗡嗡”声，输出转矩下降，可能（　　）。

A. 烧毁电动机　　B. 烧毁控制电路　　C. 使电动机加速运转

三、问答题

1. 简述机床电气故障检修的一般步骤和方法。
2. 在使用万用表进行机床电路测量时，应注意哪些事项？
3. 机床电气故障检修常用的测量方法有哪些？

项目二　X62W 型万能铣床电气控制线路分析与检修

【项目描述】 铣床是使用铣刀对工件进行铣削加工的机床。万能铣床是一种用途广泛的机床，它可以用圆柱铣刀、圆片铣刀、角度铣刀、成形铣刀及端面铣刀等刀具对各种零件上的平面、斜面、沟槽等进行加工，装上分度头可以加工齿轮和螺旋面，加装圆工作台后可以铣削凸轮和弧形槽。铣床的种类很多，按照结构形式和加工性能的不同，可分为立式铣床、卧式铣床、龙门铣床、仿形铣床和专用铣床等。卧式铣床的铣头是按水平方向放置的，而立式铣床的铣头是按垂直方向放置的。万能铣床应用广泛，具有主轴转速高、调速范围宽、操作方便和加工范围广等特点，在机械制造和修理部门得到广泛应用。本项目通过对 X62W 型万能铣床的结构、运动形式、电力拖动控制要求、电路工作原理、典型故障案例进行分析，使学生掌握正确的试车操作方法，熟练掌握铣床电路常见电气故障的检查和排除方法。

常见立式铣床和卧式铣床如图 2-1 所示。

a) 立式铣床

b) 卧式铣床

图 2-1　常见立式铣床和卧式铣床

【项目目标】

1. 知识目标

1）掌握常用铣床电气故障检修的一般方法和步骤。

2）掌握 X62W 型万能铣床的基本结构、运动形式和电力拖动控制要求。

3）掌握 X62W 型万能铣床的通电试车步骤。

4）熟练掌握 X62W 型万能铣床的电路原理。

2. 技能目标

1）能熟练操作X62W型万能铣床。

2）能按照正确的操作步骤，检查、判断和排除X62W型万能铣床的电气故障。

【项目分析】

本项目下设四个任务。通过观摩实训，认识X62W型万能铣床，学习铣床的基本结构和运动形式，熟悉铣床的基本操作流程；根据铣床的电力拖动控制要求，学习X62W型万能铣床的电路结构、识图方法和电路原理，铣床电路分析的难点是进给工作台向六个方向进给时的控制电路分析和圆工作台运转时的控制电路分析；通过学习铣床常见故障检修案例，掌握铣床常见电气故障检查与排除的方法和步骤；通过铣床综合检修实训，进一步提升学生对铣床电气设备的安装与调试能力、电路分析能力、电路测绘能力及故障检修能力。

任务一　认识X62W型万能铣床

【任务目标】

1）了解X62W型万能铣床的基本结构和用途。

2）熟悉X62W型万能铣床的基本操作方法和步骤。

3）掌握X62W型万能铣床的基本运动形式和电力拖动要求。

【任务分析】

X62W型万能铣床的铣削加工是一种高效率的加工方式，是由机械手柄与电气控制紧密结合实现的。其运动形式有主运动、进给运动及辅助运动。铣床的电力拖动系统由3台电动机组成：主轴电动机、进给电动机和冷却泵电动机。通过观摩实物铣床，了解铣床的主要结构、运动形式、电力拖动控制要求，为进行铣床电气控制线路分析和电气故障检修做准备。

【相关知识】

一、X62W型万能铣床的型号

X62W型万能铣床型号的含义如图2-2所示。

铣床型号中的“6”表示卧式铣床，是指主轴按水平方向放置；“5”表示立式铣床，是指主轴按垂直方向放置。

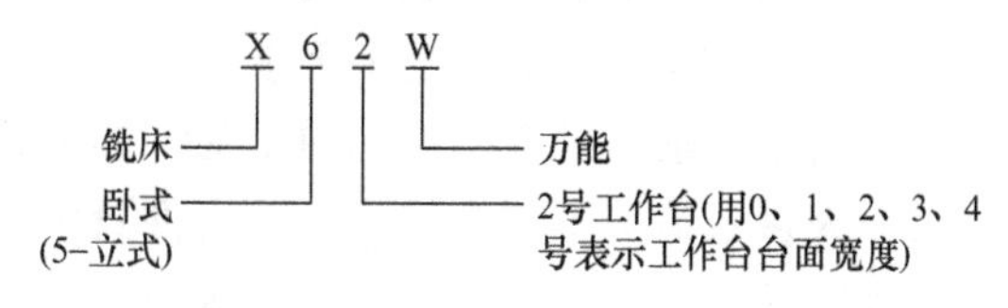

图2-2　X62W型万能铣床型号的含义

二、X62W型万能铣床的结构

X62W型万能铣床主要由底座、床身、主轴、刀杆、刀杆支架、悬梁、工作台、转盘、横溜板及升降台等组成，如图2-3所示。

床身固定于底座上，用于安装和支承铣床各部件，床身顶部的导轨上装有悬梁，悬梁上装有刀杆支架。刀杆的一端装在主轴上，另一端装在刀杆支架上。刀杆支架可以在悬梁上水平移动，悬梁又可以在床身顶部的水平导轨上水平移动，可以适应各种不同长度的刀杆。

图 2-3　X62W 型万能铣床外形结构图

1—主轴　2—床身　3—底座　4—升降台　5—转盘　6—工作台　7—刀杆支架　8—悬梁

床身前部有垂直导轨，升降台可以沿垂直导轨上下移动；升降台上的水平导轨上装有溜板（滑座），可以沿导轨做平行于主轴轴线方向的横向移动（前后移动）；溜板上部装有可转动的转盘，工作台装在转盘的导轨上，可以沿导轨做垂直于主轴轴线方向的纵向移动（左右移动）。工作台上有 T 形槽用来固定工件，安装在工作台上的工件可以通过工作台、转盘、溜板和升降台的运动在三个坐标轴（横向、纵向、垂直）的六个方向（前后、上下、左右）上实现工作进给或快速进给。

三、X62W 型万能铣床的运动形式和电力拖动控制要求

1. 主运动

X62W 型万能铣床的主运动是主轴带动铣刀的旋转运动，由主轴电动机驱动。

（1）主轴电动机的起动控制要求

1）由于铣削加工有顺铣和逆铣两种加工方式，所以要求主轴电动机能正转和反转。

2）大多数情况下，一批或多批工件只按一个方向铣削，工作过程中不需要频繁变换主轴电动机的旋转方向。因此，常在主轴电动机主电路中接入换向组合开关来控制电动机的正转和反转。

3）为了方便操作，要求铣床能在侧面和正面实现两地操作控制。

（2）主轴电动机制动停车控制要求　因铣床加工是一种不连续切削加工方式，为减轻负载波动的影响，常常在主轴传动系统中加入飞轮（又称惯性轮）。但随之又将引起主轴停车惯性大、停车困难的问题，为实现快速准确停车，主轴电动机往往采用制动停车方式，常用的有电磁离合器制动停车和反接制动停车方式。

（3）主轴调速控制要求　在铣削加工过程中，主轴电动机是通过主轴箱驱动主轴旋转

的，采用改变变速箱的齿轮传动比来实现变速，以适应不同铣削工艺对转速的要求。主轴电动机无电气调速要求，为保证齿轮可靠啮合，采用变速冲动控制。

2. 进给运动

X62W 型万能铣床的进给运动是指工件随着工作台在纵向（左右）、横向（前后）和垂直（上下）六个方向上的运动，进给运动由进给电动机拖动。

（1）进给电动机的正反转控制要求　因为铣床工作台要求有前后、左右、上下六个方向上的进给运动和快速移动，所以要求进给电动机能够正转和反转。

（2）工作台六个方向运动的互锁要求　为保证机床和刀具的安全，在铣削加工中的任何时刻只允许有一个方向的进给运动。因此，这六个方向的运动应能够互锁，铣床中采用机械操作手柄和行程开关相互配合的方式来实现六个方向的互锁。

（3）铣床的主运动与进给运动之间的控制要求

1）铣床的主运动和进给运动之间没有比例协调要求，所以从机械结构合理的角度考虑，采用两台电动机单独拖动。

2）为防止损坏刀具或机床，主轴电动机与进给电动机之间有顺序控制要求。要求在主轴旋转后，才允许有进给运动，同时为了减小所加工零件的表面粗糙度，要求进给停止后，主轴才能停止或同时停止。主轴与工作台之间实现顺序控制。

3. 辅助运动

X62W 型万能铣床的辅助运动包括圆形工作台的旋转运动、工作台的快速移动以及主轴变速冲动和进给变速冲动。

（1）工作台的快速移动　工作台的快速移动是指工作台在前后、左右和上下六个方向上的快速移动。快速移动是在牵引电磁铁的作用下，将进给传动链换接为快速传动链获得的，通过进给电动机的正反转来实现。

（2）主轴变速和进给变速　为适应各种不同的切削要求，铣床的主轴与进给运动都应具有一定的调速范围，主轴变速和进给变速通过改变变速箱的传动比来实现。为保证变速后齿轮能良好啮合，主轴变速后，要求主轴电动机做瞬时冲动，即主轴变速冲动。进给变速后，要求进给电动机做瞬时冲动，即进给变速冲动。

（3）圆形工作台的控制要求　某些铣床为扩大加工能力而加装了圆形工作台附件，圆形工作台的旋转运动由进给电动机经传动机构驱动，而且圆形工作台和进给工作台的运动应有互锁控制。圆形工作台工作时，需将其开关置于接通状态。

四、X62W 型万能铣床元件明细表

X62W 型万能铣床元件明细表见表 2-1。

表 2-1　X62W 型万能铣床元件明细表

代号	名　称	型号及规格	数量	用　途
M1	交流异步电动机	Y132M－4－B3，7.5kW，1450r/min	1	主轴电动机
M2	交流异步电动机	Y90L－4，1.5kW，1440r/min	1	进给电动机
M3	交流异步电动机	JCB－22，125W，2790r/min	1	冷却泵电动机
KM1	交流接触器	CJ20－20，20A，线圈电压 110V	1	控制主轴电动机 M1

（续）

代号	名　　称	型号及规格	数量	用　　途
KM2	交流接触器	CJ20－10，10A，线圈电压110V	1	控制快速进给
KM3、KM4	交流接触器	CJ20－10，10A，线圈电压110V	2	控制进给电动机M2正反转
FR1	热继电器	JR16－20/3D，16A	1	主轴电动机过载保护
FR2	热继电器	JR16－20/3D，0.43A	1	冷却泵过载保护
FR3	热继电器	JR16－20/3D，3.4A	1	进给电动机过载保护
QS1	组合开关	HZ10－60/3J，60A，500V	1	电源总开关
QS2	组合开关	HZ10－10/3J，10A，380V	1	冷却泵开关
SA1	组合开关	HZ10－10/3J，10A，380V	1	换刀制动开关
SA2	组合开关	HZ10－10/3J，10A，380V	1	圆工作台开关
SA3	换向开关	HZ3－60/3J，60A，500V	1	主轴换向开关
YC1	电磁离合器	B1DL－Ⅱ	1	主轴制动离合器
YC2、YC3	电磁离合器	B1DL－Ⅱ	2	工进、快进离合器
SB1、SB2	按钮	LA2	2	主轴起动按钮
SB3、SB4	按钮	LA2	2	快速进给起动按钮
SB5、SB6	按钮	LA2	2	主轴停止按钮
SQ1、SQ2	位置开关	LX3－11K	2	主轴、进给变速冲动
SQ3、SQ4	行程开关	LX3－11K	2	前下、后上位置开关
SQ5、SQ6	行程开关	LX3－11K	2	右、左位置开关
TC1	变压器	BK－150，150VA，380V/110V	1	控制变压器
TC2	变压器	BK－50，50VA，380V/24V	1	照明变压器
TC3	变压器	BK－100，100VA，380V/36V（按实际定）	1	整流变压器
EL	机床照明灯	JC－25，40W，24V	1	照明指示
FU1	熔断器	RL1－60，60A，熔体50A	3	总电源短路保护
FU2	熔断器	RL1－15，15A，熔体4A	1	整流变压器侧短路保护
FU3、FU5	熔断器	RL1－15，15A，熔体2A	2	照明灯短路保护、整流器侧短路保护
FU4	熔断器	RL1－15，15A，熔体4A	1	控制变压器侧短路保护
VC	整流器	2CZ×4，5A，50V	1	电磁离合器电源

【任务实施】

1. 认识X62W型万能铣床的主要结构和操作部件

1）观摩车间实物铣床，认识X62W型万能铣床的外形结构，指出铣床各主要部件的名称。

2）通过观摩车间师傅或教师操作示范，了解X62W铣床各操作部件所在位置，并记录操作方法和操作步骤。

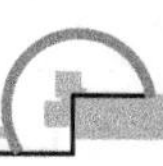

2. 了解X62W型万能铣床的电路构成

观摩实物铣床或实训室模拟铣床，对照原理图，认识各电气元件的名称、型号规格、作用和所在位置。记录三台电动机的铭牌数据、接线方式。

3. 了解铣床的种类和用途

通过车间观摩和网上查阅，了解目前工厂中常用铣床的种类，写出1~2种铣床的型号，了解其用途和特点。

【任务测评】

完成任务后，对任务实施情况进行检查，在表2-2中相应的方框中打勾。

表2-2　认识X62W型万能铣床任务测评表

序号	能力测评	掌握情况
1	对照实物铣床或图样说出铣床各主要部件的名称	□好　□一般　□未掌握
2	对照实物铣床或模拟设备指出机床主要操作部件的名称、位置	□好　□一般　□未掌握
3	对照实物铣床或模拟设备识别机床各元件的名称、位置	□好　□一般　□未掌握
4	认识电路图中各元件的图形符合、文字符号	□好　□一般　□未掌握
5	说出X62W铣床的操作方法	□好　□一般　□未掌握

任务二　X62W型万能铣床电气控制线路分析

【任务目标】

1）能正确识读和绘制X62W型万能铣床电路图。
2）熟悉X62W型万能铣床电气控制线路中各电气元件的位置、型号及功能。
3）熟练掌握X62W型万能铣床电气控制线路的组成和工作原理。

【任务分析】

X62W型万能铣床电气原理图如图2-4所示，可将其划分为主电路、控制电路、辅助电路三部分。电源采用三相AC 380V电源供电，由电源开关QS引入，总电源短路保护元件为熔断器FU1。主轴电动机控制电路包括主轴电动机正反转控制、两地控制、变速冲动控制、制动控制等方面。进给电动机控制电路包括工作台上下、前后、左右六个方向的进给控制和圆工作台控制、进给变速冲动控制、快速进给控制等。作为机床维修人员，熟练掌握X62W型万能铣床电路原理，是快速、准确地查找和排除电气故障的前提条件。

【相关知识】

一、主电路分析

X62W型万能铣床主电路中共有三台电动机，分别为主轴电动机M1、进给电动机M2、冷却泵电动机M3。主电路中各电动机的控制和保护电气元件见表2-3。

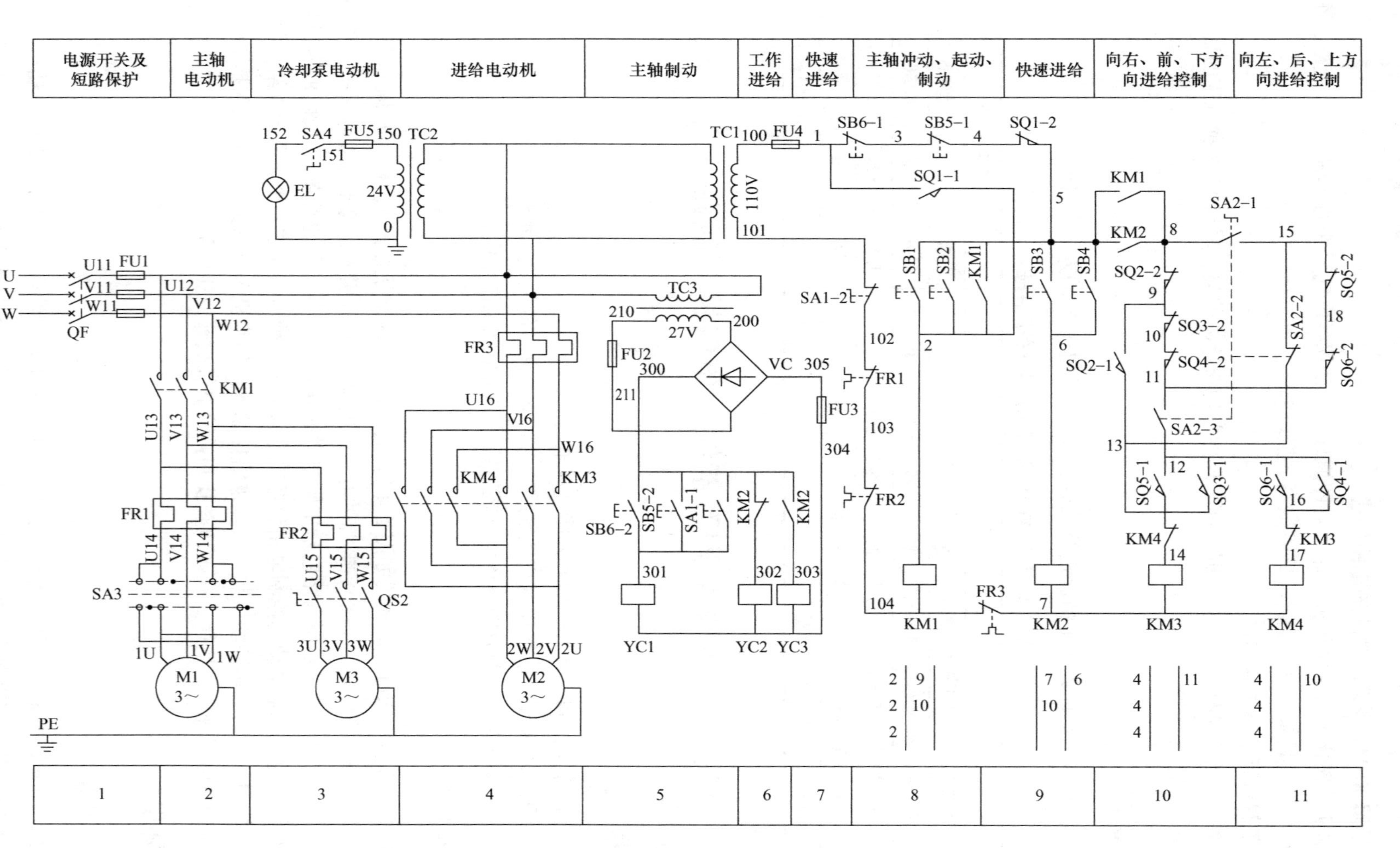

图2-4　X62W型万能铣床电气原理图

表 2-3　X62W 型万能铣床主电路中各电动机的控制和保护电气元件

名称及代号	电动机功率和转速	作　用	控制电气元件	过载保护电气元件	短路保护电气元件
主轴电动机 M1	7.5kW 1450r/min	拖动主轴带动铣刀旋转	接触器 KM1、转换开关 SA3	热继电器 FR1	熔断器 FU1
进给电动机 M2	1.5kW 1440r/m	拖动进给运动和快速移动	接触器 KM3、KM4	热继电器 FR3	熔断器 FU1
冷却泵电动机 M3	125W 2790r/min	供应切削液	手动开关 QS2	热继电器 FR2	熔断器 FU1

1. 主轴电动机的换向

因铣床主轴电动机不需频繁改变转向，且主轴电动机功率不大，故选用组合开关控制主轴换向，从而简化了控制电路。主轴电动机 M1 通过转换开关 SA3 与接触器 KM1 配合，进行正反转控制。

2. 主轴电动机的停车制动

主轴电动机的停车制动采用电磁离合器进行控制。电磁离合器是利用表面摩擦和电磁感应原理在两个做旋转运动的物体间传递力矩的执行电器。制动电磁离合器安装在主轴传动链中与电动机轴相连的第一根传动轴上。当电磁离合器线圈吸合时，将摩擦片压紧，对主轴电动机进行制动，主轴制动时间不超过 0.5s。

电磁离合器便于远距离控制，控制能量小，动作迅速、可靠，结构简单。铣床上采用的是摩擦式电磁离合器，其主动部分和从动部分接触面之间的摩擦作用，使两者可以暂时分离，然后逐渐接合，且在传动过程中允许两部分相互转动。

3. 进给电动机

进给电动机 M2 应能够正反转，通过接触器 KM3、KM4 与行程开关及进给电磁离合器 YC2、YC3 的配合实现工作台的工作进给和快速进给。X62W 型万能铣床要求能实现进给变速时的瞬时冲动、六个方向的工作进给和快速进给控制。两个电磁离合器都安装在进给传动链中的第四根轴上，当离合器 YC2 吸合时，连接工作台的进给传动链；当离合器 YC3 吸合时，连接快速移动传动链。

4. 冷却泵电动机

冷却泵电动机 M3 只要求单向运转。只有在接触器 KM1 接通后，合上冷却泵开关 QS2 才能接通冷却泵。

5. 主电路保护

熔断器 FU1 用于机床总短路保护，也兼作 M1、M2、M3 的短路保护；热继电器 FR1、FR2、FR3 分别用于 M1、M2、M3 的过载保护。

二、主轴换向转换开关

主轴电动机 M1 是通过转换开关 SA3 与接触器 KM1 的配合进行正反转控制的。主轴换向转换开关 SA3 触点的位置及通断状态见表 2-4。

表 2-4 主轴换向转换开关 SA3 触点的位置及通断状态

触点位置	正 转	停 止	反 转
SA3-1	-	-	+
SA3-2	+	-	-
SA3-3	+	-	-
SA3-4	-	-	+

注：+表示触点接通；-表示触点断开。

组合开关又称转换开关，常用于 AC 50Hz、380V 以下及 DC 220V 以下的电路中，供不频繁地手动接通和分断电路、电源开关或控制 5kW 以下的小容量异步电动机的起动、停止和正反转。组合开关中的常用产品有 HZ6、HZ10、HZ15 系列，特殊用途的有 HZ3、HZ5 系列，以及万能转换开关等。各种用途的转换开关如图 2-5 所示。

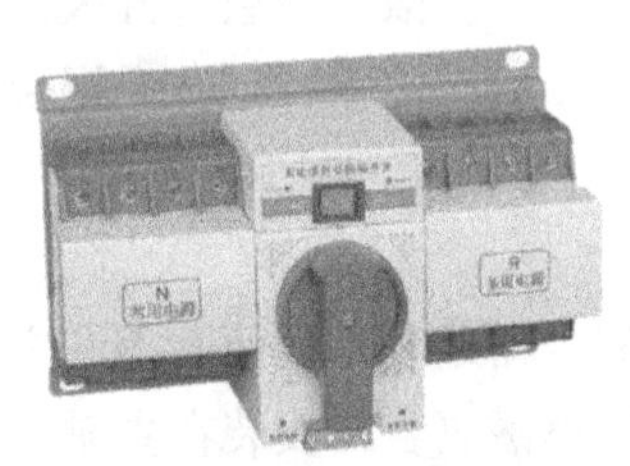

a) 自动电源转换开关

b) 万能转换开关

c) HZ3倒顺开关

d) HZ10组合开关

图 2-5 各种用途的转换开关

1. 特殊用途的 HZ3、HZ5 系列转换开关

电气控制电路中普遍采用的 HZ10 系列转换开关常用于控制电源的通断。HZ3 系列转换开关多用于控制小容量异步电动机的正反转及双速异步电动机△/丫丫、丫/丫丫联结的变速切换。HZ3-132 型转换开关的外形、结构及电路图形符号如图 2-6 所示。

HZ3 系列转换开关的型号和用途见表 2-5。

表 2-5 HZ3 系列转换开关的型号和用途

型 号	额定电流/A	电动机容量/kW			手柄形式	用 途
		220 V	380 V	500 V		
HZ3-131	10	2.2	3	3	普通	控制电动机起动、停止
HZ3-431	10	2.2	3	3	加长	控制电动机起动、停止
HZ3-132	10	2.2	3	3	普通	控制电动机倒、顺、停（倒顺开关）
HZ3-432	10	2.2	3	3	加长	控制电动机倒、顺、停（倒顺开关）
HZ3-133	10	2.2	3	3	普通	控制电动机倒、顺、停（倒顺开关）
HZ3-161	35	5.5	7.5	7.5	普通	控制电动机倒、顺、停（倒顺开关）
HZ3-452	5（110 V） 2.5（220 V）	—	—	—	加长	控制电磁吸盘
HZ3-451	10	2.2	3	3	加长	控制电动机△/丫丫、丫/丫丫变速

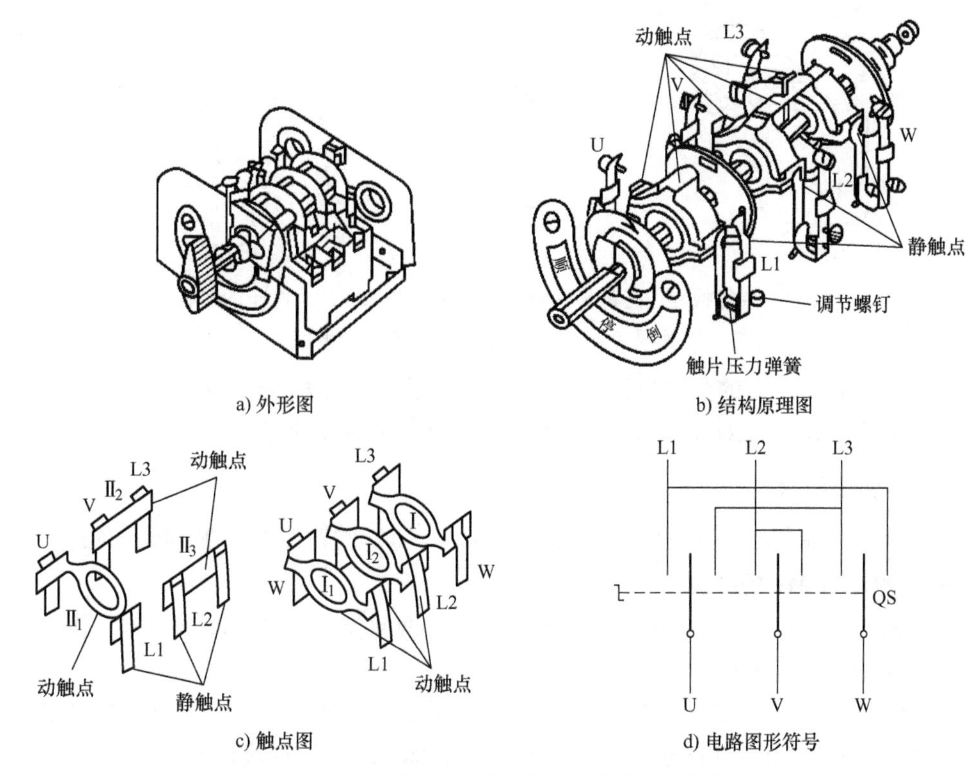

a) 外形图　b) 结构原理图　c) 触点图　d) 电路图形符号

图 2-6　HZ3－132 型转换开关的外形、结构及电路图形符号

随着产品的更新换代，常用 HZ5 系列取代 HZ3 系列的老产品。HZ5 系列转换开关的主要技术数据见表 2-6。

表 2-6　HZ5 系列转换开关的主要技术数据

型　　号	额定电压/V	额定电流/A	控制功率/kW	用　　途	备　　注
HZ5－10	AC 380 DC 220	10	1.7	在电气设备中用于电源引入、接通或分断电路、换接电源或负载（电动机等）	可取代 HZ1～HZ3 等老产品
HZ5－20		20	4		
HZ5－40		40	7.5		
HZ5－60		60	10		

2. 万能转换开关

在模拟铣床实训设备控制电路中，因电动机功率小，可用万能转换开关作为电动机正反转换相开关。万能转换开关用于不频繁接通和断开电路，实现换接电源和负载，是一种多档位、控制多电路的主令电器。LW5 系列万能转换开关按用途分为主令控制和直接控制 5.5kW 电动机用两种类型。主要根据用途、接线方式、所需触点档数和额定电流来选择。可逆转换型万能转换开关的外形、结构原理和电路图形符号如图 2-7 所示。

万能转换开关由转轴、凸轮、触点座、定位机构、螺杆和手柄等组成。当将手柄转到不同的档位时，转轴带着凸轮随之转动，使一些触点接通，另一些触点断开。

图 2-7c 中用虚线表示操作手柄的位置，用有无“·”表示触点的闭合和断开状态。例

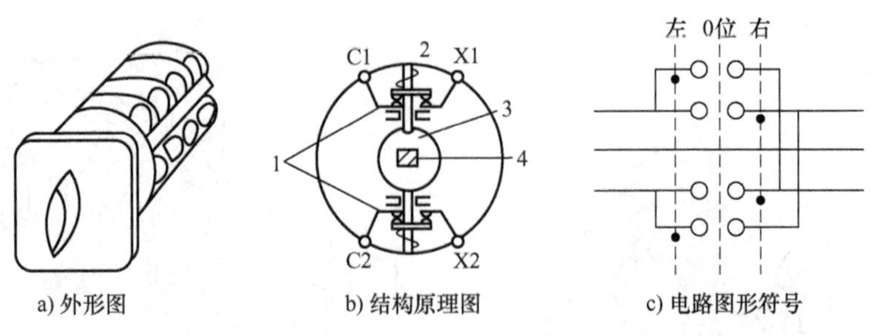

a) 外形图　　b) 结构原理图　　c) 电路图形符号

图 2-7　主轴换相用万能转换开关的外形、结构原理和电路图形符号

1—触点　2—触点弹簧　3—凸轮　4—转轴

如，在触点图形符号下方的虚线位置上，“·”表示当操作手柄处于该位置时，该触点处于闭合状态；若虚线位置上未画“·”，则表示该触点处于断开状态。

三、控制电路分析

在图 2-4 中，控制电路的电源由控制变压器 TC1 二次侧输出的 110V 电压供电。

1. 主轴电动机 M1 的控制

针对主轴电动机 M1 的控制要求，从起动控制、两地控制、制动停车控制、换刀控制和变速冲动控制等几方面进行分析。

（1）起动控制　KM1 是主轴电动机起动运行接触器。主轴电动机需要起动时，首先应根据顺铣、逆铣的要求，将换相转换开关 SA3 扳到与主轴电动机所需要的旋转方向（正转或反转）相对应的位置，然后再按起动按钮 SB1 或 SB2 起动电动机 M1。主轴电动机起动控制过程如下：

按下起动按钮 SB1 或 SB2→接触器 KM1 线圈通电→KM1 的辅助常开触点（5－2）闭合自锁→KM1 主触点闭合→主轴电动机 M1 起动运转。

此时，接触器 KM1 的辅助常开触点（5－8）闭合，保证了只有先起动主轴电动机，才能起动进给电动机工作进给，从而避免了工件或刀具的损坏。

（2）两地控制　能够在两地或多地控制同一台电动机的控制方式叫电动机的两地控制或多地控制，这通常是把各地的起动按钮并联、停止按钮串联来实现的。

为方便操作，铣床主轴电动机 M1 采用两地控制方式，其中一组起动按钮 SB1 和停止按钮 SB5 安装在铣床工作台的正前面，如图 2-8a 所示；另一组起动按钮 SB2 和停止按钮 SB6 安装在铣床的床身侧面，如图 2-8b 所示。

（3）制动停车控制　铣床主轴电动机要求能准确停车，需要采用制动停车控制方式，通常有反接制动和电磁离合器制动。图 2-4 中的铣床主轴电动机采用电磁离合器制动控制方式，将制动用电磁离合器安装在主轴传动链中与电动机轴相连的第一根传动轴上。电磁离合器线圈由变压器 TC3 二次电压经整流输出的直流电压供电。

按下停止按钮 SB5 或 SB6，其辅助常闭触点 SB5－1（3－4）或 SB6－1（1－3）断开，接触器 KM1 线圈断电释放，主轴电动机 M1 失电自然停车。同时，SB5 或 SB6 的辅助常开触点 SB5－2（300－301）或 SB6－2（300－301）闭合，接通制动用电磁离合器 YC1 线圈回路，离合器线圈得电吸合，将摩擦片压紧，主轴电动机 M1 制动停车。

主轴电动机停车操作时，应按住按钮 SB5 或 SB6，直到主轴制动停止转动后才能松开。一般主轴的制动时间不得超过 0.5s。

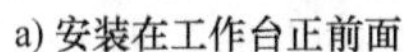

a) 安装在工作台正前面

b) 安装在床身侧面

图 2-8　X62W 型万能铣床两地控制按钮分布

（4）主轴电动机变速冲动控制　主轴变速是通过改变齿轮的传动比来实现的，由一个变速手柄和一个变速盘操作。主轴电动机通过弹性联轴器与变速机构中的齿轮传动相连接，使主轴具有 18 级速度档（30～1500r/min）。为使变速后齿轮组能很好地重新啮合，在 X62W 型万能铣床中设有变速冲动装置。主轴变速手柄和变速盘实物图如图 2-9 所示。

图 2-9　主轴变速手柄和变速盘实物图

主轴电动机变速时的冲动控制，是利用变速手柄与冲动行程开关 SQ1 通过机械上的联动机构来实现的，变速冲动控制示意图如图 2-10 所示。SQ1 是主轴变速时的冲动行程开关，即瞬时冲动位置开关。

变速时，先压下变速手柄，然后向左转动手柄，使齿轮组脱离啮合，再转动蘑菇形变速盘，选定需要的转速，然后再将变速手柄向右推回原位复位。在手柄复位的过程中，手柄上装的凸轮压下弹簧杆后返回，在凸轮压下弹簧杆的瞬间，使冲动行程开关 SQ1 的常闭触点（4－5）先断开，切断 KM1 线圈电路，同时 SQ1 的常开触点（1－2）后闭合，KM1 线圈瞬时得电动作，主轴电动机做瞬时冲动，使齿轮系统抖动一下，达到齿轮的良好啮合。当手柄被推回原始位置时，SQ1 复位，断开主轴瞬时冲动电路，完成变速冲动控制。但要注意，在变速时应以较快的速度把手柄推回至原始位置，以免通电时间过长，引起 M1 转速过高而打坏齿轮。

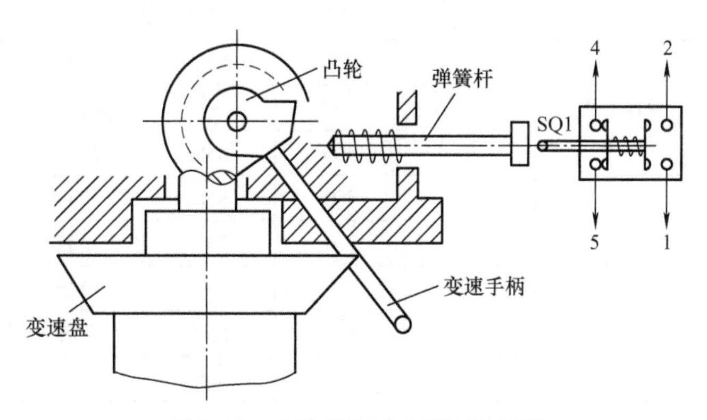

图 2-10　主轴变速冲动控制示意图

（5）主轴换刀控制　主轴换刀控制是为了保障操作人员的安全

而设置的。主轴电动机停转后并不处于制动状态，主轴仍可自由转动。更换铣刀时，为避免因主轴转动而造成换刀困难或伤害事故，首先应将主轴置于制动状态。将主轴换刀制动转换开关 SA1 扳到“接通（或夹紧）”位置时，主轴锁紧换刀。此时，换刀开关常闭触点 SA1-2（101-102）断开，切断控制电路电源，同时其常开触点 SA1-1（300-301）接通，使电磁离合器 YC1 得电，主轴处于制动状态。当换刀结束后，再将 SA1 扳回到“断开（或放松）”位置。

2. 进给电动机 M2 的控制

铣床工作台的进给运动分为工作进给和快速进给。工作进给在主轴起动后才能进行；快速进给可以在 M1 不起动的情况下进行，属于辅助运动。工作台的进给驱动通过电磁离合器 YC2 和 YC3 来实现，当 YC2 吸合而 YC3 断开时，为工作进给；相反，当 YC3 吸合而 YC2 断开时，为快速进给。

要求铣床工作台有左右、前后、上下六个方向上的进给运动和快速移动，工作台六个方向的运动是通过两套操作手柄和机械联动机构带动相应的位置开关，控制进给电动机的正反转实现的。其中一套是左右进给操作手柄，有左、中、右三档，可在工作台前部（或左侧部）进行操作，如图 2-11a 所示。另一套为前后、上下十字进给操作手柄，有前、后、上、下、中间五档位置，可在工作台侧面进行操作，如图 2-11b 所示。

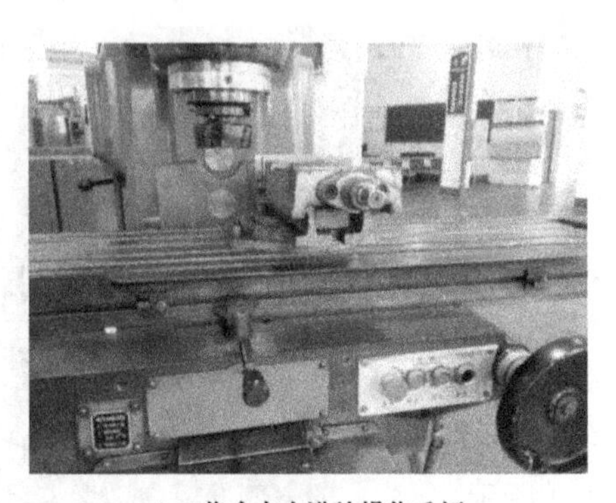
a) 工作台左右进给操作手柄

b) 工作台前后、上下进给操作手柄

图 2-11　左右进给操作手柄和上下前后进给操作手柄

左右进给操作手柄与行程开关 SQ5、SQ6 联动，前后、上下进给操作手柄与行程开关 SQ3、SQ4 联动。操作手柄位置与工作台运动方向的关系见表 2-7。

表 2-7　操作手柄位置与工作台运动方向的关系

操作手柄	手柄位置	行程开关动作	接触器控制	电动机 M2 转向	传动链搭合丝杠	工作台运动方向
左右进给操作手柄（纵向）	右	SQ5	KM3	正转	左右进给丝杠	向右
	中	—	—	停止	—	停止
	左	SQ6	KM4	反转	左右进给丝杠	向左
前后、上下进给操作手柄（垂直、横向）	下	SQ3	KM3	正转	上下进给丝杠	向下
	上	SQ4	KM4	反转	上下进给丝杠	向上
	中	—	—	停止	—	停止
	前	SQ3	KM3	正转	前后进给丝杠	向前
	后	SQ4	KM4	反转	前后进给丝杠	向后

X62W型万能铣床上还可安装圆形工作台附件，对圆弧或凸轮进行铣削加工。圆工作台控制转换开关SA2有“接通”与“断开”两个位置，工作台做正常进给运动时，将圆工作台开关扳到“断开”位置，即非圆状态；当需要加装圆工作台加工圆弧时，将圆工作台开关扳到“接通”位置。圆工作台转换开关SA2触点通断状态见表2-8。

表2-8　圆工作台转换开关SA2触点通断状态表

触点＼位置	圆工作台	
	接　通	断　开
SA2-1	-	+
SA2-2	+	-
SA2-3	-	+

注：“+”表示触点接通；“-”表示触点断开。

下面分别对工作台的左右、上下、前后方向进给控制、工作台快速进给控制，圆工作台工作电路进行分析。

（1）工作台纵向（左右）进给运动控制　工作台的纵向运动由纵向操作手柄和机械联动机构带动相应的位置开关SQ5、SQ6组合控制进给电动机的正反转来实现。手柄有三个位置：向左、居中、向右。

起动条件：将圆工作台选择开关SA2置于“断开”位置。主轴电动机M1已经起动，接触器KM1已经得电吸合并自锁，其辅助常开触点KM1（5-8）闭合。

当手柄扳到向右（或向左）运动方向时，手柄的联动机构压合行程开关SQ5（或SQ6），其常开触点闭合，使接触器KM3（或KM4）动作，控制进给电动机M2的转向，联动机构将进给电动机M2的传动链拨向工作台下面的丝杠，使进给电动机M2的动力通过丝杠作用于工作台，使工作台向右（或向左）进给。当进给到位后，将手柄扳至中间位置，SQ5（或SQ6）复位，KM3（或KM4）线圈断电，电动机的传动链与左右丝杠脱离，M2停转。工作台纵向行程的终端保护可通过调整安装在工作台两端的挡铁来实现。当工作台纵向运动到极限位置时，挡铁撞动纵向操作手柄，使其回到零位，进给电动机M2停转，工作台停止运动。工作台左右进给运动控制电路如图2-12所示。

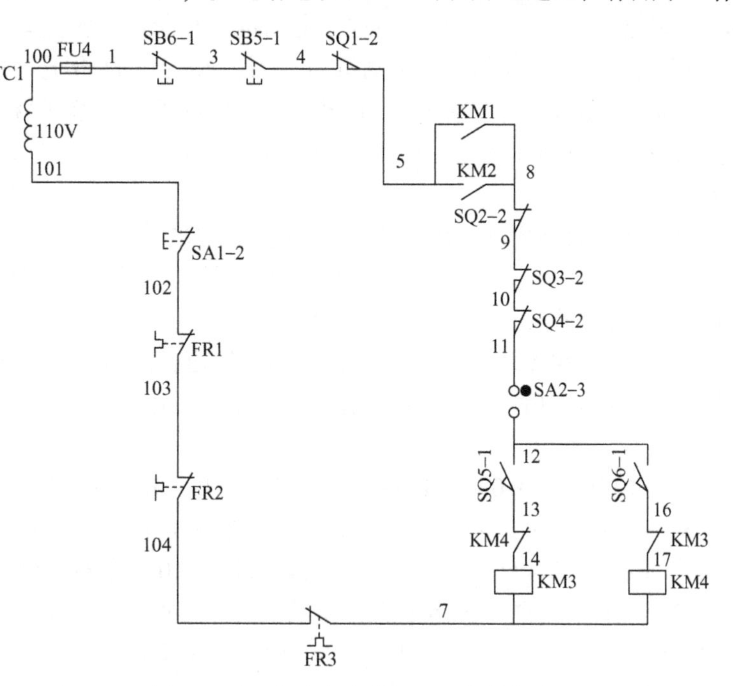

图2-12　工作台左右进给运动控制电路

1）工作台向左进给

运动。在主轴电动机 M1 起动后，将纵向操作手柄扳至向左位置，一方面机械接通纵向离合器，同时压下行程开关 SQ6，其常闭触点 SQ6-2（11-18）断开，切断上下、前后进给运动控制电路进行联锁。常开触点 SQ6-1（12-16）接通，接触器 KM4 得电吸合，KM4 主触点闭合，进给电动机 M2 反转，工作台向左做进给运动，KM4 辅助常闭触点断开，对 KM3 线圈通路进行联锁。工作台向左运动时，KM4 线圈通电路径为：

TC1(110V)→100→FU4→1→SB6-1→3→SB5-1→4→SQ1-2→5→KM1 辅助常开触点→8→SQ2-2→9→SQ3-2→10→SQ4-2→11→SA2-3→12→SQ6-1→16→KM3 辅助常闭触点→17→KM4 线圈→7→FR3→104→FR2→103→FR1-102→SA1-2→101→TC1(0V)。

2）工作台向右进给运动。工作台向右运动与工作台向左运动的工作原理相似，在主轴电动机 M1 起动后，纵向操作手柄扳至向“右”位置时，机械上仍然接通纵向进给离合器，同时压合行程开关 SQ5，常闭触点 SQ5-2 断开（15-18），切断上下、前后进给运动控制电路实现互锁；常开触点 SQ5-1（12-13）接通，接触器 KM3 得电吸合，进给电动机 M2 正转，工作台向右做进给运动，KM3 辅助常闭触点断开，对 KM4 线圈通路进行联锁。工作台向右运动时，KM3 线圈通电路径为：

TC1(110V)→100→FU4→1→SB6-1→3→SB5-1→4→SQ1-2→5→KM1 辅助常开触点→8→SQ2-2→9→SQ3-2→10→SQ4-2→11→SA2-3→12→SQ5-1→13→KM4 辅助常闭触点→14→KM3 线圈→7→FR3→104→FR2→103→FR1-102→SA1-2→101→TC1(0V)。

（2）工作台垂直（上下）和横向（前后）进给运动的控制　工作台的垂直和横向运动由一个十字操作手柄和机械联动机构带动相应的位置开关 SQ3、SQ4 组合控制进给电动机的正反转来实现。十字操作手柄有上、下、前、后、中间五个位置，五个位置是联锁的。手柄在中间位置时，SQ3 和 SQ4 均不动作。

将手柄扳至相应位置时，联动机械一方面压下行程开关 SQ3 或 SQ4，控制进给电动机 M2 正转或反转；另一方面，使进给电动机 M2 的动力通过丝杠作用于工作台。当手柄向上或向下时，传动机构将进给电动机 M2 的传动链和升降台上下移动丝杠相连；当手柄向前或向后时，传动机构将电动机 M2 的传动链与溜板下面的丝杠相连。十字操作手柄撞到中间位置时，进给电动机停转，同时传动链脱开。工作台上下、前后进给运动控制电路如图 2-13 所示。

1）工作台向后（或者向上）运动。主轴电动机 M1 起动后，将十字操作手柄扳至向“后”（或者向“上”）位置时，机械上传动链与溜板丝杠（或升降台上下移动丝杠）相连。同时压合行程开关 SQ4，其常闭触点 SQ4-2（10-11）断开，切断工作台左右进给控制电路实现联锁；常开触点 SQ4-1（12-16）接通，接触器 KM4 得电吸合，进给电动机 M2 反转，工作台向“后”（或者向“上”）运动。工作台向后（上）运动时，KM4 线圈得电路径为：

TC1(110V)→100→FU4→1→SB6-1→3→SB5-1→4→SQ1-2→5→KM1 辅助常开触点→8→SA2-1→15→SQ5-2→18→SQ6-2→11→SA2-3→12→SQ4-1→16→KM3 辅助常闭触点→17→KM4 线圈→7→FR3→104→FR2→103→FR1-102→SA1-2→101→TC1(0V)。

2）工作台向前（或者向下）运动。同样道理，主轴电动机 M1 起动后，将十字操作手柄扳至向“前”（或者向“下”）位置时，机械上传动链与溜板丝杠（或升降台上下移动丝杠）相连，同时压下行程开关 SQ3，使 SQ3-2（9-10）断开，SQ3-1（12-13）接通，接

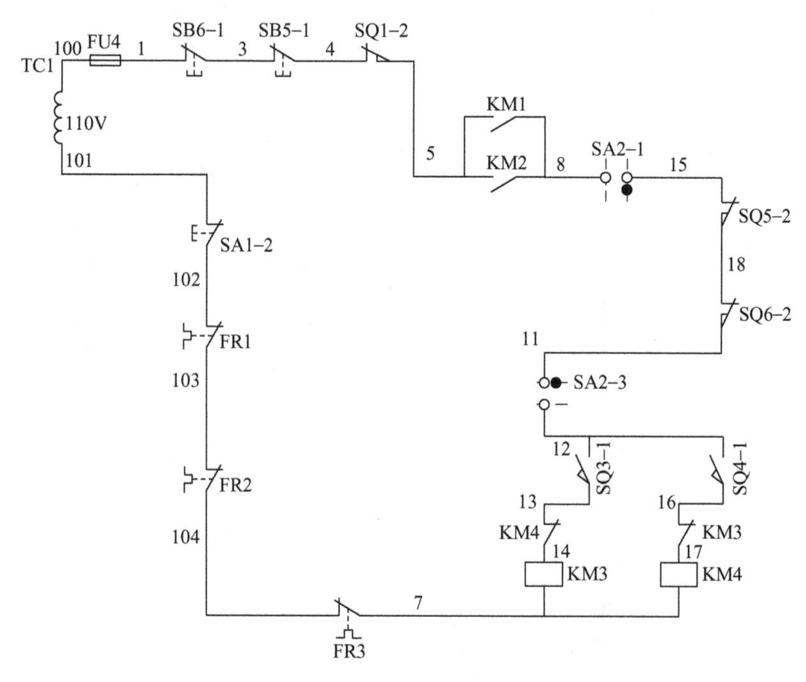

图 2-13　工作台上下、前后进给运动控制电路

触器 KM3 线圈得电吸合，进给电动机 M2 正转，工作台向前（或者向下）运动。工作台向前（下）运动时，KM3 线圈得电路径为：

TC1(110V)→100→FU4→1→SB6－1→3→SB5－1→4→SQ1－2→5→KM1 辅助常开触点→8→SA2－1→15→SQ5－2→18→SQ6－2→11→SA2－3→12→SQ3－1→13→KM4 辅助常闭触点→14→KM3 线圈→7→FR3→104→FR2→103→FR1－102→SA1－2→101→TC1(0V)。

(3) 进给变速冲动　变速时，为使齿轮易于啮合，进给变速与主轴变速一样，有变速冲动环节。进给变速冲动是由进给变速手柄配合位置开关 SQ2 实现的。

先将蘑菇形变速手轮向外拉出，使齿轮脱离啮合，转动转速盘选择进给速度，然后再把蘑菇形变速手轮用力向外拉到极限位置并随即推回原位，变速结束。当手轮拉到极限位置的瞬间，位置开关 SQ2 被瞬时压下，使 KM3 瞬时吸合，进给电动机 M2 做正向瞬动。与主轴变速冲动一样，电动机的通电时间不能太长，以防止转速过高，在变速时打坏齿轮。进给变速冲动控制电路如图 2-14 所示。

进给变速冲动工作原理和电流通路为：操作进给变速手柄和变速盘，压合 SQ2 触点，常闭触点 SQ2－2（8－9）断开，常开触点 SQ2－1（9－13）闭合，KM3 线圈经 TC1(110V)→100→FU4→1→SB6－1→3→SB5－1→4→SQ1－2→5→KM1 辅助常开触点→8→SA2－1→15→SQ5－2→18→SQ6－2→11→SQ4－2→10→SQ3－2→9→常开触点 SQ2－1→13→KM4 辅助常闭触点→14→KM3 线圈→7→FR3→104→FR2→103→FR1－102→SA1－2→101→TC1(0V)电路得电吸合，KM3 主触点闭合，进给电动机 M2 瞬时冲动正转，齿轮系统产生一次抖动，使齿轮顺利啮合。进给变速时不允许工作台做任何方向的运动。

(4) 工作台的快速进给　为减少生产辅助工时，提高劳动生产率，在铣床不做铣削加工时，工作台可快速进给。工作台快速进给是由进给操作手柄与快速进给按钮 SB3 或 SB4 配合进行控制的。

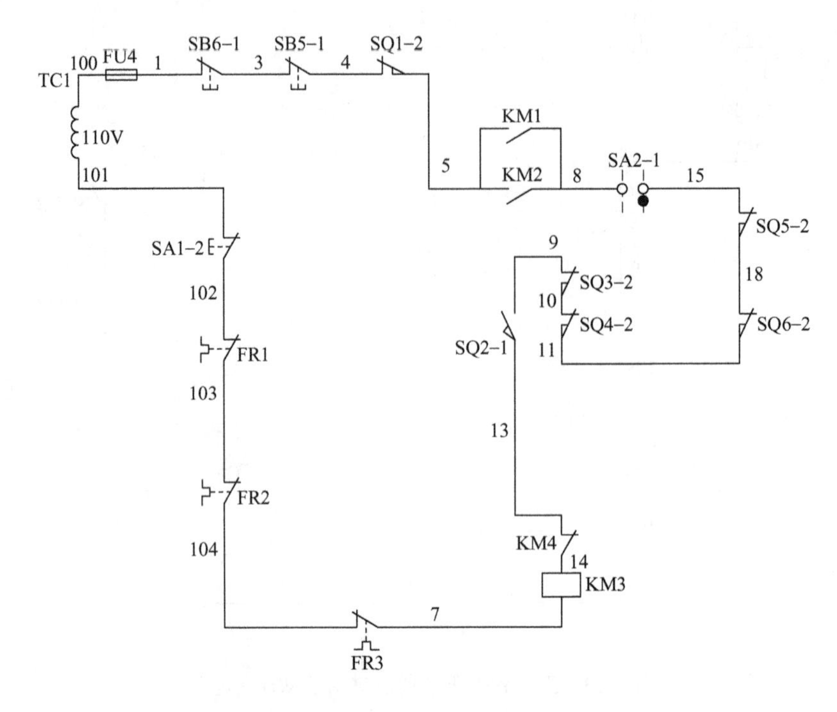

图 2-14　进给变速冲动控制电路

按下快速进给操作按钮 SB3 或 SB4，接触器 KM2 线圈通电，其常开触点（5－8）与 KM1 常开触点并联。常闭触点（300－302）断开，电磁离合器 YC2 线圈断电，将齿轮传动链与进给丝杠分离；KM2 的另外一对常开触点（300－303）闭合，接通电磁离合器 YC3 线圈，进给电动机 M2 直接与进给丝杠搭合，进给传动系统跳过了齿轮变速链，由电动机直接驱动丝杠套，工作台按照选定方向实现快速进给。当松开快速进给按钮 SB3 或 SB4 时，接触器 KM2 线圈断电，电磁离合器 YC3 失电，YC2 得电，快速进给过程结束，恢复原来的工作进给状态。

【提示】 在铣床电路图中，因为主接触器 KM1 和快速进给接触器 KM2 的常开触点是并联的关系，所以在主轴电动机 M1 未起动的情况下也可进行快速进给。

（5）圆工作台运动控制　为了扩大铣床的加工能力，如需铣削螺旋槽、弧形槽、弧形面等曲线时，可在铣床上安装圆工作台附件及其传动机械，这样可以进行圆弧或凸轮的铣削加工。圆工作台的回转运动也是由进给电动机 M2 传动机构驱动的。圆工作台的控制电路如图 2-15 所示。

圆工作台工作时，应先将工作台进给操作手柄都扳到中间位置，然后将圆工作台组合开关 SA2 扳到“接通”位置。此时触点 SA2－1（8－15）和 SA2－3（11－12）断开，SA2－2（15－13）接通。准备就绪后，按下主轴起动按钮 SB1 或 SB2，接触器 KM1 得电吸合，接触器 KM1 的辅助常开触点（5－8）接通。接触器 KM3 线圈经 5→8→SQ2－2→9→SQ3－2→10→SQ4－2→11→SQ6－2→18→SQ5－2→15→SA2－2 →13→KM4 辅助常闭触点→14→KM3→7 电路得电吸合，进给电动机 M2 正转，带动圆工作台做旋转运动。此时圆工作台仅以正转方向做定向回转运动。

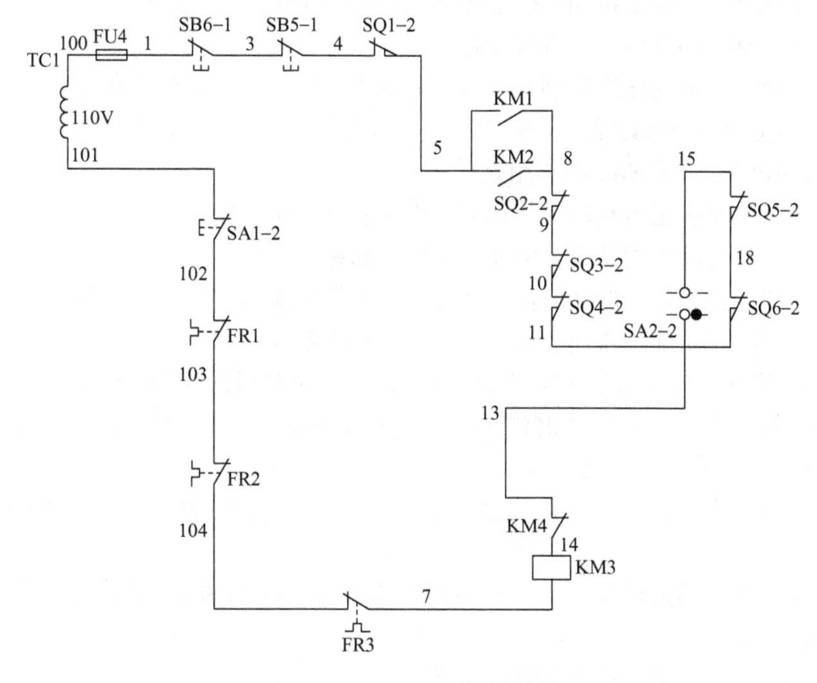

图 2-15　圆工作台的控制电路

【提示】圆工作台与工作台进给存在机械与电气配合的联锁控制。即当圆工作台工作时，不允许工作台在纵向、横向、垂直方向上有任何运动。当圆工作台处于工作状态时，两个进给操作手柄必须处于中间位置。若因误操作而扳动进给运动操作手柄（即压下 SQ3、SQ4、SQ5、SQ6 中的任意一个），进给电动机 M2 停转，实现了机械与电气配合的联锁控制。

3. 冷却泵电动机的控制

在主接触器 KM1 通电吸合的情况下，合上主电路中的开关 QS2，可以起动冷却泵电动机 M3，从而在主电路上实现了主轴电动机与冷却泵电动机的顺序控制。

四、照明与信号电路分析

照明灯 EL 由控制变压器 TC2 提供24V 电压，由转换开关 SA4 控制，FU5 用于照明电路的短路保护。

【任务实施】

1）认真识读 X62W 型万能铣床电路图，熟悉铣床电路的构成。

① 了解各元件在电路中的作用、图形符号和文字符号。

② 熟悉各元件的型号、规格和数量。

2）识读 X62W 型万能铣床电路图，分析讨论下列问题。

① X62W 型万能铣床共有几台电动机？其功率分别是多少？在铣床系统中各起什么作用？

② X62W 型万能铣床的电气保护措施有哪些？分别用哪些电气元件来实现？

③ 为什么铣床主轴电动机 M1 的正反转控制可以由组合开关实现？

④ 什么是制动？制动的方式有哪几种？

⑤ 三个电磁离合器的作用分别是什么？电磁离合器为什么要采用直流电源供电？

3）在教师指导下分析讨论 X62W 型万能铣床主轴电动机的控制电路。

① 主电路中组合开关 SA3 的作用是什么？

② 简述主轴电动机正转起动工作原理和停车制动工作原理。

③ 什么是变速冲动？简述主轴电动机变速冲动控制过程。

④ 在需要更换铣刀时，应如何操作换刀开关？简述换刀时的工作原理。

⑤ 若主轴电动机不能正常起动运转，试分析故障范围。

4）在教师指导下分析讨论 X62W 型万能铣床进给电动机的控制电路。

① 控制电路中组合开关 SA2 的作用是什么？在 SA2 分别处于接通和断开两种状态时，其三对触点的通断状态是怎样的？

② 当纵向操作手柄扳至向“右”位置时，压合行程开关 SQ5，简述工作台向右进给的工作过程和电流通路。

③ 当垂直操作手柄扳至向“上”位置时，压合行程开关 SQ4，简述工作台向上进给的工作过程和电流通路。

④ 分析圆工作台的工作过程和电流通路。

⑤ 简述进给变速冲动控制的工作过程和电流通路。

⑥ 简述工作台快速进给的工作过程。

⑦ 控制电路中 KM1 和 KM2 的两个辅助常开触点并联的作用是什么？

【任务测评】

完成任务后，对任务实施情况进行检查，在表 2-9 中相应的方框中打勾。

表 2-9　X62W 型万能铣床电气控制线路分析任务测评表

序号	能力测评	掌握情况
1	能画出电路图中所有元件的图形符号和文字符号	□好　□一般　□未掌握
2	能说出电路图中所有按钮和行程开关在铣床电路中的作用	□好　□一般　□未掌握
3	能说出 X62W 型铣床主轴电动机起动工作原理	□好　□一般　□未掌握
4	能说出 X62W 型铣床主轴电动机制动停车工作原理	□好　□一般　□未掌握
5	能说出 X62W 型铣床主轴电动机变速冲动控制工作原理	□好　□一般　□未掌握
6	能说出 X62W 型铣床进给电动机向上（下）进给工作原理和电流通路	□好　□一般　□未掌握
7	能说出 X62W 型铣床进给电动机向前（后）进给工作原理和电流通路	□好　□一般　□未掌握
8	能结合电气原理图说出 X62W 型铣床工作台快速进给操作步骤	□好　□一般　□未掌握
9	能说出 X62W 型铣床圆工作台运转工作原理和电流通路	□好　□一般　□未掌握
10	能说出 X62W 型铣床进给电动机变速冲动控制工作原理	□好　□一般　□未掌握
11	能说出主轴电动机不能起动（或制动）故障的检修思路	□好　□一般　□未掌握
12	能说出工作台不能向右（或向前、下）进给故障的检修思路	□好　□一般　□未掌握

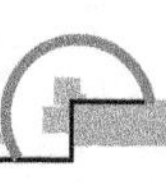

任务三　X62W 型万能铣床常见电气故障检修与排除

【任务目标】

1）能正确操作 X62W 型万能铣床并发现故障。

2）掌握 X62W 型万能铣床典型电气故障的分析方法和检测流程。

3）能按照正确的检修方法和流程，排除 X62W 型万能铣床的典型电气故障。

【任务分析】

X62W 型万能铣床是典型的机电一体化控制设备。分析和检修铣床电气故障时，要注意工作台和主轴之间的顺序控制关系，工作台六个方向的联锁关系，工作台进给与圆工作台运转之间的联锁关系，以及进给变速冲动与工作台自动进给之间的联锁关系等。X62W 型万能铣床电气故障的检修难点是工作台进给运动故障。

当出现工作台进给运动故障时，为了能尽快查出故障点，可依次进行其他方向的常速进给、快速进给、进给变速冲动和圆工作台的操作试车，逐步缩小故障范围，分析故障原因。然后在故障范围内逐个对电气元件、触点、连线和接线点进行检查。在检查时，应综合考虑机械磨损或移位使操纵机构失灵等机械原因。

【相关知识】

一、X62W 型万能铣床检修前的操作步骤

故障检修的第一步是通过故障调查判断故障现象。作为检修人员应掌握正确的试机操作步骤，在开机操作之前，先要确认各开关是否被拨至正确档位。

1. 正常停机情况下各开关的初始状态

换刀开关 SA1 应处于“放松”状态；圆工作台开关 SA2 应处于“断开”状态；主轴换向转换开关 SA3 应处于中间位置；照明灯开关 SA4 应处于“关”状态；冷却泵开关应处于“关”状态。工作台的垂直及横向（上下、前后）操作手柄处于“中间”位置；工作台的纵向进给操作手柄处于“中间”位置。

2. 正常试机操作步骤

1）合上电源总闸 QF。

2）合上机床照明灯开关 SA4，照明灯亮。

3）主轴换向转换开关 SA3 选择“正转”或“反转”。

4）圆工作台开关 SA2 置于“断开”状态。

5）调整好主轴转速后，主轴变速操纵手柄置于原位。

6）按下主轴起动按钮 SB1（或 SB2），主轴电动机 M1 正常起动运转。

7）起动冷却泵开关 QS2，冷却泵电动机 M2 正常起动运转。

8）分别操作工作台纵向（左右）、垂直（上下）和横向（前后）操作手柄，进给电动机正常起动运转，带动工作台做左右上下前后六个方向的进给；再按下快速进给按钮 SB3、

SB4，快速进给电磁离合器线圈得电吸合，驱动工作台快速进给。

9）圆工作台操作：将进给操作手柄置于“中间”位置，此时可以将圆工作台转换开关置于“接通”位置，进给电动机 M2 单向运转，圆工作台工作。

10）主轴变速冲动操作：在停机状态下，主轴变速盘调速后，将主轴变速手柄推回原位，压合行程开关 SQ1，主轴电动机 M1 瞬时冲动。

11）进给变速冲动操作：在停机状态下，进给变速盘调速后，将蘑菇形变速手柄推回原位，压合行程开关 SQ2，进给电动机 M2 瞬时冲动。

3. 正常停机操作步骤

1）将各进给操作手柄扳至中间状态，进给电动机停止工作。

2）加工完毕后，按下主轴停止按钮 SB5 或 SB6，主轴电动机制动停车。

3）断开铣床照明灯开关 SA4，照明灯熄灭。

4）断开铣床总电源开关 QF。

5）将各开关重新置于初始状态。

二、X62W 型万能铣床常见电气故障

根据对铣床电路图的分析和现场操作检修人员的经验总结，整理出 X62W 型万能铣床常见电气故障，见表 2-10。

表 2-10　X62W 型万能铣床常见电气故障一览表

序号	故 障 现 象
1	主轴电动机不能起动（信号灯和照明灯都不亮，冷却泵电动机和进给电动机也都不能起动）
2	主轴电动机不能起动（信号灯和照明灯亮，但冷却泵电动机和进给电动机不能起动）
3	主轴电动机不能正常起动（主轴电动机出现“嗡嗡”的异常响声）
4	主轴电动机不能起动（主接触器吸合，电动机不转）
5	主轴电动机不能起动（主接触器不吸合，电动机不转）
6	主轴电动机停车不能制动
7	主轴电动机不能停车
8	主轴电动机只能点动
9	主轴无变速冲动状态
10	工作台各个方向都不能进给
11	工作台能上下进给，但不能左右进给
12	工作台能左右进给，但不能上下进给
13	工作台能向左进给，但不能向右进给
14	工作台不能向左、上、后移动
15	工作台不能向右、下、前移动
16	工作台不能快速移动
17	圆工作台不能工作
18	照明灯不亮，其他均正常

在机床电气故障检修过程中，通常采用多种检修测量方法进行配合。在检修之前一定要熟悉电气原理图并了解机床的正确操作流程，根据电路的特点，通过相关操作和通电试车，尽量缩小故障范围。

三、X62W 型万能铣床常见电气故障分析

1. 主轴电动机运行故障分析

（1）主轴电动机 M1 不能正常运转　主轴电动机不能正常运转故障包括两种情况：一种是主轴电动机缺相运转，出现“嗡嗡”的响声；另一种是主轴电动机不运转。主轴电动机不能正常运转故障可按照项目一中车床的类似故障进行分析检查。采用逻辑分析法确定故障范围，再用电压测量法或电阻测量法逐一检测。具体的分析和检修流程如图 2-16 所示。

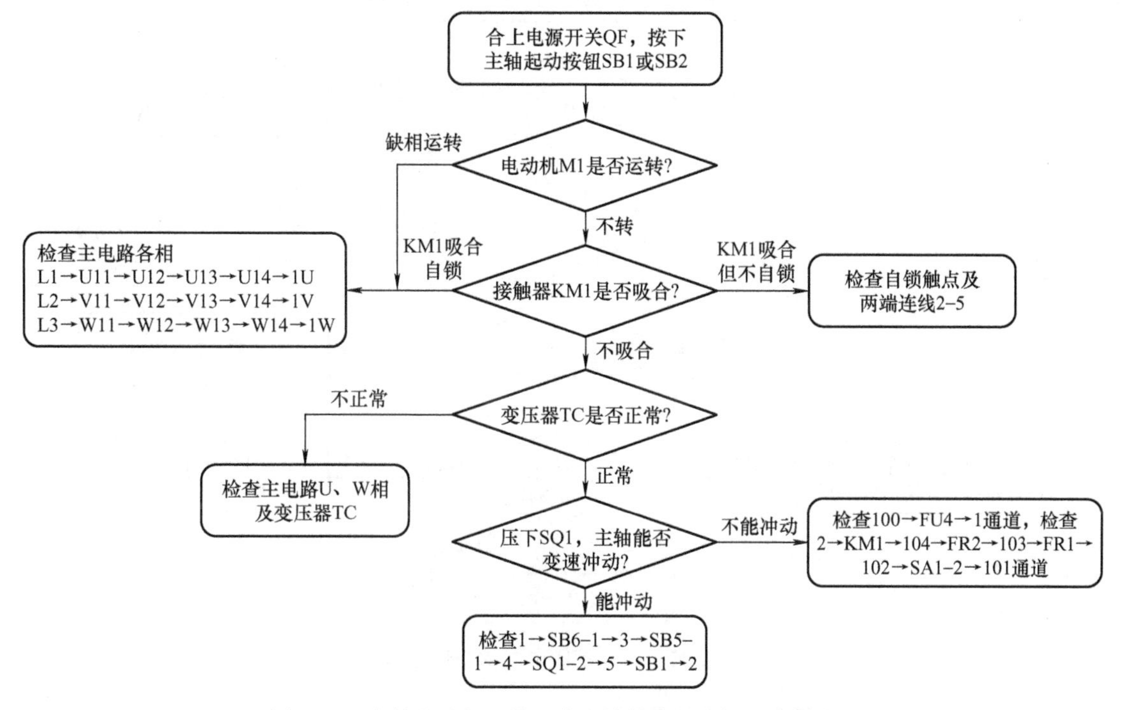

图 2-16　主轴电动机不能正常运转故障的分析和检修流程

（2）主轴电动机不能停车　引发该故障的原因可能有两种情况：一种情况是接触器 KM1 的主触点发生熔焊；另一种情况是由于停止按钮 SB5 或 SB6 的常闭触点之间击穿等原因而引起了短路。可以在停机断电的情况下用万用表电阻档进行测量。

（3）主轴电动机不能正常工作，只有点动　主轴电动机只能点动通常是由主接触器 KM1 的自锁辅助常开触点与起动按钮连线出现松脱，或者接触器触点接触不良引起的。

（4）主轴电动机 M1 停车时不能制动　主轴采用电磁离合器制动，该离合器安装在主轴传动链中与电动机轴相连的第一根传动轴上。检测主轴停车无制动的原因时，应注意电磁离合器 YC1 是否通电，以此来判别是机械故障还是电气故障。

检查故障时，可先将主轴换向转换开关 SA3 扳到停止位置，然后按下停止按钮 SB5、SB6，仔细听有无 YC1 电磁离合器得电动作的声音。

1）YC1 得电。说明是制动电磁离合器本身的动片和静片之间的机械磨损导致的制动失效。

2）YC1 没有得电。可继续检测快进和工进电磁离合器 YC2、YC3 是否能得电，若 YC2、YC3 均能得电，则故障在 YC1 线圈电路 301 – YC1 – 304 中；若 YC2、YC3 均不能得电，则可依次检查 TC3 一次电压是否为 380V，二次电压是否正常，整流电压是否为正常，以及 305→FU3→304→YC3 电路或 300→KM2 电路的通断情况。直流控制电路的检修流程如图 2-17 所示。

（5）主轴制动、工作进给、快速进给电磁离合器不工作　若电磁离合器不工作，则故障出现在直流控制电路中。可按图 2-17 进行故障分析和检测。

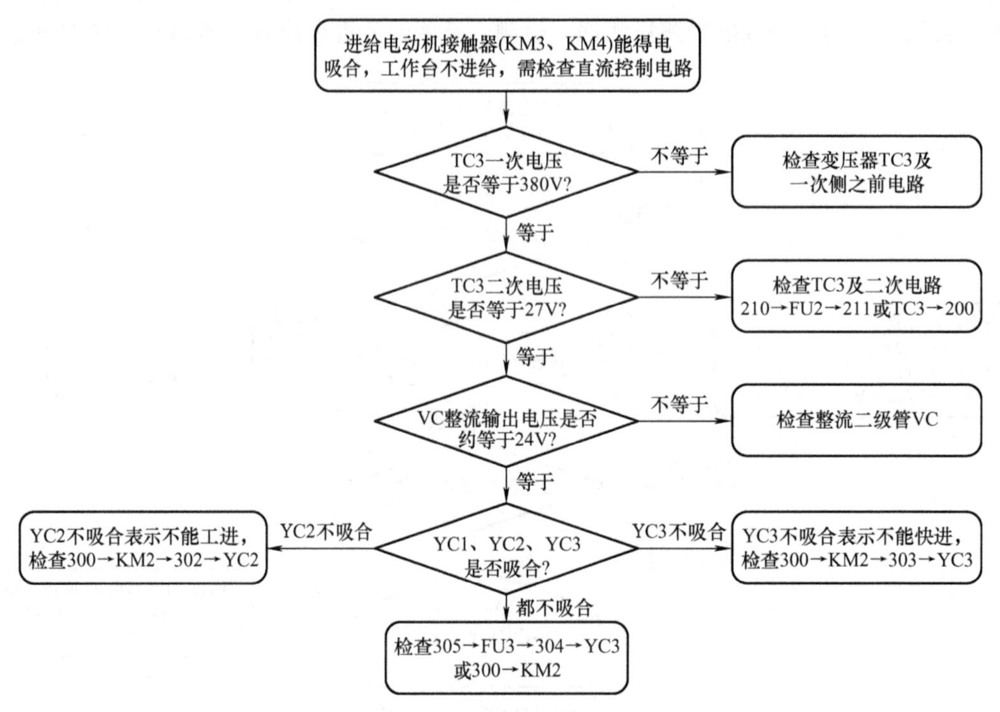

图 2-17　直流控制电路的检修流程

2. 进给工作台运行故障分析

在主轴电动机正常工作的情况下，若进给部分有故障，为了能根据试车的声音判别故障位置，可将主轴换向转换开关置于停止位置，以避免因主轴电动机工作的声音影响判断。尤其是在进给电动机出现异常响声的情况下，要能很快明确电动机是否处于缺相运行状态。

在实际检修过程中，进给工作台运行故障除了考虑主电路和控制电路故障外，还应考虑进给电磁离合器本身的故障。电磁离合器的动、静摩擦片经常摩擦，属于易损件，检修时要注意这类易发生的问题。另外，电磁离合器线圈用环氧树脂粘合在电磁离合器的套管内，散热条件差，容易因发热而烧毁。

（1）工作台不能工作　通过试车现象，结合逻辑分析，判断故障位置后再进行测量。主轴工作正常，而进给工作台六个方向均不能进给，首先要确认圆工作台开关 SA2 是否处于“断开”位置。在圆工作台开关 SA2 处于“断开”位置的情况下，通过观察接触器 KM3 和 KM4 是否吸合来区分是主电路故障还是控制电路故障。

若接触器 KM3 和 KM4 都不吸合，则为控制电路故障，且故障多出现在公共支路上。此时可以通过操作进给变速冲动手柄，看 KM3 线圈是否得电。合上进给变速冲动手柄，SQ2－1 常开触点闭合，KM3 线圈若吸合则故障可能出现在 11→SA2－3→12 通道中；若此时 KM3

线圈不吸合，则故障出现在公共支路5→KM1(KM2)→8通道中或说明7号连线出现断点。

(2) 工作台不能前后、上下移动　压合SQ5、SQ6，工作台左右进给正常，而压合SQ3、SQ4，前后、上下进给不工作，故障可能出现在前后、上下进给的公共通道8→SA2-1→15→SQ5-2→18→SQ6-2→11电路中。

继而将上下、前后十字操作手柄和左右操作手柄都置于中间位置，将圆工作台开关置于“接通”状态，看此时接触器KM3是否得电吸合，进给电动机运转是否正常。若此时KM3吸合，圆工作台正常运转，则表明故障可能是圆工作台通断开关SA2-1触点（8-15）接触不良或其接线松脱。若接触器KM3不吸合，进给电动机不运转，则表明故障多为SQ5-2常闭触点（15-18）、SQ6-2常闭触点（18-11）接触不良或其接线松脱。

(3) 工作台不能左右移动　压合SQ3、SQ4，工作台上下、前后进给正常，而压合SQ5、SQ6，左右进给不工作，故障多出现在左右进给的公共通道8→SQ2-2→9→SQ3-2→10→SQ4-2→11电路中。

继而将上下、前后十字操作手柄和左右操作手柄都置于中间位置，检查进给变速冲动是否正常。若进给变速冲动正常，KM3能得电吸合，则表明故障可能为SQ2-2触点（8-9）接触不良或其接线松脱。若变速冲动不正常，KM3不能得电吸合，则表明故障可能为SQ3-2触点（9-10）、SQ4-2触点（10-11）接触不良或其接线松脱。

(4) 工作台不能向左、后、上进给　工作台向右、前、下进给正常，而向左、后、上进给不工作。首先要判断接触器KM4是否得电吸合，若KM4吸合，电动机不转，则说明是进给电动机主电路故障；若KM4不吸合，则故障在12→SQ4-1(SQ6-1)→16→KM3辅助常闭触点→17→KM4线圈→7电路中。

(5) 工作台不能快速进给　工作台能工作进给，但不能快速移动。通过观察分析接触器KM2线圈电路和快速电磁离合器YC3线圈电路来判断故障原因。若KM2线圈不得电，则故障在5→SB3(SB4)→6→KM2→7电路中；若接触器KM2线圈得电，但电磁离合器YC3线圈不得电，则故障在300→KM2→303→YC3→304电路中；若YC3也得电，则需检查KM2常开触点（5-8）和两端接线。

(6) 圆工作台不能工作　圆工作台工作时将其开关置于“接通”位置。当圆工作台转换开关SA2置于“断开”位置时，若铣床工作台纵向、横向和垂直六个方向的进给运动正常，则可排除SQ3～SQ6这四个位置开关常闭触点之间的故障，同时也可排除13→KM4常闭触点→14→KM3线圈→7电路中的故障。通过分析可判断圆工作台故障只可能出现在SA2-2触点及其接线上。

(7) 工作台能向右进给，不能向左进给　铣床工作台向左、向后、向上进给时都要求接触器KM4吸合，进给电动机M2反转，因此可以通过试验向后、向上进给来缩小故障范围。若向后、向上进给正常，则故障原因只可能是SQ6-1接触不良或其接线松脱。若向后、向上进给也不能工作，则看KM4是否吸合：KM4线圈得电吸合，则故障在主电路，故障原因为KM4主触点接触不良或接线松脱；若KM4线圈不得电，则故障可能在16→KM3→17→KM4→7电路中，也可能是12→SQ4-1（SQ6-1）之间的触点或接线问题。

【任务实施】

图2-4为X62W型万能铣床电气原理图，图2-18为面板布局图。

1）熟悉现场实训设备和工具的使用方法，或自备检修工具和器材，列出工具和器材清单，确保工具和器材完好。

2）熟悉 X62W 型万能铣床上电气元件的位置、电路走向及操作流程。

3）针对以下可能出现的故障现象在 X62W 型万能铣床抽考设备上分别设置故障点。

① 主轴不能制动。

② 工作台不能前后移动。

③ 主轴不能工作。

④ 工作台不能向左、上、后移动。

⑤ 工作台不能前后、上下移动。

⑥ 主轴、进给、快速进给电磁铁不能工作。

⑦ 工作台不能左右移动。

⑧ 主轴不能正常工作（只有点动）。

⑨ 工作台不能快速移动。

4）根据试车情况描述故障现象，并结合图样分析故障现象，确定故障范围和检修思路，查找故障点并排除故障。

5）提交故障检修记录，包括故障现象、故障现象分析及处理方法、故障点。

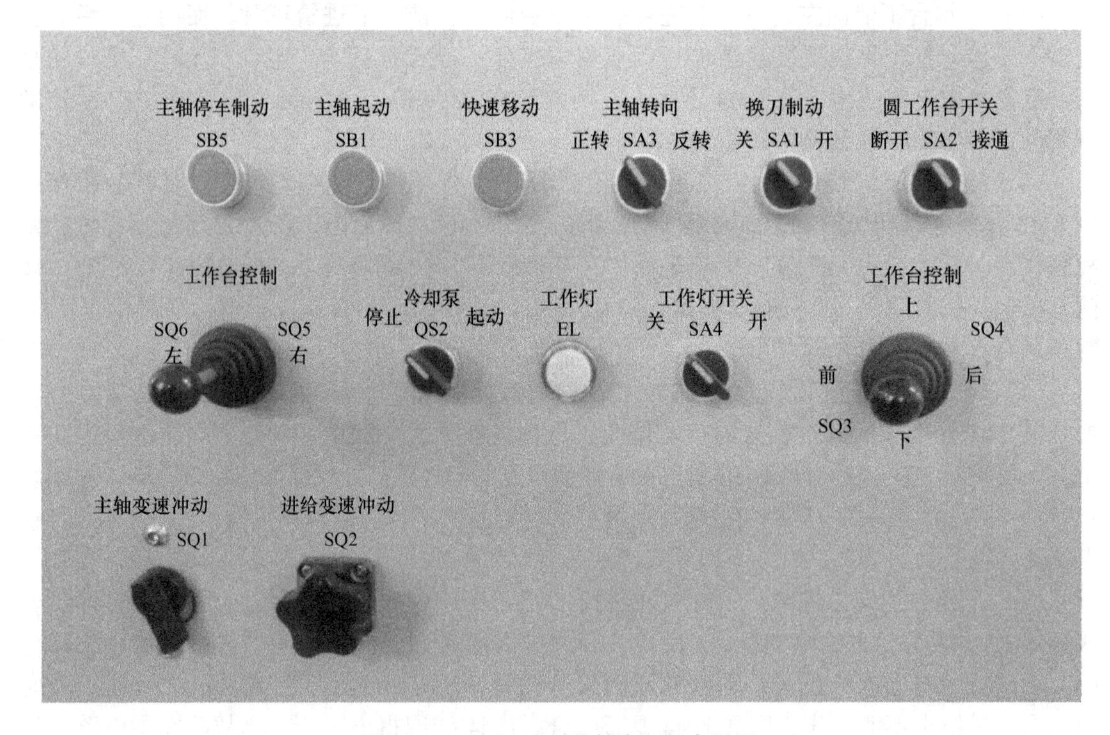

图 2-18　X62W 型万能铣床面板布局图

【任务测评】

对 X62W 型万能铣床检修任务实施情况进行检查，将结果填入表 2-11 中。

表 2-11 X62W 型万能铣床常见电气故障的检修与排除任务评价标准

评价内容		配分	考 核 点	得分
职业素养与操作规范（20 分）	工作准备	10	清点元件、仪表、电工工具、电动机，并摆放整齐；穿戴好劳动防护用品	
	6S 规范	10	操作过程中及作业完成后，保持工具、仪表、元件、设备等摆放整齐；操作过程中无不文明行为，具有良好的职业操守，独立完成考核内容，合理解决突发事件；具有安全用电意识，操作符合规范要求	
控制系统故障分析（80 分）	操作机床屏柜观察故障现象	10	操作机床屏柜，观察并写出故障现象	
	故障处理步骤及方法	10	采用正确、合理的操作步骤和方法进行故障处理；熟练地操作机床，掌握正确的工作原理；正确选择并使用工具、仪表，分析与处理机床系统故障，操作规范，动作熟练	
	写出故障原因及排除方法	20	写出故障原因及正确排除方法；故障现象分析正确；故障原因分析正确，处理方法得当	
	排除故障	40	故障点正确；采用正确方法排除故障；不超时，按定时处理问题	
定额工时	每个故障 30min，不允许超时检查故障			
备注	除定额工时外，各项内容的最高扣分不得超过配分数；未正确使用仪表至烧毁或恶意损坏设备者，以零分计		成绩	
开始时间		结束时间		实际时间

任务四 YL－WXD－Ⅲ型考核装置 X62W 型万能铣床模块综合实训

【任务目标】

1）培养学生对相似铣床电路的分析能力。

2）加深对 X62W 型万能铣床控制电路工作原理的理解。

3）学习 X62W 型万能铣床控制电路的安装和调试方法。

4）能完成 X62W 型万能铣床常见电气故障的检修。

【任务分析】

根据维修电工职业资格鉴定和专业技能抽考标准和题库训练需求，要求学员能对具有相似难度的铣床电气设备进行安装、调试、维护和检修。图 2-19 为 X62W 型万能铣床实训考核装置电路原理图，要求按该图完成设备电源、电动机的安装接线，并完成电路测绘。经指导教师检查无误后，进行通电试车和故障检修及排除实训，要求学员严格遵守安全操作规程。具体任务要求如下：

1）熟悉铣床上电气设备及元件的名称、型号规格、代号及安装位置。

2）熟悉操作流程，明确开机前各开关的位置、各元件的初始状态。

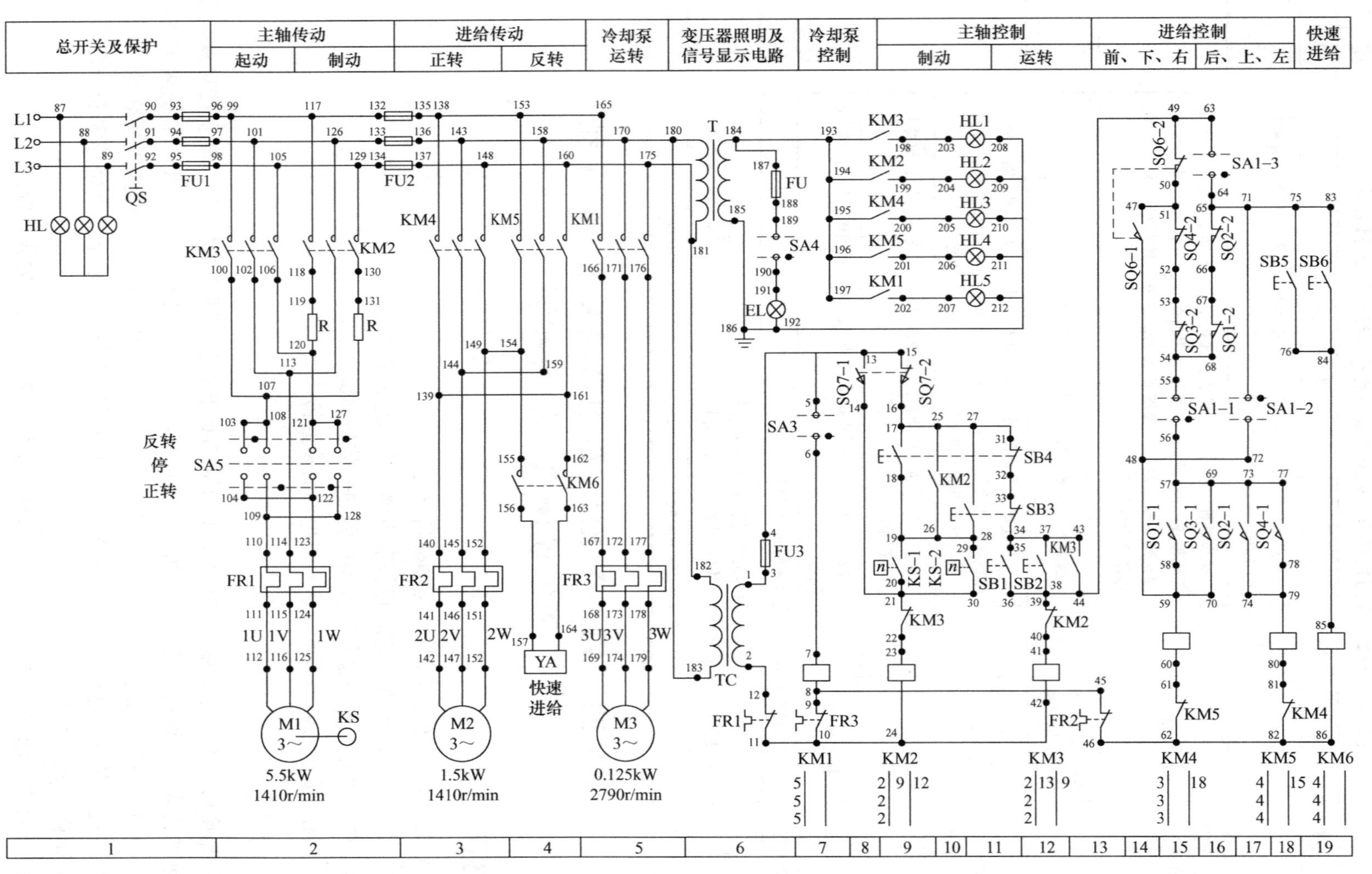

图2-19 X62W型万能铣床实训考核装置电路原理图

3）在教师指导下对铣床进行通电试车，正确操作铣床：

① 开机前的准备。

② 主轴电动机起停操作。

③ 工作台工作进给运行操作。

④ 工作台快速进给运行操作。

⑤ 圆工作台运行操作。

⑥ 主轴变速冲动和进给变速冲动。

⑦ 关机操作。

4）认真分析电路原理图、元件布局图，在教师的指导下，结合对机床的实际操作，完成铣床电路的测绘。

5）针对预设故障进行排除实训，按如下步骤进行：观察、检测或操作设备，判断故障现象；读图分析，判断故障范围；制订检修方案，用电工仪器仪表进行测量，查找故障点；排除故障后再次通电试车，并做好检修记录。

【相关知识】

1. 铣床主轴电动机控制

接触器KM3控制主轴电动机M1的起动，接触器KM2控制主轴电动机的反接制动，速度继电器KS与主轴电动机同轴安装，R为制动限流电阻。起动按钮SB1和SB2并联，停止按钮SB3和SB4串联，分别控制主轴的起停。SQ7是主轴变速冲动开关，SQ6是工作台进给变速冲动开关。

（1）主轴电动机的起动　合上电源开关QS，将主轴换向转换开关SA5扳到所需要的旋转方向（正转或反转）→按起动按钮SB1（或SB2）→接触器KM3线圈得电吸合→KM3主触点闭合→主轴电动机M1起动。

（2）主轴电动机的停车制动　当铣削完毕，主轴电动机M1需要停车时，按下停止按钮SB3（或SB4），KM3线圈断电释放，KM3主触点断开，电动机M1脱离电源后仍做惯性运转，速度继电器KS的常开触点（9区或10区）仍然闭合，接触器KM2线圈得电吸合，KM2主触点闭合，电动机M1串联电阻R反接制动。当转速降至100r/min以下时，速度继电器KS的常开触点断开，接触器KM2线圈断电释放，M1迅速停止，反接制动结束。

（3）主轴变速冲动控制　当需要主轴变速冲动时，按下冲动位置开关SQ7，SQ7常闭触点SQ7－2先断开，切断KM3自锁控制电路，常开触点SQ7－1后闭合，接触器KM3线圈通电吸合，主轴电动机M1瞬时得电转动，冲动完成。

2. 工作台进给运动控制

SA1为圆工作台转换开关，当需要圆工作台运动时，将转换开关SA1扳到“接通”位置，则SA1－1断开，SA1－2闭合，SA1－3断开。在不需要圆工作台运动时，将转换开关SA1扳到“断开”位置，此时SA1－1闭合，SA1－2断开，SA1－3闭合。工作台的工作进给和快速进给均为非圆状态。

（1）工作台纵向（左右）进给　SQ1、SQ2为纵向进给操作手柄位置开关，需要工作台纵向进给时把转换开关扳到“向左”或“向右”位置。压合开关SQ1时，常闭触点SQ1－2

断开，常开触点 SQ1－1 闭合，接触器 KM4 通电吸合，电动机 M2 正转，工作台向右运动；压合开关 SQ2 时，常闭触点 SQ2－2 断开，常开触点 SQ2－1 闭合，接触器 KM5 通电吸合，电动机 M2 反转，工作台向左运动。在实物铣床工作台上设置一块挡铁，两边各设置一个行程开关，实现纵向运动的终端保护。

（2）工作台升降（上下）和横向（前后）进给　SQ3、SQ4 分别为升降和横向进给十字手柄操作开关，扳动十字手柄控制工作台上下和前后进给运动。实物铣床工作台上分别设有挡铁和极限行程开关，当工作台升降和横向运动到极限位置时，挡铁撞到位置开关，进给电动机断电停止转动，工作台停止运动，从而实现升降和横向运动的终端保护。

1）工作台向后、向上进给。主轴电动机起动后，十字手柄操作开关压合 SQ4，其常闭触点断开、常开触点闭合，接触器 KM5 线圈通电吸合，电动机 M2 反转，工作台向后或向上运动。当工作台到达工作所需位置时，将十字手柄置于断开位置，工作台停止运动。

2）工作台向前、向下进给。主轴电动机起动后，十字手柄操作开关压合 SQ3，其常闭触点断开、常开触点闭合，接触器 KM4 线圈得电吸合，电动机 M2 正转，工作台向前或向下运动。当工作台到达工作所需位置时，将十字手柄置于断开位置，工作台停止运动。

3. 联锁控制

（1）纵向、横向、垂直进给之间的联锁　为避免实物铣床工作台同时向不同方向运行而造成机床重大事故，铣床电路中采取了必要的联锁保护措施。当工作台向上、下、前、后四个方向做任一方向进给时，操作向左或向右任一方向，SQ1－2 或 SQ2－2 两个开关中的一个被压，接触器 KM4（或 KM5）立刻失电，电动机 M2 停转。

同理，当工作台向左、右进给时，若发生误操作，即同时操作了上、下、前、后四个方向中某一方向的进给，则 SQ3－2 或 SQ4－2 会断开，使接触器 KM4 或 KM5 线圈断电释放，电动机 M2 停止运转，避免了机床事故的发生。

（2）进给工作台与圆工作台之间的联锁　当圆工作台工作时，其余进给一律不准运动。若有误操作，即操作任一操作手柄选择某一方向进给，则必然会使 SQ1～SQ4 中的某一个常闭触点断开，接触器 KM4 或 KM5 线圈断电释放，电动机 M2 停转，从而避免了机床事故的发生。

4. 辅助运动控制

（1）进给冲动控制　真实机床为使齿轮进入良好的啮合状态，需将变速盘向里推。在推进时，挡块压动位置开关 SQ6，首先使常闭触点 SQ6－2 断开，然后常开触点 SQ6－1 闭合，接触器 KM4 线圈通电吸合，电动机 M2 起动。但未等 M2 转起来，位置开关 SQ6 已复位，首先断开 SQ6－1，而后闭合 SQ6－2，接触器 KM4 线圈失电，电动机断电停转。电动机在瞬间接通电源，齿轮系统产生一次抖动，使齿轮顺利啮合。需要进给冲动时，按下冲动开关 SQ6，即可模拟冲动。

（2）工作台快速移动控制　在工作台向某个方向运动时，按下按钮 SB5 或 SB6（两地控制），接触器 KM6 线圈通电吸合，其常开触点（4 区）闭合，快速进给电磁铁 YB 通电（指示灯亮），工作台快速进给。

（3）圆工作台控制　把圆工作台控制开关 SA1 扳到“接通”位置，此时 SA1－1 断开，SA1－2 接通，SA1－3 断开，主轴电动机起动后，圆工作台即开始工作，KM4 线圈经 49→SQ6－2→SQ4－2→SQ3－2→SQ1－2→SQ2－2→SA1－2→KM4 线圈→KM5 常闭触点→62 电路通电吸合，进给电动机 M2 运转。按下停止按钮 SB3 或 SB4，主轴电动机停转，圆工作台也停转。

5. 冷却泵、照明的控制

将开关SA3置于“接通”位置，接触器KM1线圈通电吸合，冷却泵电动机M3运转。机床照明由SA4控制，由变压器T提供AC 36V电压。

【任务实施】

一、工具、仪表、设备及器材准备

1）工具：螺钉旋具、电工钳、剥线钳及尖嘴钳等。

2）仪表：万用表1只。

3）设备：YL－WXD－Ⅲ型高级维修电工实训考核装置——X62W型铣床电路智能实训考核单元，其元件布局如图2-20所示。

图2-20　X62W型铣床电路智能实训考核单元元件布局图

4）器材：铣床电路智能实训考核单元所需元件见表2-12。

表2-12　元件明细表

名　　称	型号规格	数　　量
三相剩余电流动作断路器	DZ47－60，10A	1只
熔断器	RL1－15	2只
3P熔断器	RT18－32	2只
主令开关	LS1－1	7只
主令开关	LS1－2	2只
万能转换开关	LW5D－16	1只
万能转换开关	LW6D－2	1只
交流接触器	CJ20－10/127V	6只
热继电器	JR36－20/3	3只
变压器	BK－100 380V/127V	1只
变压器	BK－100 380V/36V	1只
三相笼型异步电动机		3台
端子板、线槽、导线		若干

二、铣床电路测绘

1）在断电情况下，根据元件明细和电路原理图，熟悉万能铣床考核装置的元件布局，熟悉各元件的作用，并检测判别元件和电动机的好坏。如有损坏现象，需及时报告指导教师予以更换或维修。

2）熟悉铣床实训考核单元的实际走线路径，根据电路原理图分析和现场测绘，绘制铣床电路安装接线图。

3）识读和分析图2-21所示铣床电路安装接线图是否正确。

三、铣床通电试车

通电试车必须在教师的监护下进行，必须严格遵守安全操作规程。

1）正确连接电源线，正确选用和安装主轴电动机、进给电动机及冷却泵电动机。

2）系统安装好后，经指导教师检查认可后方可通电试车。

3）试车操作步骤如下：

① 合上电源总开关QF，系统上电。

② 合上照明灯开关SA3，照明灯EL点亮。

③ 将主轴换向开关SA5置于“正转”或“反转”位置，圆工作台开关SA1置于“断开”位置。

④ 按下SB1或SB2，主轴电动机运转，指示灯HL1点亮。按下SB3或SB4，主轴电动机制动停车，指示灯HL2点亮。

⑤ 主轴电动机运转后，将进给手柄分别置于向前、下、右，或向后、上、左位置，进给电动机分别正转或反转运行，带动工作台向前、后、上、下、左、右六个方向工作进给。若按下快速进给按钮SB5或SB6，则快速进给电磁铁YB得电，带动工作台向前、后、上、下、左、右六个方向快速进给。将进给手柄置于中间位置，进给工作台停止运动。

⑥ 在主轴电动机停机状态下，压合主轴变速冲动开关SQ7，主轴电动机变速冲动。在

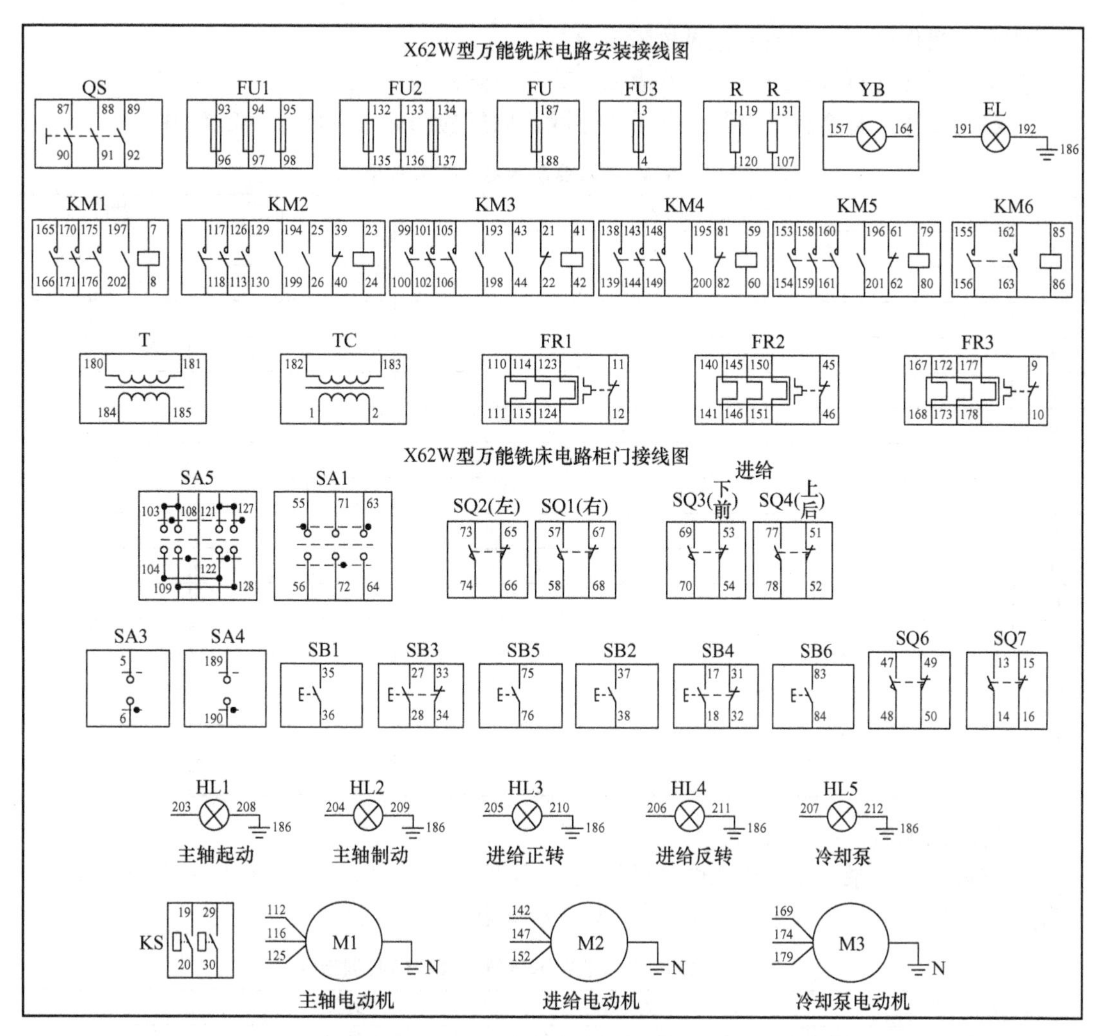

图 2-21 X62W 型万能铣床实训考核单元电路安装接线图

进给电动机停机状态下，压合进给变速冲动开关 SQ6，进给电动机变速冲动。

⑦ 合上冷却泵开关 SA3，冷却泵运转，指示灯 HL5 点亮。

⑧ 加工弧形工件时，需换上圆工作台，并将圆工作台选择开关 SA1 置于“接通”位置，按下主轴起动按钮 SB1 或 SB2，起动主轴电动机，同时起动圆工作台。

⑨ 停机时，将各进给操作手柄扳至中间状态，待冷却泵电动机、进给电动机、主轴电动机相继停转后，关闭照明灯，最后断开电源开关 QF，将各开关重新置于初始状态。

四、电气故障检修

严格遵守电工安全操作规程，按如下步骤进行电气故障检修：

1）上电前，检查设备的完好性，检测元件的好坏。

2）正确安装接线，经教师检查认可后通电试车，观察铣床电路是否正常工作，在设备正常工作的前提下记录操作流程。

3）在教师指导下，针对铣床电路可能出现的故障现象人为设置故障点，或通过故障箱设置故障，实施电气故障检修训练。

① 通过操作试车，判断并记录故障现象。

② 结合图样分析，明晰故障检修思路，确定故障范围。

③ 检测故障，直至找到故障点并予以排除，做好检修记录并填入表2-13中。

表2-13　X62W型万能铣床电气故障检修记录

编号	故障现象描述	故障范围	故障点
1			
2			
3			
4			
5			
6			
7			
8			
9			
10			
11			
12			
13			
14			
15			
16			

④ 排除故障后，再次通电试车。

⑤ 整理检修记录，完成铣床电气故障检修实训报告（表2-14）。对每一个故障均要求准确描述故障现象，分析故障处理方法，写出故障点。

表2-14　X62W型万能铣床电气故障检修实训报告

课程名称	常用机床电气故障检修			指导教师	
项目名称	X62W型万能铣床电气控制线路分析与检修			学生姓名	
设备名称	X62W型万能铣床实训考核单元			台位编号	
班级		小组编号		成员名单	
实训目标	熟悉X62W型万能铣床的结构、电路工作原理，能熟练地完成X62W型万能铣床常见电气故障的检修工作，并能排除故障				
实训器材	X62W型万能铣床实训考核单元、AC 380V电源、数字万用表、十字螺钉旋具、电气元件等				
实训内容	1号故障现象				
	分析故障现象及处理方法				
	故障点				
实训内容	2号故障现象				
	分析故障现象及处理方法				
	故障点				

【任务测评】

完成任务后，对任务实施情况进行检查，在表2-15中相应的方框中打勾。

表2-15　YL－WXD－Ⅲ型考核装置X62W型铣床模块综合实训任务测评表

序号	能力测评	掌握情况
1	能正确使用工具、仪表	□好　□一般　□未掌握
2	能完成X62W型万能铣床电路的安装和接线	□好　□一般　□未掌握
3	能完成X62W型万能铣床各元件的识别和检测	□好　□一般　□未掌握
4	能完成X62W型万能铣床试车操作	□好　□一般　□未掌握
5	能根据试车状况准确描述故障现象	□好　□一般　□未掌握
6	电气故障分析和检修思路描述正确	□好　□一般　□未掌握
7	能标出最小故障范围	□好　□一般　□未掌握
8	能正确测量、准确标出故障点并排除故障	□好　□一般　□未掌握
9	能完成实训报告	□好　□一般　□未掌握
10	安全文明生产，6S管理	□好　□一般　□未掌握
11	损坏元件或仪表	□是　□否
12	违反安全文明生产规程，未清理场地	□是　□否

作业与思考

一、填空题

1. 根据铣床结构形式和加工性能的不同，X62W型万能铣床属于________铣床，其铣刀应按________方向放置。

2. 铣床的主轴带动铣刀的旋转运动是________运动；铣床工作台前、后、左、右、上、下六个方向的运动是________运动。

3. 主轴电动机M1由接触器________接通电源，由________作为换向转换开关，由________作为主轴制动电磁离合器，由________作为主轴变速时的瞬时冲动开关。

4. 更换铣刀时，主轴必须在________状态下。装刀或卸刀时，电路中采用换刀开关________来实现，将换刀开关扳向________位置，使________断开控制电路（以防误动作而造成伤害事故），而________接通电磁离合器YC1制动主轴。

5. 主轴变速时的冲动控制是利用________与冲动位置开关________，通过机械上的联动机构进行的。

6. 工作台进给有三个坐标：________、________、________；六个方向：________、________、________、________、________、________。

7. 进给电动机M3的正反转由接触器________控制，通过________和________的配合拖动工作台完成六个方向的进给运动和快速移动。

8. 工作台左右进给操作手柄与位置开关________和________联动，有________、________、________三个位置。要使工作台向左进给，手柄应扳向________端，压下位置开关________，使接触器________通电吸合，进给电动机________，其传动链与工作台下面的________搭合；要使工作台停止，手柄应扳向________位置。

9. 工作台上下、前后进给操作手柄与位置开关________和________联动，有________、________、________、________和________五个位置。要使工作台向下进给，手柄应扳向________端，压下位置开关________，使接触器________通电吸合，电动机 M3 ________，其传动链与升降台________搭合；要使工作台向后进给，手柄应扳向________端，与溜板下面的________搭合。

10. 进给变速冲动过程中，挡块压下位置开关________，使触点________先断开，________后闭合，接触器________通电吸合，进给电动机起动。随着变速盘复位，触点________复位，进给电动机又断电，使齿轮系统产生一次抖动，齿轮顺利啮合。

11. 圆工作台是由转换开关________控制的，当圆工作台转换开关置于接通状态时，触点________和________处于断开状态，________处于闭合状态，接触器________得电动作，电动机________运转；当圆工作台转换开关置于断开状态时，触点________处于断开状态，________和________处于闭合状态。

12. 主轴电动机 M1 和冷却泵电动机采用顺序控制。冷却泵电动机须在________起动后才能起动，其控制开关是________。

13. 为了提高工作效率，工作台必须有快进装置，当按下按钮________或________时，接触器________通电吸合，其中一个常开触点接通控制电路，另一个常开触点接通电磁离合器________，常闭触点断开电磁离合器________，使其释放，断开齿轮变速系统，则电动机直接驱动传动丝杠，可进行快速移动，快速移动的方向仍由________决定。

二、选择题

1. X62W 型万能铣床的操作方法是（　　）。

A. 全用按钮　　B. 全用手柄　　C. 既有按钮又有手柄

2. 主轴电动机要求能正反转，不用接触器控制而用组合开关控制，是因为（　　）。

A. 可节省元件　　B. 正反转不频繁　　C. 操作方便

3. 工作台没有采取制动措施，是因为（　　）。

A. 惯性小　　B. 速度不高且用丝杠传动　　C. 有机械运动

4. 工作台必须在主轴起动后才允许进给，是为了满足（　　）的需要。

A. 安全　　B. 加工工艺　　C. 电路安装

5. 若主轴未起动，则工作台（　　）。

A. 不能有任何进给　　B. 可以进给　　C. 可以快速进给

6. 当用圆工作台加工时，两个操作手柄均置于零位，组合开关 SA2 置于圆工作台位置，则（　　）。

A. SA2－1、SA2－3 断开，SA2－2 闭合

B. SA2－1、SA2－3 闭合，SA2－2 断开

C. SA2－1、SA2－2 断开，SA2－3 闭合

7. 由于 X62W 型铣床圆工作台的通电线路经过（　　），所以当任意一个进给手柄不在零位时，都将使圆工作台停下来。

A. 进给系统位置开关的所有常闭触点

B. 进给系统位置开关的所有常开触点

C. 进给系统位置开关的所有常开及常闭触点

8. 当接触器 KM4 吸合时，进给电动机 M2 反转，可以带动工作台在（　　）三个方向的进给。

A. 右、下、前　　B. 左、上、后　　C. 上、下、前　　D. 左、右、后

三、问答题

1. 控制电路中组合开关 SA1 的功能是什么？

2. X62W 型万能铣床进给工作台为什么没有采取制动措施？若主轴未起动，工作台可以动作吗？

3. 如果 X62W 型万能铣床的工作台能左右进给，但不能前、后、上、下进给，试分析故障原因。

项目三　T68 型卧式镗床电气控制线路分析与检修

【项目描述】镗床是一种多用途的精密加工机床，是加工大型箱体零件的主要设备。与钻床相比，镗床主要用于加工精度要求高的孔，或者孔与孔间距要求较精确的工件。这些孔的中心线的加工要求都是钻床难以胜任的。除了钻孔之外，镗床还可以扩孔、铰孔、镗孔等，使用一些附件后还可以车削圆柱表面、螺纹，装上铣刀则可以进行铣削加工等。因此，镗床的加工范围很广。按用途不同，镗床可分为立式镗床、卧式镗床、坐标镗床、金刚镗床及专用镗床等。其中以卧式镗床的应用最为广泛，它适用于单件小批生产和修理车间，常见的卧式镗床如图 3-1 所示。本项目通过介绍 T68 型卧式镗床的结构、运动形式和电力拖动控制要求，以及进行电路工作原理分析和典型故障案例分析，使学员掌握正确的试车操作方法，熟练掌握镗床常见电气故障的检修和排除方法。

图 3-1　卧式镗床外形图

【项目目标】

1. 知识目标

1）掌握镗床常见电气故障检修的一般方法和步骤。

2）掌握 T68 型卧式镗床的基本结构、运动形式和电力拖动控制要求。

3）掌握 T68 型卧式镗床的通电试车步骤。

4）熟练掌握 T68 型卧式镗床的电路原理。

2. 技能目标

1）能熟练操作 T68 型卧式镗床。

2）能按照正确的操作步骤，发现、检修和排除 T68 型卧式镗床的电气故障。

【项目分析】

本项目下设四个任务。通过认识 T68 型卧式镗床，学习镗床的基本结构和运动形式，熟悉镗床的基本操作流程；通过分析 T68 型卧式镗床控制电路，学习 T68 型卧式镗床控制电路的识图方法和工作原理，镗床电气控制的难点是主轴电动机的控制，该主轴电动机为双速电动机，要求实现高低速切换和正反转控制，且正反转都要求能够反接制动停车，另有主轴变速冲动和进给变速冲动时的脉动控制；通过进行 T68 型卧式镗床常见电气故障检修，掌握镗床常见电气故障的检修与排除方法；通过镗床检修综合实训，进一步提升学生对镗床电气设备的安装与调试能力、电路分析能力、电路测绘能力、故障检修能力。

任务一　认识 T68 型卧式镗床

【任务目标】

1）了解 T68 型卧式镗床的基本结构和用途。
2）熟悉 T68 型卧式镗床的基本操作方法和步骤。
3）掌握 T68 型卧式镗床的基本运动形式和电力拖动要求。

【任务分析】

T68 型卧式镗床是镗床中应用最广泛的一种。镗床的运动形式有主运动、进给运动和辅助运动。镗床电力拖动系统由主轴电动机和快速进给电动机组成。其中主轴电动机为双速电动机，镗床的主运动和各种常速进给由主轴电动机驱动，各部分的快速进给运动则由快速进给电动机来驱动。通过观摩镗床，了解其主要结构、操作流程、运动形式和电力拖动控制要求，为镗床电气控制线路分析和电气故障检修做准备。

【相关知识】

一、T68 型卧式镗床的型号

T68 型卧式镗床型号的含义如图 3-2 所示。

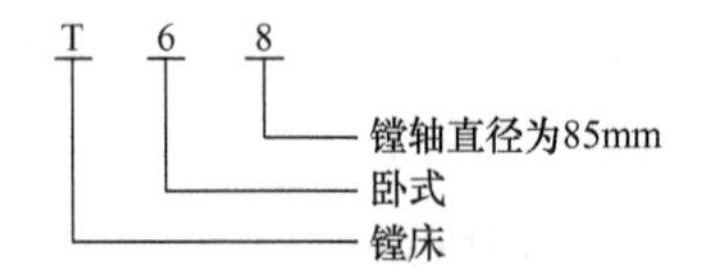

图 3-2　T68 型卧式镗床型号的含义

二、T68 型卧式镗床的结构

T68 型卧式镗床主要由床身、前立柱、镗头架（主轴箱）、后立柱、支架、工作台、上下溜板、导轨、镗轴、平旋盘及刀具溜板等组成，如图 3-3 所示。刀具可安装在主轴上，也可安装在刀具溜板上。镗床主轴水平布置并做轴向进给，主轴箱沿前立柱导轨垂直移动，工作台做纵向或横向移动，进行镗削加工。这种机床应用广泛且比较经济，主要用于箱体（或支架）类零件上的孔加工以及与孔有关的其他平面的加工。

三、T68 型卧式镗床的运动形式和电力拖动控制要求

1. 运动形式

T68 型卧式镗床的运动形式包括主运动、进给运动和辅助运动。

（1）主运动　主运动为镗轴（主轴）的旋转运动或平旋盘（花盘）的旋转运动。

（2）进给运动

1）镗床主轴的轴向（进、出）移动。
2）主轴箱（镗头架）沿前立柱导轨的升降运动。
3）花盘刀具溜板的径向移动（做垂直于轴向的进给）。

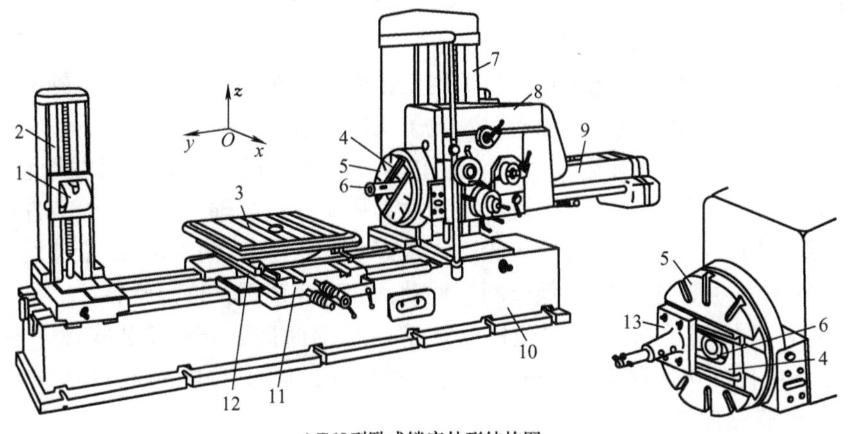

a) T68型卧式镗床外形结构图

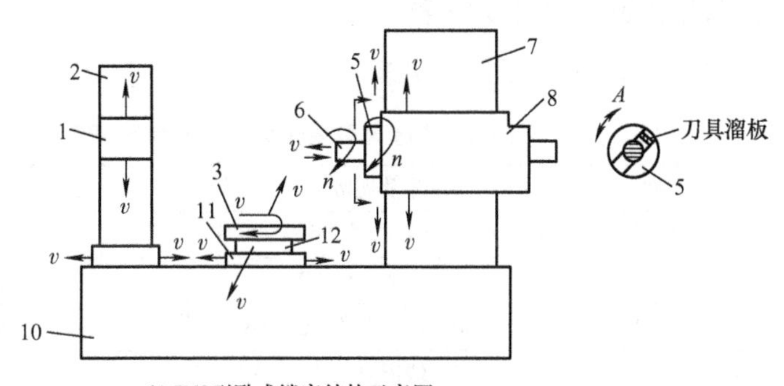

b) T68型卧式镗床结构示意图

图 3-3　T68 型卧式镗床外形结构图和结构示意图

1—支架　2—后立柱　3—工作台　4—径向刀架　5—平旋盘　6—镗轴　7—前立柱

8—主轴箱　9—后尾筒　10—床身　11—下滑座　12—上滑座　13—刀座

4）工作台的纵向和横向移动。

（3）辅助运动

1）工作台的转位运动。

2）后立柱的纵向调位移动。

3）后支承架与主轴箱的垂直调位运动。

4）主轴箱、工作台等进给运动的快速调位移动。

2. 电力拖动特点及控制要求

T68 型卧式镗床有两台电动机，一台主轴电动机，一台快速移动电动机。

T68 型卧式镗床的主运动和进给运动都由主轴电动机拖动。为缩短加工辅助时间，各进给运动部件要求能快速移动，如主轴箱的快速移动、工作台的快速移动以及主轴、刀具溜板的快速移动，都是由单独的快速移动电动机拖动的。

（1）镗床的主运动和进给运动共用一台双速电动机　因镗床加工运行过程中调速范围较大，且为恒功率，故采用双速电动机（△/YY）来拖动主运动和进给运动。设有高速、低速两个档位：低速时可直接全压起动；高速运行时采用先低速起动，延时后再自动转成高速运行，以减小起动电流。

（2）主轴电动机的起动、停止控制要求　主轴电动机要求既能正反转连续运行，也可以正反转点动运行，点动时为低速运行。

主轴电动机应能快速准确地停止，故采用反接制动停车方式。为限制主轴电动机的起动和制动电流，在主轴电动机点动和制动时，定子绕组要求串入限流电阻 R。

（3）主轴或进给变速控制要求　镗床的主运动和进给运动都采用机械滑移齿轮变速，为保证变速后齿轮的可靠啮合，要求设有变速冲动控制。在主轴变速或进给变速时，主轴电动机需要缓慢脉动转动，以保证变速齿轮进入良好啮合状态。主轴和进给变速均可在运行中进行，变速操作时，主轴电动机做低速断续冲动，变速完成后又恢复运行。

（4）快速移动控制要求　为缩短机床加工的辅助时间，T68 型卧式镗床各进给部分（主轴箱、工作台）的快速移动由快速移动电动机驱动，而且要求主轴箱和工作台之间的进给有机械和电气联锁保护。

四、T68 型卧式镗床元件明细表

T68 型卧式镗床电气元件明细表见表 3-1。

表 3-1　T68 型卧式镗床电气元件明细表

代号	名　称	型号及规格	数量	用　途
M1	主轴电动机	双速 $JDO_2$51－4/2，5.5kW/7.5kW	1	主传动
M2	快速移动电动机	$JDO_2$31－4，2.2kW	1	快速进给
KM1、KM2	交流接触器	CJ20－40，线圈电压 AC 110V	2	主轴电动机正、反转接触器
KM3	交流接触器	CJ20－20，线圈电压 AC 110V	1	主轴制动接触器（短接 R）
R	线绕电阻	ZB1－0.9，0.9Ω	1	制动电阻
KM4、KM5	接触器	CJ20－20，线圈电压 AC 110V	2	主轴高、低速交流接触器
KM6、KM7	接触器	CJ20－20，线圈电压 AC 110V	2	快速进给交流接触器
KS	速度继电器	JY－1	1	反接制动控制
FU1	熔断器	RL1－60，60A，熔体 40A	3	主电路总电源短路保护
FU2	熔断器	RL1－15A，15A，熔体 15A	3	快速移动电动机短路保护
FU3	熔断器	RL1－15A，15A，熔体 4A	1	照明及指示灯电路短路保护
FU4	熔断器	RL1－15A，15A，熔体 2A	1	控制电路短路保护
FR	热继电器	JR16－20/3D，整定电流 14.5A	1	主轴电动机过载保护
KA1、KA2	中间继电器	JZ7－44，线圈电压 AC 110V	2	主轴正反转连续运行中间继电器
KT	时间继电器	JS7－2A，线圈电压 AC 110V	1	低速转高速时间控制
SB1～SB5	按钮	LA2，红色 1，绿色 4	5	主轴正反转起动及停止按钮
SQ9	行程开关	LX5－11	1	高低速切换
SQ1、SQ2	行程开关	LX1－11J	2	主轴与工作台位置互锁开关
SQ3、SQ5	行程开关	LX1－11K	2	主轴变速控制和齿轮啮合开关
SQ4、SQ6	行程开关	LX1－11K	2	进给变速控制和齿轮啮合开关
SQ7、SQ8	行程开关	LX1－11K	2	快速移动电动机正反转位置开关
QS	组合开关	HZ10－60/3，60A，380V	1	电源总开关
TC	控制变压器	HK－100，100VA，380V/110V/24V	1	控制、照明

【任务实施】

1. 认识 T68 型卧式镗床的主要结构和操作部件

1）观摩车间实物镗床，认识 T68 型卧式镗床的外形结构，指出各主要部件的名称。

2）通过观摩车间师傅或指导教师操作示范，了解 T68 型卧式镗床各操作部件所在位置，并记录操作方法和步骤。

2. 熟悉 T68 型卧式镗床的电路构成

观摩实物镗床或实训室模拟镗床，对照电气原理图，熟悉各电气元件的名称、型号规格、作用和所在位置，记录镗床主轴电动机和快速移动电动机的铭牌数据、接线方式。

3. 了解镗床的种类和用途

通过车间观摩和网上查阅，了解目前工厂中常用镗床的种类，写出 1 ~ 2 种不同的镗床型号，了解其用途和特点。

【任务测评】

完成任务后，对任务实施情况进行检查，在表 3-2 中相应的方框中打勾。

表 3-2　认识 T68 型卧式镗床任务测评表

序号	能力测评	掌握情况
1	对照实物镗床或图样说出镗床各主要部件的名称	□好　□ 一般　□ 未掌握
2	对照实物镗床或模拟设备指出镗床主要操作部件的名称、位置	□好　□ 一般　□ 未掌握
3	对照实物镗床或模拟设备识别镗床各电气元件的名称、位置	□好　□ 一般　□ 未掌握
4	认识电路图中各元件的图形符合、文字符号	□好　□ 一般　□ 未掌握
5	能说出 T68 型卧式镗床的操作方法	□好　□ 一般　□ 未掌握

任务二　T68 型卧式镗床电气控制线路分析

【任务目标】

1）能正确识读和绘制 T68 型卧式镗床的电路图。

2）熟悉 T68 型卧式镗床电气控制线路中各电气元件的位置、型号及功能。

3）熟练掌握 T68 型卧式镗床电气控制线路的组成和工作原理。

【任务分析】

T68 型卧式镗床电气原理图如图 3-4 所示，识读该电路图时，将其划分为主电路、控制电路、辅助电路三部分。电源采用 AC 380V 三相电源供电，由电源开关 QS 引入，总电源短路保护元件为熔断器 FU1。镗床主轴电动机采用双速电动机，其控制要求包括主轴高低速切换、正反转控制、停车时的反接制动、反接制动时要求限流、正反转点动调整、主轴变速冲动控制等。快速进给电动机则要求能实现正反转。作为机床维修人员，熟练掌握 T68 型卧式镗床的电路原理，是快速、准确地查找和排除电气故障的前提条件。

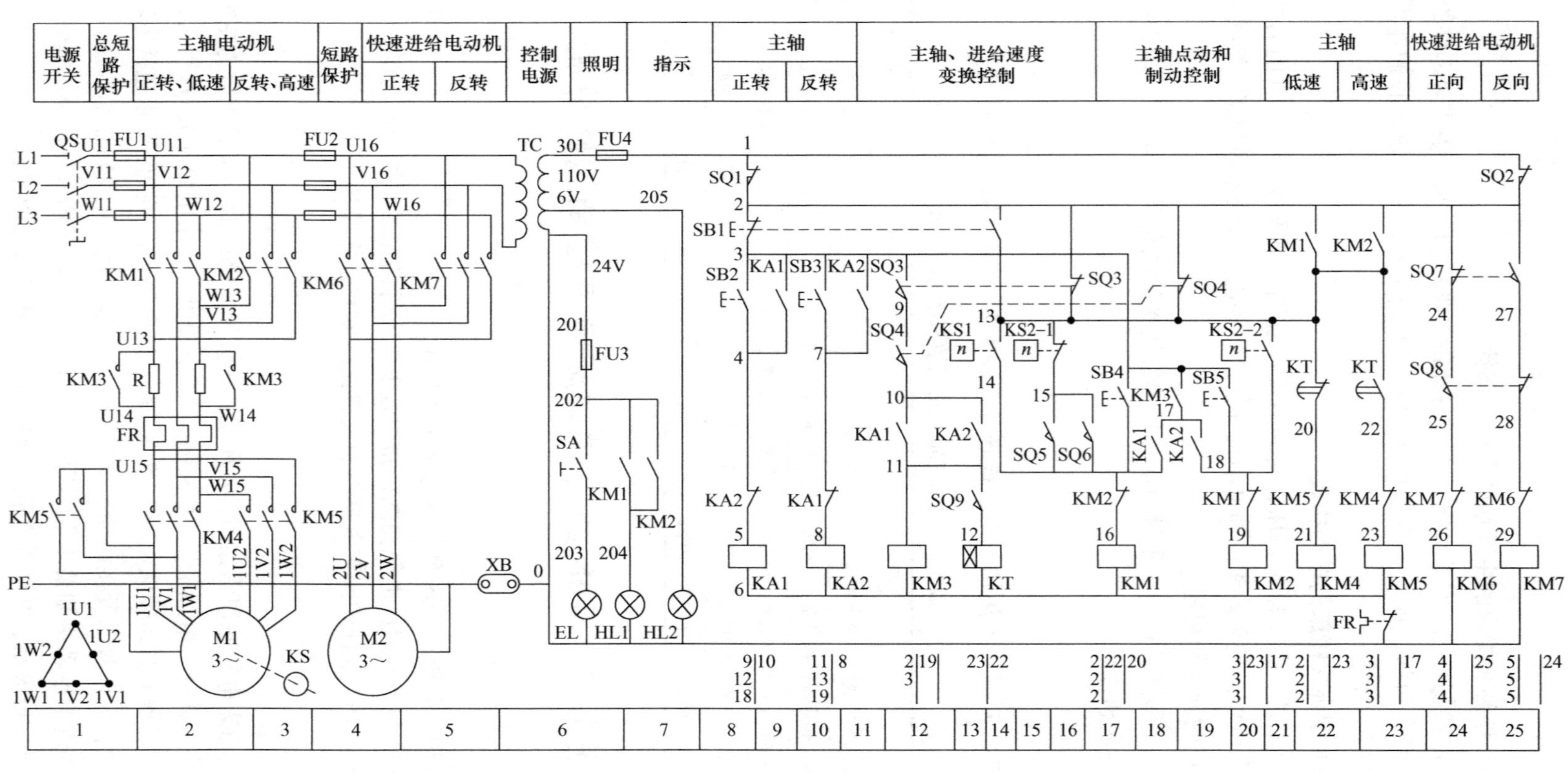

图 3-4　T68型卧式镗床电气原理图

【相关知识】

一、双速电动机调速控制原理

T68 型卧式镗床采用双速电动机拖动。

1. 变极调速原理分析

三相交流异步电动机的转速公式为

$$n = \frac{60f}{p}(1-s)$$

由三相异步电动机的转速公式可知，改变异步电动机转速的方法有三种：改变电源的频率（f）；改变电动机定子绕组的磁极对数（p）；改变转差率（s）。

改变异步电动机的磁极对数调速称为变极调速。根据同步转速公式 $n_1 = 60f/p$ 可知，在电源频率不变的条件下，异步电动机的同步转速 n_1 与磁极对数成反比，磁极对数增加一倍，同步转速下降至原转速的一半，电动机的额定转速 n 也将下降近似一半，所以改变磁极对数可以达到改变电动机转速的目的。

变极调速是通过改变定子绕组的连接方式来实现的，属于有级调速，只适用于笼型异步电动机。变极调速主要用于调速性能要求不高的场合，所需设备简单、体积小、质量小，但电动机绕组引出头较多，调速级数少，级差大，不能实现无级调速。常见的有双速、三速、四速等几种类型的多速电动机。

2. 变极原理

如图 3-5 所示，双速电动机的每相绕组由两个线圈组成，每个线圈可看作一个半相绕组。当半相绕组中的电流方向不同时，磁极对数将成倍变化。两个半相绕组顺向串联时，电流同向，可产生 4 极磁场；两个半相绕组同向并联时，其中一个半相绕组电流反向，可产生 2 极磁场。

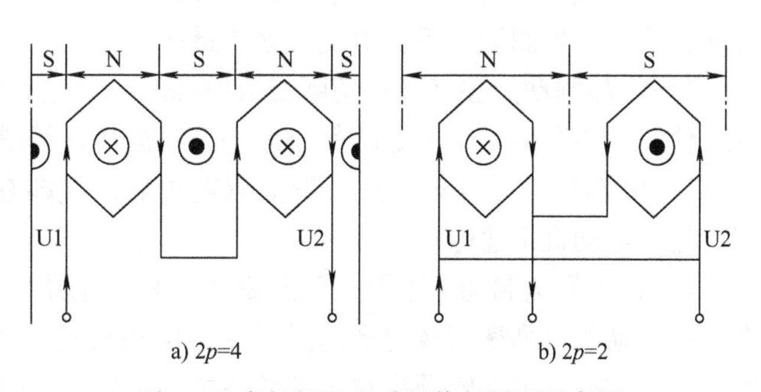

图 3-5　变极调速电动机绕组展开示意图

3. 双速电动机定子绕组的连接

双速电动机三相定子绕组接线图如图 3-6 所示。三相定子绕组△联结，由三个接点接出三个出线端 U1、V1、W1，从每相绕组的中点各接出一个出线端 U2、V2、W2，这样定子绕组支路共有 6 个出线端，通过改变这 6 个出线端与电源的连接方式，就可以得到两种不同的转速。

低速时，U1、V1、W1 接三相交流电源，U2、V2、W2 悬空，如图 3-5a 所示。此时定子绕组接成三角形（△），每相绕组中的两个线圈串联，形成的磁极对数 $p=2$，磁极为 4 极。

高速时，U1、V1、W1 短接，U2、V2、W2 端接电源，如图 3-5b 所示。这时电动机定子绕组接成双星形（YY），每相绕组中的两个线圈并联，磁极对数 $p=1$，磁极为 2 极。

值得注意的是，双速电动机定子绕组从一种接法改变为另一种接法时，必须把电源相序反接，以保证电动机的旋转方向不变。

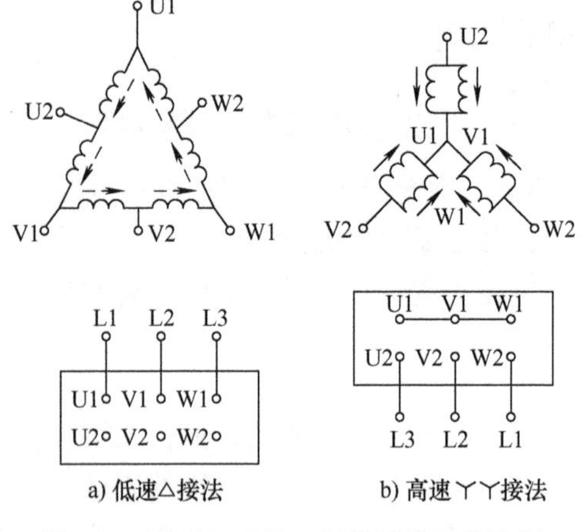

a) 低速△接法　b) 高速丫丫接法

图 3-6　双速电动机三相定子绕组接线图

二、反接制动控制

T68 型卧式镗床主轴电动机采用双速电动机实现正反转控制，采用反接制动停车方式。

1. 制动概述

制动就是给电动机施加一个与转动方向相反的转矩，以使其迅速停转（或限制其转速）。制动方式一般有两类：机械制动和电力制动。机械制动是利用机械装置使电动机断开电源后迅速停转的方法。常用的机械制动方法有电磁抱闸制动器制动和电磁离合器制动两种。本项目中镗床主轴的制动停车采用电磁离合器制动。

电力制动是在电动机切断电源停转的过程中，产生一个和电动机实际旋转方向相反的电磁力矩（制动力矩），使电动机迅速制动停转的方法。电力制动常用的方法有反接制动、能耗制动、电容制动和再生发电制动等。其中最常见的有反接制动和能耗制动。

1）反接制动。依靠改变电动机定子绕组的电源相序，使定子绕组产生相反方向的旋转磁场，从而产生制动力矩，迫使电动机迅速停转。

2）能耗制动。在电动机切断交流电源后，通过立即在定子绕组的任意两相中通入直流电，使定子中产生一个恒定的静止磁场，以消耗转子惯性运转的动能来进行制动。

3）电容制动。当电动机切断交流电源后，立即在电动机定子绕组的出线端接入电容器，迫使电动机迅速停转。

4）再生发电制动。主要用于起重机械和多速异步电动机上，在重物下放过程中，或者在多速电动机由高速切换为低速过程中，电动机转子的转速 n 大于同步转速 n_1，使电动机处于发电运行状态，转子相对于旋转磁场切割磁力线的运动方向发生了改变，使转子电流和电磁转矩的方向都与电动机运行时相反。

2. 反接制动

T68 型卧式镗床的主轴电动机采用反接制动停车控制。因为反接制动是依靠改变电动机定子绕组的电源相序来产生制动力矩的，所以当电动机转速接近零时，需要立即切断电动机电源，否则电动机将反转。为保证电动机的转速被制动到接近于零值时，能迅速切断电源，防止反向起动，常利用速度继电器及时地自动切断电源。

（1）速度继电器　速度继电器又称为反接制动继电器，是反映转速和转向的继电器，主要用于笼型异步电动机的反接制动控制。速度继电器的图形符合如图 3-7 所示。

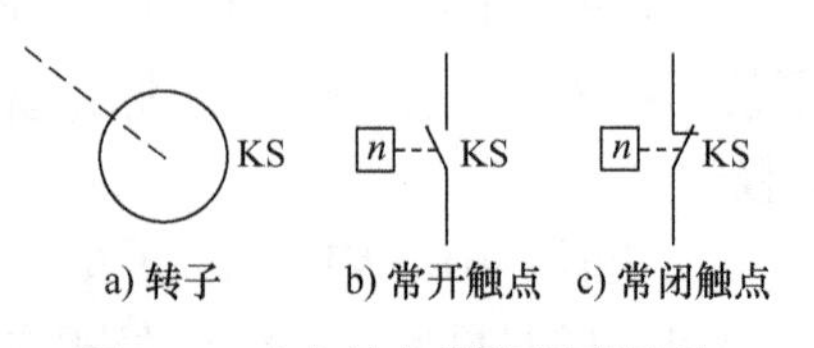

a) 转子　b) 常开触点　c) 常闭触点

图 3-7　速度继电器的图形符号

速度继电器的外形和结构原理如图 3-8 所示。

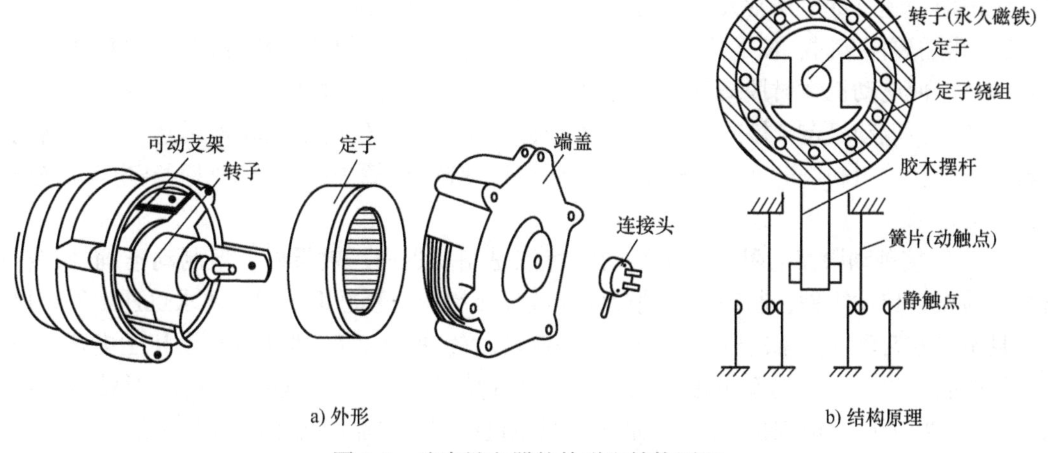

图 3-8　速度继电器的外形和结构原理

1）速度继电器的结构。速度继电器由转子、定子和触点三部分组成。转子是一个圆柱形永久磁铁；定子由硅钢片叠成，并装有笼型绕组，是一个笼型空心圆环；触点由两组转换触点组成，一组在转子正转时动作，另一组在转子反转时动作。

2）速度继电器的工作原理。速度继电器转子的轴与被控电动机的轴通过联轴器相连接，而定子空套在转子上。当电动机转动时，速度继电器的转子随之转动，定子内的短路导体切割磁场，产生感应电动势，从而产生电流。感应电流又与旋转的转子磁场相互作用产生转矩，于是定子开始转动，当转到一定角度时，装在定子轴上的摆锤推动簧片动作，使常闭触点断开，常开触点闭合。当电动机转速低于某一值时，定子产生的转矩减小，触点在弹簧的作用下复位。

常用的速度继电器有 JY1 型和 JFZ0 型两种。速度继电器一般在转速达到 120r/min 以上时，触点动作；在转速降至 100r/min 以下时，触点复位。实际使用中可以通过螺钉调节来改变动作转速，以实现控制电路的要求。

（2）反接制动控制电路分析　三相交流异步电动机单向起动反接制动控制电路如图 3-9 所示。

在图 3-9 中，KM1 为电动机单向运转接触器；KM2 为反接制动接触器；R 为制动电阻；KS 为速度继电器，用来检测电动机转速。速度继电器的动作值为 120r/min，释放值为 100r/min。

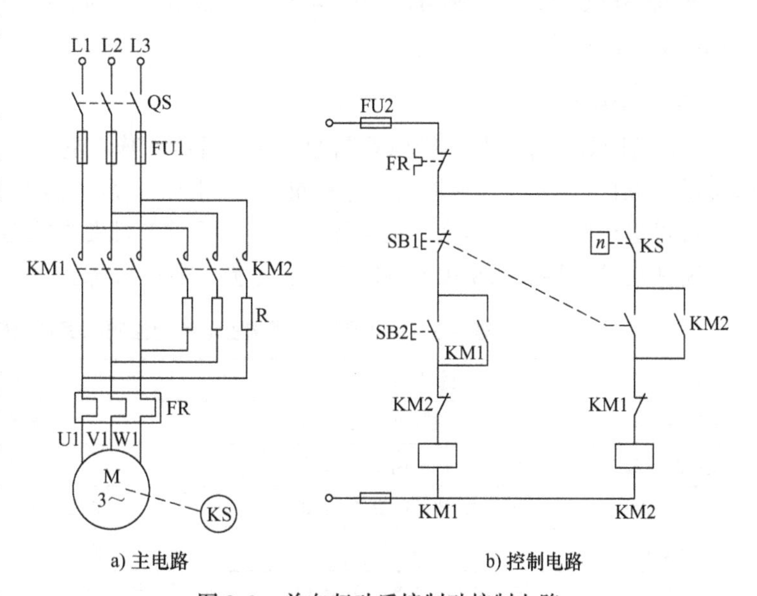

图 3-9　单向起动反接制动控制电路

1）首先合上电源开关

QS，按下起动按钮 SB2，KM1 线圈得电并自锁，KM1 主触点闭合，当电动机转速上升至约 120r/min 时，速度继电器常开触点闭合，为反接制动做好准备。

2）当需要停车时，按下停止按钮 SB1，其常闭触点先断开，KM1 线圈断电释放，其主触点断开，使电动机暂时脱离正相序电源。SB1 常开触点后闭合，KM2 得电并自锁，KM2 主触点动作，电动机定子接入限流电阻 R 进行反接制动，使电动机转速迅速下降。当电动机转速下降至约 100r/min 时，KS 常开触点分断，KM2 线圈失电，电动机脱离电源后停转，反接制动结束。

（3）反接制动限流电阻　反接制动的特点是制动迅速、效果好，但制动准确性差，冲击大，易损坏传动零件，制动能量消耗大。故反接制动一般适用于制动要求迅速，系统惯性大，且不经常起动与制动的场合。为了减小制动时的冲击电流，要求在电动机主电路中串接一定的电阻以限制反接制动电流。反接制动刚开始时，转子与旋转磁场的相对转速（n_1+n）很高，接近于同步转速的 2 倍，定子绕组流过的制动电流相当于电动机额定电流的 10 倍左右。因此，反接制动适用于 10kW 以下的小容量电动机的制动。对 4.5kW 以上的电动机进行反接制动时，需要在定子绕组电路中串入限流电阻。限流电阻的估算可参考下面的计算公式。

当电源电压为 380V 时，若要使反接制动电流等于电动机直接起动时起动电流I_{ST}的$\frac{1}{2}$，则三相电路中每相应串入的限流电阻 R 值可取为

$$R\approx 1.5\times\frac{220}{I_{ST}}$$

若要使反接制动电流等于起动电流I_{ST}，则三相电路中每相应串入的限流电阻 R 值可取为

$$R\approx 1.3\times\frac{220}{I_{ST}}$$

对反接制动的另一个要求是在电动机转速接近于零时，必须及时切断反相序电源，以防止电动机反向再起动。

三、主电路分析

T68 型卧式镗床电气控制原理图如图 3-4 所示。其主电路中共有两台电动机，一台是主轴电动机 M1，另一台为快速进给电动机 M2。主轴电动机 M1 能正反向点动和连续运行，正反转都可进行低、高速切换，而且无论正转还是反转都要求能够反接制动停车。因此，主电路中所使用的接触器和相关元件较多，主电路的控制和保护电气元件见表 3-3。

表 3-3　T68 型卧式镗床主电路的控制和保护电气元件

名　　称	型号及规格	在电路中的作用
接触器 KM1	CJ20－40，线圈电压 AC 110V	主轴电动机正转接触器
接触器 KM2	CJ20－40，线圈电压 AC 110V	主轴电动机反转接触器
接触器 KM3	CJ20－20，线圈电压 AC 110V	在主轴正常运转情况下将 R 短接
电阻 R	ZB1－0.9，0.9Ω	主轴制动限流电阻，限制制动电流和减小机械冲击
接触器 KM4	CJ20－20，线圈电压 AC 110V	低速运转接触器，将主轴电动机的定子绕组联结为三角形

（续）

名　称	型号及规格	在电路中的作用
接触器 KM5	CJ20－20，线圈电压 AC 110V	高速运转接触器，将主轴电动机的定子绕组联结为双星形
速度继电器 KS	JY－1	速度继电器 KS 与 M1 同轴安装，进行反接制动控制
接触器 KM6	CJ20－20，线圈电压 AC 110V	快速进给电动机正转接触器
接触器 KM7	CJ20－20，线圈电压 AC 110V	快速进给电动机反转接触器
熔断器 FU1	RL1－60，60A，熔体 40A	主电路总电源短路保护
熔断器 FU2	RL1－15，15A，熔体 15A	快速移动电动机短路保护
热继电器 FR	JR16－20/3D，整定电流 14.5A	主轴电动机过载保护
组合开关 QS	HZ10－60/3，60A，380V	电源总开关
双速电动机	双速 $JDO_2$51－4/2，5.5kW/7.5kW，(1460r/min)/(2880r/min)	主轴电动机，用于驱动主运动和各种常速进给运动
笼型异步电动机	$JDO_2$31－4，2.2kW 1440r/m	快速移动电动机，用于驱动运动部件的快速移动

1. 主轴电动机 M1

镗床的主运动和进给运动共用一台主轴电动机。主轴电动机采用△-YY型双速电动机，低速时电动机转速 n_e = 1460r/min，高速时电动机转速 n_e = 2880r/min。低速时接触器 KM4 吸合，主轴电动机 M1 的定子绕组为三角形联结；高速时接触器 KM5 吸合（KM5 为两只接触器并联使用，同步动作），主轴电动机 M1 的定子绕组为双星形联结。接触器 KM1、KM2 控制主轴电动机的正反转。

速度继电器 KS 与主轴电动机同轴安装，主轴电动机反接制动停车时，由速度继电器 KS 控制进行反接制动。在主轴电动机点动、制动及变速冲动过程中，主电路需串入限流电阻 R，以限制起动、制动电流和减小机械冲击。正常运行时，限流电阻 R 由接触器 KM3 短接。过载保护由热继电器 FR 控制，熔断器 FU1 用于短路保护。

2. 快速进给电动机 M2

为缩短机床加工的辅助时间，由快速进给电动机 M2 驱动主轴箱、工作台、主轴快速移动，由接触器 KM6、KM7 控制其正反转，熔断器 FU2 起短路保护作用。

四、控制电路分析

T68 型卧式镗床控制电路的电源由控制变压器 TC 提供 110V 工作电压，24V 电压作为照明电路电源，6V 电压作为信号灯电源，FU3 和 FU4 提供变压器二次侧的短路保护。

镗床控制电路由 10 个交流接触器和继电器的线圈支路组成。包括 7 个交流接触器 KM1 ~ KM7，2 个中间继电器 KA1、KA2，1 个时间继电器 KT。除 KM6 和 KM7 线圈电路是对快速进给电动机 M2 进行控制外，其他控制元件对主轴电动机 M1 进行控制。

镗床电路中有较多的位置开关，掌握这些位置开关的作用是操作镗床和分析镗床电路的重要前提。

1. 镗床控制电路中各位置开关的作用

在起动镗床主轴之前，首先应选择好主轴的转速和进给量，并且调整好主轴箱和工作台的位置。

（1）主轴变速位置开关和进给变速位置开关　主轴变速时，电动机的缓慢转动是由位置开关 SQ3 和 SQ5 控制的，进给变速则是由行程开关 SQ4 和 SQ6 以及速度继电器 KS 共同控制的。SQ3、SQ5 为主轴变速位置开关，与主轴变速盘手柄联动。SQ4、SQ6 为进给变速位置开关，与进给变速盘手柄联动。主轴变速和进给变速位置开关的动作状态见表 3-4。

表 3-4　主轴变速和进给变速位置开关的动作状态

	相关位置开关对应触点	变速后变速孔盘推回（正常工作）时	变速孔盘拉出（变速）时	变速后变速孔盘推不回时
主轴变速	SQ3（3－9）	+	－	－
	SQ3（2－13）	－	+	+
	SQ5（15－14）	－	+	+
进给变速	SQ4（9－10）	+	－	－
	SQ4（2－13）	－	+	+
	SQ6（15－14）	－	+	+

注：“+”表示接通；“－”表示断开。

在主轴正常工作情况下，SQ3、SQ5 被压下。此时 SQ3 常开触点（3－9）闭合、常闭触点（2－13）断开，SQ5（15－14）常开触点断开。当主轴变速时，要将变速手柄拉出，此时 SQ3、SQ5 被放松而复位，SQ3 常开触点（3－9）复位断开、常闭触点（2－13）复位闭合，SQ5 常开触点（15－14）闭合。主轴变速完毕后，再推回主轴变速手柄，此时 SQ3、SQ5 又被重新压下。

同理，在正常进给情况下，SQ4、SQ6 被压下。此时 SQ4 常开触点（9－10）闭合、常闭触点（2－13）断开，SQ6 常开触点（15－14）断开。当进给变速时，要将变速手柄拉出，此时 SQ4、SQ6 被放松而复位，SQ4 常开触点（9－10）复位断开、常闭触点（2－13）复位闭合，SQ6 常开触点（15－14）闭合。进给变速完毕后，再推回进给变速手柄，此时 SQ4、SQ6 又被重新压下。

（2）工作台进给位置开关和主轴箱进给位置开关　T68 型卧式镗床的运动部件较多，为防止工作台、主轴箱同时机动进给造成镗床或刀具损坏，在电路中采取了互锁措施，将行程开关 SQ1 和 SQ2 的常闭触点并联在控制电路（1－2）中。如果工作台和主轴箱进给手柄都处在进给位置，则 SQ1、SQ2 的常闭触点都断开，切断控制电路电源，机床不能工作。SQ1、SQ2 进给位置开关动作说明见表 3-5。

表 3-5　SQ1、SQ2 进给位置开关动作说明

触点＼位置	工作台进给	主轴箱进给
SQ1（1－2）	断开	闭合
SQ2（1－2）	闭合	断开

（3）高、低速变换行程开关　T68 型卧式镗床主轴共有 18 档速度，采用双速电动机和机械齿轮变速机构实现。主轴电动机 M1 的正、反转均有高速和低速两种运行状态。主轴电动机的高、低速变换由主轴孔盘变速机构内的行程开关 SQ9 控制，其动作说明见表 3-6。行

程开关 SQ9 被压下时，其常开触点闭合，主轴电动机高速运转；SQ9 未被压下时，主轴电动机低速运转。

表 3-6　主轴电动机高、低速变换行程开关 SQ9 动作说明

位置 / 触点	主轴电动机低速	主轴电动机高速
SQ9（11-12）	断开	接通

2. 主轴电动机 M1 的控制

主轴电动机 M1 为双速电动机，要求：能够进行高、低速运行控制，能够实现正、反转连续运行控制和正、反转点动调整控制，能够进行主轴和进给变速控制，能够反接制动停车。

（1）主轴电动机的正、反转低速运行控制　主轴电动机正、反转低速运行控制首先应将速度选择手柄置于低速档。主轴电动机正、反转低速运行控制电路如图 3-10 所示。

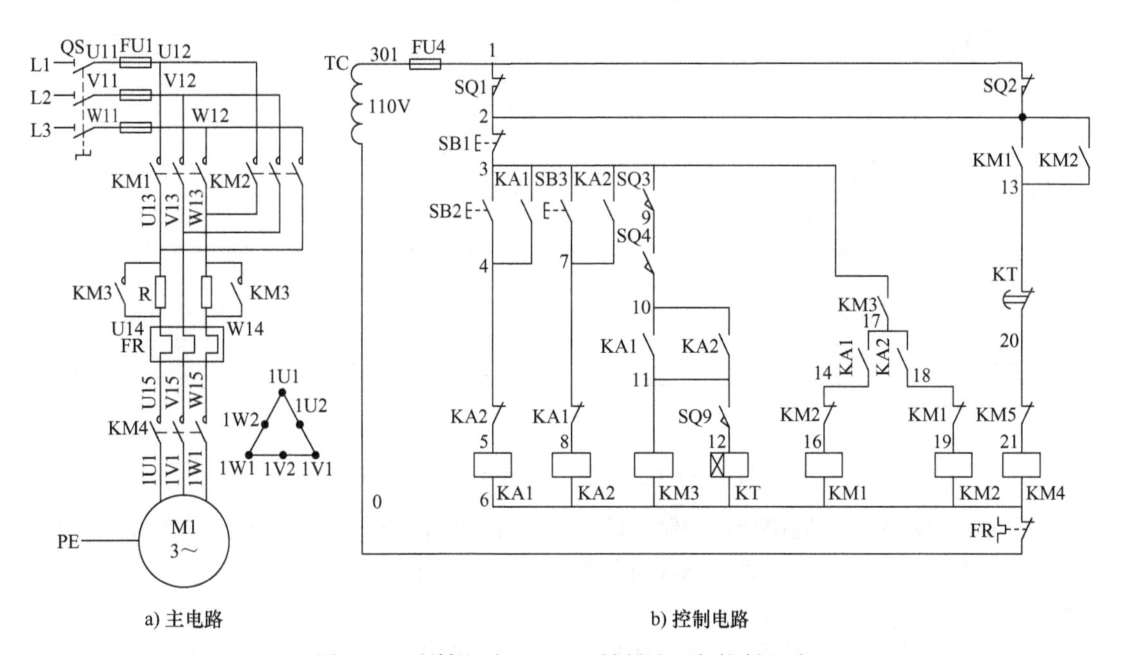

a) 主电路　　b) 控制电路

图 3-10　主轴电动机正、反转低速运行控制电路

1）主轴电动机正转低速运行控制。低速档位置开关 SQ9 的常开触点（11-12）处于断开位置。正常工作时，变速位置开关 SQ3 常开触点（3-9）、SQ4 常开触点（9-10）均为闭合状态。

按下正转起动按钮 SB2，中间继电器 KA1 线圈通电吸合并自锁，KA1 常开触点（10-11）闭合，使接触器 KM3 线圈通电吸合，KM3 主触点闭合，电阻 R 被短接。

KA1 常开触点（17-14）闭合，与 KM3 辅助常开触点（3-17）串联，接触器 KM1 线圈通电吸合，KM1 的主触点闭合。KM1 的辅助常闭触点（18-19）断开对 KM2 互锁，KM1 的辅助常开触点（2-13）闭合，使接触器 KM4 线圈通电吸合，KM4 主触点闭合。

此时，由于接触器 KM1、KM3、KM4 的主触点均闭合，故主轴电动机在全电压、定子绕组为三角形联结的情况下直接起动，正转低速运行。

2）主轴电动机反转低速运行控制。主轴电动机反向低速的起动旋转过程与正向起动旋转过程相似，将速度选择手柄置于低速档，按下反转起动按钮 SB3，使中间继电器 KA2、反转接触器 KM2、接触器 KM3、低速运行接触器 KM4 相继通电吸合，主轴电动机在全电压、定子绕组为三角形联结的情况下直接起动，反转低速运行。

（2）主轴电动机的正、反转高速运行控制　主轴电动机正、反转高速运行控制首先应将速度选择手柄置于高速档。主轴电动机正、反转高速运行控制电路如图 3-11 所示。

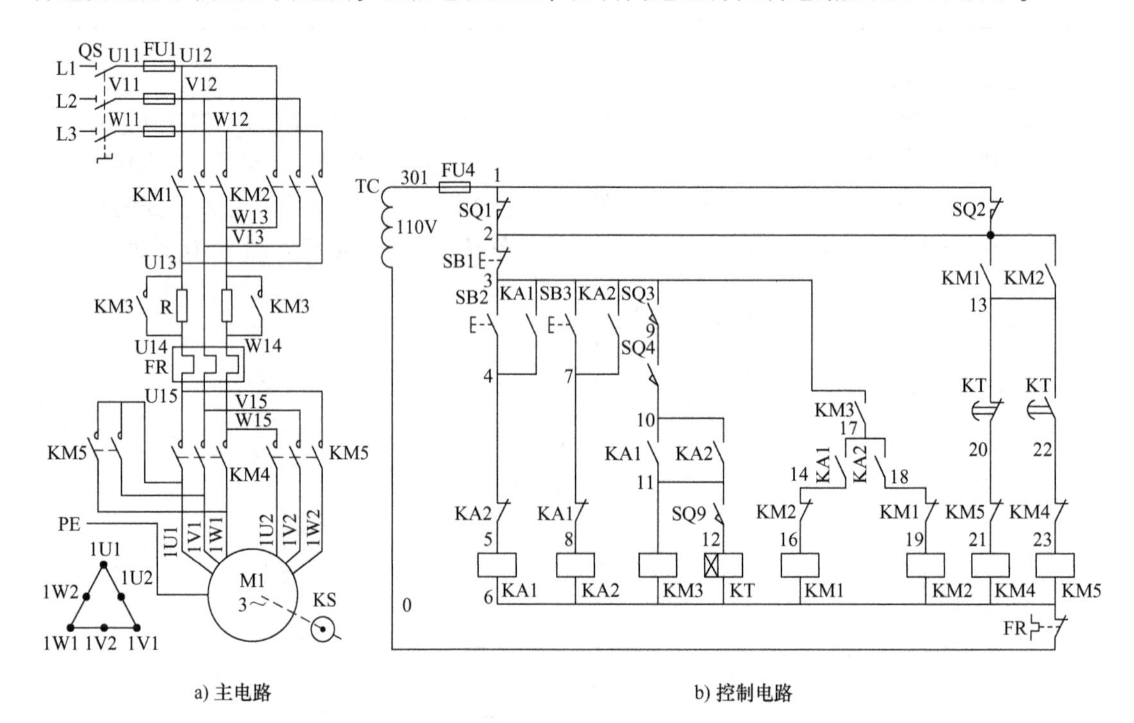

a) 主电路　　b) 控制电路

图 3-11　主轴电动机正、反转高速运行控制电路

1）主轴电动机正转高速运行控制：将速度选择手柄置于高速档，行程开关 SQ9 的触点（11－12）处于闭合状态。主轴变速和进给变速位置开关 SQ3（3－9）、SQ4（9－10）均为闭合状态。

按下正转起动按钮 SB2 后，一方面 KA1、KM3、KM1、KM4 的线圈相继通电吸合，使主轴电动机在低速下直接起动；另一方面由于 SQ9 的常开触点（11－12）闭合，使时间继电器 KT（通电延时型）的线圈通电吸合，经延时后，KT 延时断开常闭触点（13－20）断开，KM4 线圈断电，主轴电动机定子绕组暂时脱离三相电源，而 KT 的通电延时闭合常开触点（13－22）闭合，使接触器 KM5 线圈通电吸合，KM5 主触点闭合，将主轴电动机的定子绕组接成双星形联结后，重新接到三相电源，故主轴电动机从低速起动自动切换为高速运转。

2）主轴电动机反转高速运行控制。主轴电动机的反转高速与正转高速起动运行过程相似，不同的是反转起动时所用的电气元件为反转起动按钮 SB3、中间继电器 KA2、反转接触器 KM2。

（3）主轴电动机的点动控制　镗床加工前进行位置调整时，需要用到点动控制。主轴电动机正、反转点动控制电路如图 3-12 所示。

1）主轴电动机正转点动控制。SB4 和 SB5 分别为正、反转点动控制按钮。按下正转点动按钮 SB4，接触器 KM1 线圈通电吸合，KM1 的辅助常开触点（2－13）闭合，使接触器 KM4 线圈通电吸合，三相电源经 KM1 的主触点、电阻 R 和 KM4 的主触点接入主轴电动机 M1 的定子绕组，接法为三角形联结，使电动机在低速下正向旋转；松开 SB4，由于没有自锁作用，主轴电动机断电停转。

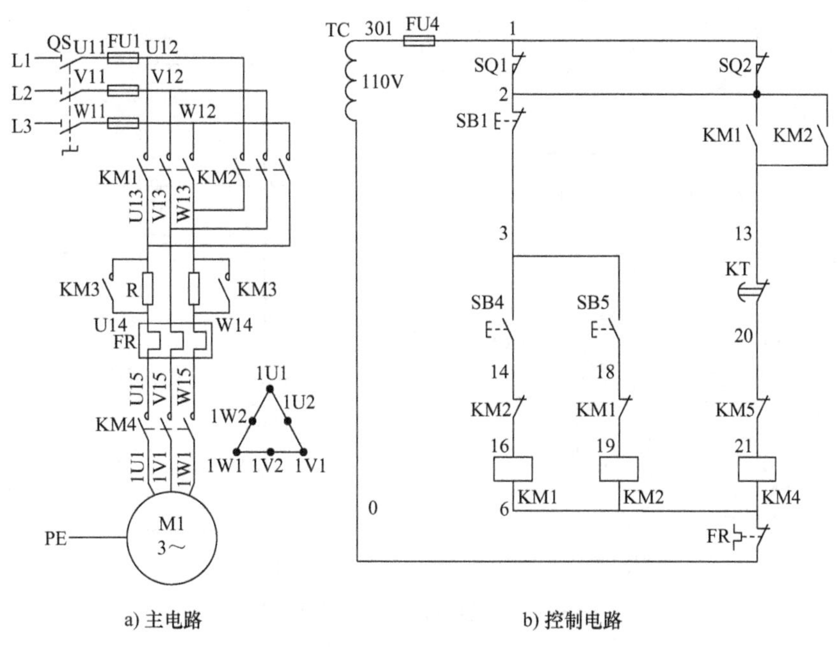

图 3-12　主轴电动机正、反转点动控制电路

2）主轴电动机反转点动控制。反向点动与正向点动控制过程相似，由反向点动按钮 SB5、反转接触器 KM2 和低速运行接触器 KM4 来实现。

（4）主轴电动机的反接制动控制　主轴电动机制动停车电路如图 3-13 所示。速度继电器 KS 与主轴电动机 M1 同轴安装。当主轴电动机正转时，KS 正向常开触点 KS2－2（13－18）闭合，为正转时的制动停车做准备。主轴电动机反转时，KS 反转常开触点 KS1（13－14）闭合，为反转停止时的反接制动做准备。按下停止按钮 SB1 时，主轴电动机的定子电源反接，迅速制动，当转速降至速度继电器的复位转速时，其常开触点恢复断开，主轴电动机反接制动停转。

1）主轴电动机正转时的反接制动。主轴电动机原为高速正转时，KA1、KM1、KM3、KT、KM5 等线圈均已通电吸合，KS 的常开触点 KS2－2（13－18）闭合。停车时按下停止按钮 SB1，SB1 的常闭触点（2－3）先断开，KA1、KM1、KM3、KT、KM5 等线圈断电释放，使主轴电动机脱离三相电源。同时 SB1 的常开触点（2－13）后闭合，此时主轴电动机由于惯性转速还很高，KS2－2 触点（13－18）仍闭合，使反转接触器 KM2 线圈通电吸合并自锁，接触器 KM4 得电吸合。三相电源经 KM2、电阻 R、KM4 接入主轴电动机定子绕组，主轴电动机迅速趋于停车，当转速接近零（100r/min 以下）时，速度继电器常开触点 KS2－2（13－18）断开，KM2 线圈断电，反接制动结束。

若制动前主轴电动机为低速正转，原已接通的电气元件为 KA1、KM1、KM3、KM4 线圈，KS常开触点KS2－2（13－18）闭合。按下停止按钮SB1后，KA1、KM1、KM3、KM4线圈失电，使主轴电动机脱离三相电源。后面的反接制动过程与高速正转时的反接制动过程一样。

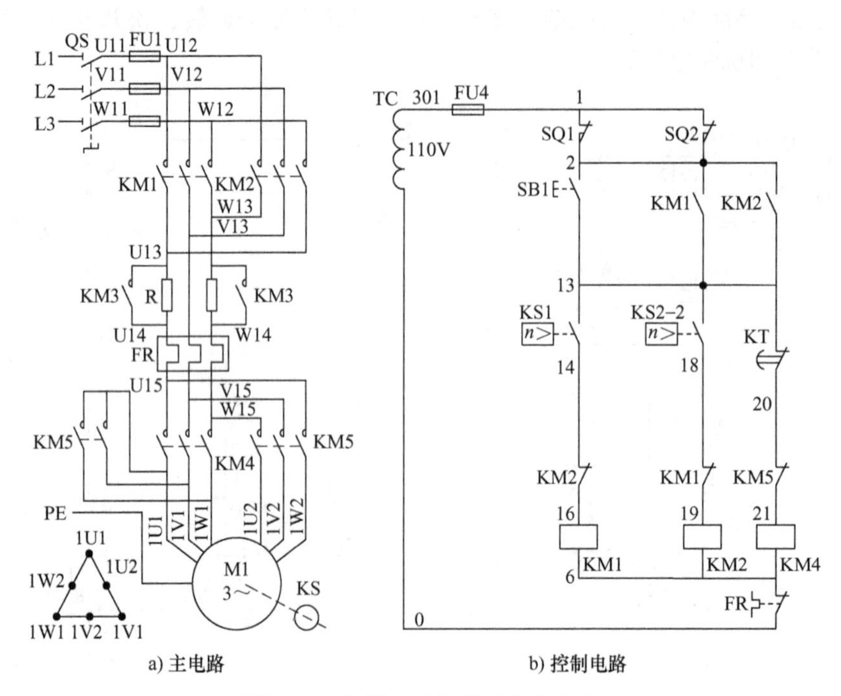

a) 主电路　　　b) 控制电路

图3-13　主轴电动机制动停车电路

2）主轴电动机反转时的反接制动。主轴电动机反转时的制动过程与正转制动过程相似。当主轴电动机原为高速反转时，KA2、KM2、KM3、KT、KM5线圈均已通电吸合，KS的反转常开触点KS1（13－14）闭合。按下停止按钮SB1后，KA2、KM2、KM3、KT、KM5线圈失电，使主轴电动机脱离三相电源。因为惯性，主轴电动机的转速还很高，KS1触点（13－14）仍闭合，使正转接触器KM1线圈通电吸合并自锁，接触器KM4得电吸合。三相电源经KM1、电阻R、KM4接入主轴电动机定子绕组，主轴电动机迅速趋于停车，当转速接近零（100r/min以下）时，速度继电器常开触点KS1断开，KM1线圈断电，反接制动完毕。

当制动前主轴电动机为低速反转时，原已接通的电气元件为KA2、KM2、KM3、KM4线圈，反接制动过程请自行分析。

（5）主轴或进给变速控制　主轴变速和进给变速是通过操作各自的变速操作盘改变传动链的传动比来实现的。操作过程如下：在主轴正常运行或主轴停机状态下，主轴变速手柄或进给变速手柄被压合；当需要变速时，将变速手柄拉出并反压，转动变速操作盘进行变速，再将手柄推回原位。为使齿轮可靠啮合，变速时控制电路使主轴电动机脉动运转（断续冲动），变速后又可恢复到变速前的运行状态。因此，T68型卧式镗床的变速可以在停车时进行，也可以在运转中进行。主轴变速冲动控制电路如图3-14所示。

1）主轴电动机停机状态下的变速控制。变速前，主轴变速手柄处于原位状态，电路中位置开关SQ3的常开触点（3－9）闭合、常闭触点（2－13）断开，SQ5的常开触点（15－14）断开，速度继电器KS的常闭触点（13－15）闭合。

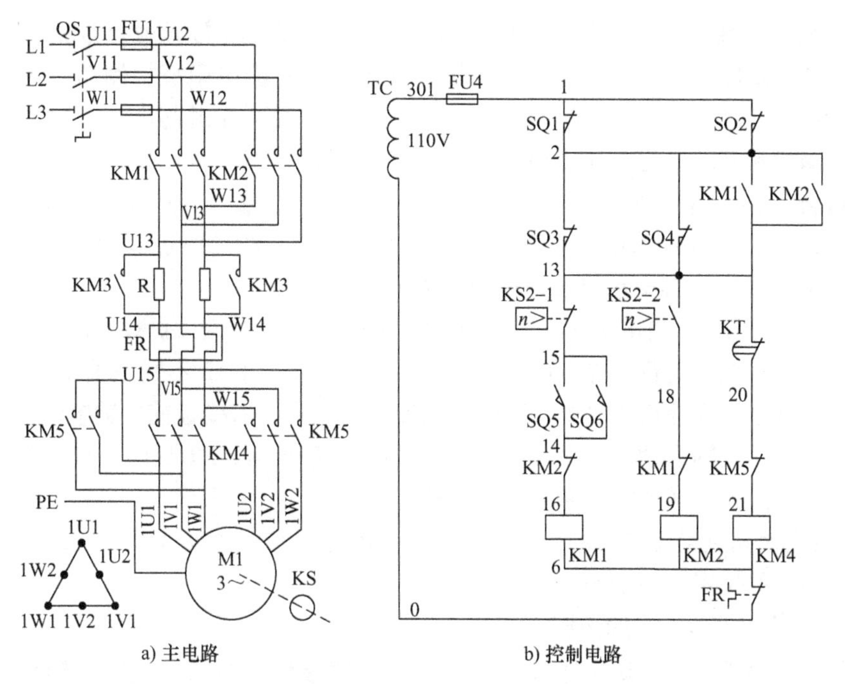

a) 主电路　　b) 控制电路

图 3-14　主轴变速冲动控制电路

当主轴需要变速时，将变速手柄拉出并反压，位置开关 SQ3、SQ5 复位，SQ3 的常开触点（3－9）断开、常闭触点（2－13）闭合，SQ5 的常开触点（15－14）闭合。KM1 线圈经电源线 1→SQ1 常闭触点→2→SQ3 常闭触点→13→KS 常闭触点→15→SQ5 常开触点→14→KM2 常闭触点→16→KM1 线圈→6→FR 常闭触点→电源线 0 电路得电吸合。继而 KM4 线圈经电源线 1→SQ1 常闭触点→2→KM1 常开触点→13→KT 常闭触点→20→KM5 常闭触点→21→KM4 线圈→6→FR 常闭触点→电源线 0 电路得电吸合。KM1、KM4 主触点闭合，主轴电动机经限流电阻 R 接成三角形联结低速正向运转。当转速升高到一定值时，速度继电器 KS 常闭触点 KS2－1（13－15）断开，KM1 线圈失电，主轴电动机脱离正向电源，同时因惯性 KS 常开触点 KS2－2（13－18）闭合，KM2 线圈得电吸合，主轴电动机反接制动。当转速又降到一定值时，KS 常开触点 KS2－2（13－18）又断开，KM2 线圈失电，转速下降至一定值时，KS 常闭触点 KS2－1（13－15）又恢复闭合，KM1 线圈又得电吸合，主轴电动机又正转低速起动。这样，主轴电动机被间歇地低速起动与反接制动，处于变速冲动状态，便于齿轮的啮合。

当齿轮可靠啮合后，将变速手柄推回原位，重新压合变速位置开关 SQ3、SQ5，SQ3 常开触点（3－9）闭合、SQ3 常闭触点（2－13）断开，SQ5 常开触点（15－14）断开，上述瞬时变速冲动电路断开，主轴电动机停转。

2）主轴电动机在运转过程中的变速控制。以主轴电动机在高速正向运转时的变速控制为例，分析电路变速冲动控制过程：

变速前，主轴变速手柄处于原位状态，电路中位置开关 SQ3 常开触点（3－9）闭合、SQ3 常闭触点（2－13）断开，SQ5 常开触点（15－14）断开。主轴电动机在 KA1、KM3、KT、KM1、KM5 线圈得电的情况下运转，此时速度继电器 KS 常闭触点 KS2－1（13－15）断开，KS 常开触点 KS2－2（13－18）闭合。

变速时，将变速手柄拉出并反压，位置开关 SQ3 常开触点（3－9）断开，KM3、KT、

KM1、KM5线圈相继失电。切断主轴电动机电源，因惯性KS常开触点KS2-2（13-18）仍闭合，KM2、KM4线圈又相继得电，主轴电动机串入限流电阻反接制动，制动结束，KS常闭触点KS2-1（13-15）闭合，使得KM1、KM4线圈又相继得电，主轴电动机低速脉动。主轴电动机被间歇地起动和制动，直到齿轮啮合好。

齿轮啮合好后，才能推回变速手柄。手柄推回后，SQ3、SQ5回到初始状态，KM3、KT、KM1、KM4线圈相继得电，主轴电动机先正向低速起动，经过KT延时，KM4线圈失电、KM5线圈得电，主轴电动机自动转为高速运行。

由以上分析可知，主轴电动机在变速前处于停转状态，变速后仍处于停转状态。若变速前主轴电动机处于低速运行状态，则由于中间继电器KA1、KA2不受主轴变速手柄的影响，仍然保持通电状态，变速后主轴电动机仍为低速运行状态。若变速前主轴电动机处于高速运行状态，变速后，主轴电动机先接成三角形联结低速起动，经KT延时，转换为双星形联结进入高速运行状态，且转动方向和变速前一致。

3）进给变速。进给变速时的变速脉动运转控制过程与主轴变速相似，所不同的是进给变速时，所使用的位置开关是SQ4和SQ6。

3. 快速移动电动机M2的控制

快速移动电动机M2驱动镗床各进给部件的快速移动，由快速进给手柄控制。通过齿轮、齿条、丝杠的不同连接完成各运动方向的快速移动。当快速手柄扳向正向快速位置时，位置开关SQ8被压动，接触器KM6线圈通电吸合，快速移动电动机M2正转。同理，当快速手柄扳向反向快速位置时，位置开关SQ7被压动，KM7线圈通电吸合，M2反转。

五、照明与信号电路分析

由变压器TC提供24V安全电压供给照明灯EL，SA为照明灯开关，HL1为机床电路工作指示灯，熔断器FU3为照明灯、工作指示灯电路的短路保护元件。HL2为机床控制电路电源信号指示灯。

【任务实施】

1）认真识读T68型卧式镗床电路图，熟悉镗床电路的构成。

① 了解各元件在电路中的作用、图形符号和文字符号。

② 熟悉各元件的型号、规格和数量。

2）识读T68型卧式镗床电路图，分析讨论下列问题。

① T68型卧式镗床上共有几台电动机？其功率分别是多少？在镗床系统中分别起什么作用？

② T68型卧式镗床的电气保护措施有哪些？分别用哪些电气元件来实现？

③ 镗床主轴电动机主电路中各元件的作用是什么？

④ 镗床主轴电动机停车时采用何种制动方式？是如何实现的？

3）在教师指导下，分析讨论T68型卧式镗床主轴电动机的控制电路。

① 简述交流接触器KM3在T68型卧式镗床电路中的作用。

② 简述T68型卧式镗床主轴电动机M1的低速正转起动过程。

③ 简述T68型卧式镗床主轴电动机M1的高速反转运行控制过程。

④ 结合T68型卧式镗床电气原理图分析主轴电动机M1的反转制动过程。

⑤ 试分析 T68 型卧式镗床主轴电动机 M1 正转或反转停车无制动的故障原因。

⑥ T68 型卧式镗床主轴电动机反转无制动时，应该如何进行测量检查？

⑦ 结合 T68 型卧式镗床的电气原理图分析主轴变速冲动过程。

【任务测评】

完成任务后，对任务实施情况进行检查，在表 3-7 相应的方框中打勾。

表 3-7　T68 型卧式镗床电气控制线路分析任务测评表

序号	能 力 测 评	掌 握 情 况
1	能画出电路图中所有元件的图形符号和文字符号	□好　□一般　□未掌握
2	能说出电路图中所有按钮和行程开关在镗床电路中的作用	□好　□一般　□未掌握
3	能说出 T68 型卧式镗床主轴电动机低速连续运转工作原理	□好　□一般　□未掌握
4	能说出 T68 型卧式镗床主轴电动机制动停车工作原理	□好　□一般　□未掌握
5	能说出 T68 型卧式镗床主轴电动机高速运转工作原理	□好　□一般　□未掌握
6	能说出 T68 型卧式镗床主轴电动机点动控制工作原理	□好　□一般　□未掌握
7	能说出 T68 型卧式镗床主轴变速冲动工作原理和电流路径	□好　□一般　□未掌握
8	能说出 T68 型卧式镗床进给变速冲动工作原理和电流路径	□好　□一般　□未掌握

任务三　T68 型卧式镗床常见电气故障检修

【任务目标】

1）掌握 T68 型卧式镗床常见电气故障的分析方法。

2）掌握 T68 型卧式镗床常见电气故障的检测流程。

3）能按照正确的检测方法和检修流程，排除 T68 型卧式镗床常见电气故障。

【任务分析】

T68 型卧式镗床是典型的机电一体化设备。镗床电路的检修重点和难点是主轴电动机的控制电路。主轴电动机是一台双速电动机，要求实现多种工作方式：正转或反转运行、正转或反转点动调整、高低速切换、主轴变速冲动、正转或反转反接制动停车等。镗床的控制由机械操作与电气控制紧密配合完成。由于机械上的磨损（如操作手柄、行程开关不能可靠压合等）和电气设备的老化（如灰尘、油污导致触点接触不良，接触器不能可靠吸合，电路老化等），镗床故障时有发生，作为机床维修人员，应熟练掌握镗床的电路工作原理和正确的试机操作步骤，快速而准确地查找、分析、检测、排除故障，保障设备正常运行，提高生产率。

【相关知识】

一、T68 型卧式镗床检修前的操作步骤

故障检修的第一步是通过故障调查判断故障现象。作为检修人员，应掌握正确的试机操作步骤，在开机操作之前，首先要确认各开关是否拨至正确的档位。

1. 正常停机情况下各开关的初始状态

工作照明灯开关置于“关”，联锁保护开关置于“开”，转速选择开关置于“低速”，正向快速开关和反向快速开关置于“关”。

2. 正常试机操作步骤

1）合上镗床电源总开关 QS，此时电源信号灯亮。

2）合上机床照明灯开关 SA，照明灯亮。

3）调整好转速后，将主轴变速位置开关 SQ3 和 SQ5，以及进给变速位置开关 SQ4 和 SQ6 压合。

4）将联锁保护开关置于“开”的状态。

5）将转速选择开关 SQ9 置于“低速”位置。

分别操作正向点动按钮 SB4 或反向点动按钮 SB5，主轴电动机 M1 应正向或反向点动运行。分别操作主轴正转起动按钮 SB2 或反转起动按钮 SB3，主轴电动机 M1 应低速正转或反转。操作停止按钮 SB1，主轴电动机应能实现反接制动停车。

6）将转速选择开关 SQ9 置于“高速”状态。

分别操作主轴正转起动按钮 SB2 或反转起动按钮 SB3，主轴电动机 M1 高速正转或反转。操作停止按钮 SB1，主轴电动机反接制动停车。

7）将正向快速开关 SQ8 置于“开”的位置，快速移动电动机 M2 正向运转。将反向快速开关 SQ7 置于“开”的位置，快速移动电动机 M2 反向运转。在实物镗床上试车时，要注意运动部件的行程区间，不要移动到极限位置。

8）主轴变速控制时，拉开主轴变速手柄将 SQ3 复位（常开触点断开，常闭触点闭合），SQ5 常开触点闭合，选择好新的速度后，推回主轴变速手柄。若变速手柄推不回原位，则主轴电动机 M1 将间歇低速起动、反接制动，直至齿轮啮合好。进给变速控制时，拉开进给变速手柄将 SQ4 复位（常开触点断开，常闭触点闭合），SQ6 常开触点闭合，选择好新的速度后，推回进给变速手柄。若变速手柄推不回原位，则主轴电动机 M1 将间歇低速起动、反接制动，直至齿轮啮合好。

在变速操作试车过程中，应避免长时间地在变速冲动状态下试车。因为如果主轴电动机被间歇地起动、制动，将导致电流很大，限流电阻发热，对电动机冲击也较大。

3. 正常停机操作步骤

1）将快速移动进给手柄复位，快速移动电动机停止工作。

2）加工完毕后，按下停止按钮 SB1，主轴电动机反接制动停止。

3）断开镗床照明灯开关 SA，照明灯熄灭。

4）断开镗床总电源开关 QS。

5）将各开关重新置于初始状态。

二、T68 型卧式镗床常见电气故障

根据对 T68 型卧式镗床电气原理图的分析和现场检修人员的经验总结，整理出 T68 型卧式镗床的常见电气故障，见表 3-8。

表 3-8　T68 型卧式镗床常见电气故障一览表

序号	故障现象
1	主轴电动机不能起动（不能正向起动，也不能反向起动）
2	主轴电动机不能正向起动运行（反向起动正常）
3	主轴电动机不能反向起动运行（正向起动正常）
4	主轴电动机能低速起动运行，但不能切换为高速而自动停止（主轴不能高速运行）
5	按下起动按钮，主轴电动机不工作，几秒后突然起动运转（主轴不能低速运行）
6	主轴电动机停车无制动
7	主轴电动机不能停车
8	主轴电动机不能点动运行
9	主轴电动机只能点动运行，不能连续运行
10	主轴变速手柄拉出后，主轴无变速冲动过程
11	进给变速手柄拉出后，无进给变速冲动过程
12	快速移动电动机不能快速正向移动
13	快速移动电动机不能快速反向移动
14	快速移动电动机不能工作
15	主轴电动机和快速移动电动机都不能起动
16	照明灯不亮，其他均正常
17	按下停止按钮，主轴停车后，发生短时的反向旋转

在检修之前一定要熟悉电气原理图，熟悉各电气元件的位置，并了解镗床的操作过程。根据电路的特点，通过相关操作和通电试车，判断故障范围。在镗床电气故障的检修过程中，通常采用多种检修测量方法进行配合。

三、T68 型卧式镗床常见电气故障分析

T68 卧式镗床主轴电动机的控制要求较多，控制过程中须做到机械手柄操作与电气控制紧密结合。主轴电动机控制电路相对复杂，由于电气设备老化或操作不当等原因，出现故障在所难免。检修人员在识读电路图和熟悉操作步骤的基础上，应能迅速地分析和判断故障范围，进一步检修和排除故障。

1. 按下主轴正转起动按钮或反转起动按钮后主轴电动机 M1 不能正常工作

对于主轴电动机不能正常工作的故障，可通过进一步操作试车来判断和缩小故障范围。

1）合上照明灯开关，如果照明灯点亮，则说明总电源无问题。

2）扳动快速移动电动机的正向、反向操作手柄，看快速移动电动机是否工作，若快移电动机能正常工作，则可判断控制电路电源及公共通道无故障。

3）操作点动按钮，看主轴电动机能否点动运行，若不能点动运行，则看接触器 KM1、KM2、KM4 线圈能否得电吸合，若能得电吸合，则可判断故障在主电路。断电后用电阻法测量主轴电动机和接触器主触点的电阻值，查找故障点。

4）若接触器 KM1、KM2 或 KM4 线圈不能得电吸合，则故障发生在各线圈电路中。若 KM1 和 KM2 线圈都不能得电吸合，则故障应该在 1→SQ1（SQ2）常闭触点→2→SB1 常闭

触点→3 电路中。可进一步检查主轴箱和工作台进给手柄 SQ1、SQ2 是否处于工作状态，停止按钮 SB1 是否正常，接线是否牢固。若 KM1 或 KM2 线圈能得电，KM4 线圈不能得电吸合，则故障应该在 2→KM1（KM2）常开触点→13→KT 常闭触点→20→KM5 常闭触点→21→KM4 线圈→6 电路中。

2. 主轴不能连续运转（只能点动）

主轴电动机能点动，说明主轴电动机主电路没有问题，而且点动控制电路中的 KM1、KM2、KM4 能正常工作。故障出现在连续运转控制电路中，按下起动按钮 SB1 或 SB2，看 KA1、KA2 是否吸合，若不能吸合，则说明 KA1、KA2 线圈支路开路或按钮 SB1、SB2 接触不良。若 KA1、KA2 能吸合，再看 KM3 是否能吸合，若 KM3 不能吸合，则故障应在 KM3 线圈支路（3→SQ3→9→SQ4→10→KA1 或 KA2→11→KM3→6）中；若 KM3 能吸合，则故障应在 18 区 KM3 常开触点（3－17）之间。

3. 主轴不能低速运行

故障现象为当主轴变速盘置于低速档位时，主轴电动机不转；而当变速盘置于高速档位时，按下起动按钮 SB2 或 SB3，主轴电动机不工作，但几秒后 M1 突然起动运行。最有可能的故障是 22 区 KM4 线圈电路（13→KT 延时断开常闭触点→20→KM5 常闭触点→21→KM4 线圈→6）中出现断点，导致 KM4 线圈不能吸合。另外，若 KM4 线圈能得电吸合，则 KM4 主触点接触不良也会导致主轴电动机处于低速档位时不能起动的故障。

4. 主轴不能高速运行

将主轴变速盘档位开关置于高速档位，按下起动按钮 SB2 或 SB3，主轴电动机能低速起动，但经过几秒后，主轴电动机自动停机。根据故障现象分析，主轴电动机能低速运转，说明接触器 KM1、KM2、KM3、KM4 工作正常；几秒后自动停机，说明时间继电器线圈能得电吸合，且其延时断开常闭触点（13－20）能正常工作。若发现 KM5 线圈未能得电吸合，则可判断故障原因是 23 区的 KM5 线圈控制电路（13→KT 延时闭合常开触点→22→KM4 常闭触点→23→KM5 线圈→6）中出现断点。若 KM5 线圈能吸合，则故障也有可能出现在 KM5 主触点所在的主电路中。

5. 主轴电动机正向起动正常，但不能反向起动运行

主轴电动机正向起动正常，说明电源正常，而且正、反转控制电路中的公共电路是好的，控制电路中的主接触器 KM1、KM3、KM4、KM5 线圈能正常通电吸合。反向起动不正常，则可先判断反转接触器 KM2 线圈是否吸合。

1）若 KM2 线圈能吸合，电动机不转，则说明主电路中 KM2 的主触点或相关接线接触不良或断线松动。

2）若 KM2 线圈不能吸合，则需进一步观察反转中间继电器 KA2 线圈是否得电吸合。若 KA2 线圈不吸合，则可先从 KA2 线圈电路（3→按钮 SB3 及 KA2 并联触点→7→KA1 常闭触点→8→KA2 线圈→6）中查找故障。若 KA2 线圈能吸合，则从 KM2 线圈电路（3→KM3 常开触点→17→KA2 常开触点→18→KM1 常闭触点→19→KM2 线圈→6）中查找故障。

6. 主轴变速手柄拉出后，主轴电动机无变速冲动过程

主轴变速手柄拉出后，SQ3 常闭触点（2－13）闭合，SQ5 常开触点（15－14）闭合。

故障可能发生在变速冲动控制支路（2→主轴变速位置开关SQ3常闭触点→13→速度继电器KS2－1常闭触点→15→主轴齿轮啮合位置开关SQ5常开触点→14）中。SQ3、SQ5若紧固不牢，则可能引起位置偏移现象，导致触点接触不良而没有变速冲动动作。检修方法是：切断电源，拉出主轴变速手柄，用电阻分段测量法测量变速冲动电路，找到故障元件或故障点。

7. 主轴停车时无制动

在镗床反接制动电路中，必须将停止按钮SB1按到位，以保证SB1的常开触点能可靠地接通。因此，停止按钮SB1的常开触点接触不良或接线松脱，都有可能导致主轴停机无制动。反接制动失效最常见的原因是速度继电器KS的两对常开触点不能按选择方向正常闭合。速度继电器常见故障及其处理方法见表3-9。

表3-9　速度继电器常见故障及其处理方法

故障现象	可能原因	处理方法
反接制动时速度继电器失效，电动机不制动	胶木摆杆断裂	更换胶木摆杆
	触点接触不良	清洗触点表面油污
	弹性动触片断裂或失去弹性	更换弹性动触片
	笼型绕组故障	更换笼型绕组
电动机不能正常制动	弹性动触片调整不当	重新调节调整螺钉：将调整螺钉向下旋，弹性动触片弹性增大，速度较高时继电器才动作；或将调整螺钉向上旋，弹性动触片减小，速度较低时继电器即动作

【任务实施】

图3-4为T68型卧式镗床电气原理图，图3-15为面板布局图。

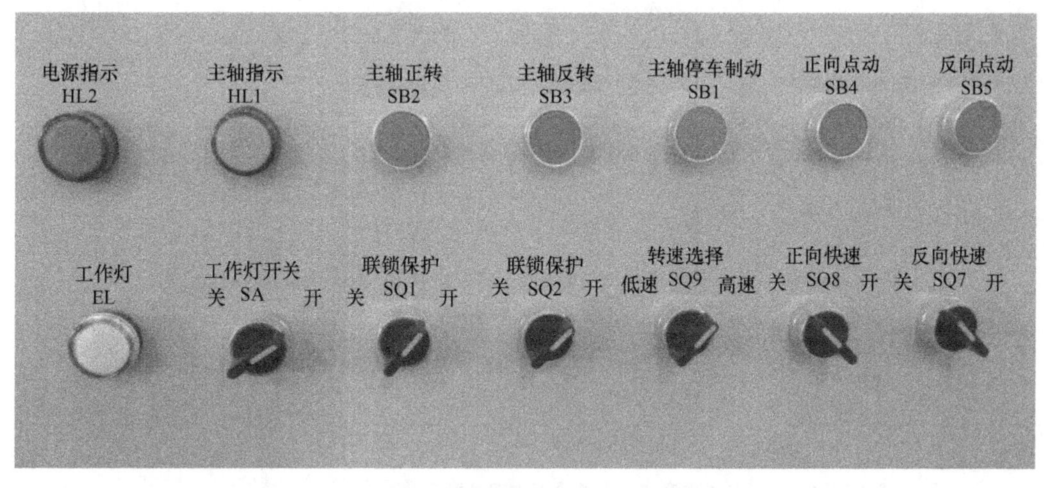

图3-15　T68型卧式镗床面板布局图

1）根据电气原理图，简述T68型卧式镗床的工作原理。

2）结合面板布局图，写出T68型卧式镗床的操作流程。

3）针对以下可能出现的故障现象在 T68 型卧式镗床上分别设置故障点。然后结合电气原理图分析故障现象，确定故障范围和检修思路，查找故障点并排除故障。

① 主轴不能点动。

② 主轴不能高速运行。

③ 主轴不能正常工作，只能点动运行。

④ 主轴不能低速运行。

⑤ 主轴不能正向运行。

⑥ 主轴不能反向运行。

⑦ 无进给变速。

⑧ 主轴不能工作，也无高、低速。

⑨ 不能快速正向移动。

⑩ 主轴不能冲动。

⑪ 不能快速反向移动。

【任务测评】

对 T68 型卧式镗床常见电气故障检修任务完成情况进行评价，将评价结果填入表 3-10 中。

表 3-10　T68 型卧式镗床常见电气故障检修任务评价标准

<table>
<tr><th colspan="2">评价内容</th><th>配分</th><th>考　核　点</th><th>得分</th></tr>
<tr><td rowspan="2">职业素养
与操作规范
（20 分）</td><td>工作准备</td><td>10</td><td>清点元件、仪表、电工工具、电动机并摆放整齐；穿戴好劳动防护用品</td><td></td></tr>
<tr><td>6S 规范</td><td>10</td><td>操作过程中及作业完成后，保持工具、仪表、元件、设备等摆放整齐；操作过程中无不文明行为，具有良好的职业操守，独立完成考核内容，合理解决突发事件；具有安全用电意识，操作符合规范要求</td><td></td></tr>
<tr><td rowspan="4">电气故障分析
（80 分）</td><td>观察故障现象</td><td>10</td><td>操作机床屏柜，观察并写出故障现象</td><td></td></tr>
<tr><td>故障处理
步骤及方法</td><td>10</td><td>采用正确、合理的操作步骤和方法处理故障；熟练地操作机床，掌握其工作原理；正确选择并使用工具、仪表进行电气故障分析与处理，操作规范，动作熟练</td><td></td></tr>
<tr><td>写出故障原因
及排除方法</td><td>20</td><td>写出故障原因及正确排除方法，故障现象分析正确，故障原因分析正确，处理方法得当</td><td></td></tr>
<tr><td>排除故障</td><td>40</td><td>故障点正确；采用正确的方法排除故障，不超时，按定时处理问题</td><td></td></tr>
<tr><td>定额工时</td><td colspan="3">每个故障 30min，不允许超时检查故障</td><td></td></tr>
<tr><td>备注</td><td colspan="2">除定额工时外，各项内容的最高扣分不得超过配分数；未正确使用仪表至烧毁或恶意损坏设备者，以零分计</td><td>成绩</td><td></td></tr>
<tr><td>开始时间</td><td></td><td>结束时间</td><td></td><td>实际时间</td><td></td></tr>
</table>

任务四　YL－WXD－Ⅲ型考核装置T68型卧式镗床模块综合实训

【任务目标】

1）培养学生对相似镗床电路的分析能力。

2）加深对T68型卧式镗床控制电路工作原理的理解。

3）学习T68型卧式镗床控制电路的安装和调试方法。

4）能完成T68型卧式镗床电路常见电气故障的检修。

【任务分析】

根据维修电工职业资格鉴定、专业技能抽考标准和题库训练需求，要求学员能对具有相似难度的镗床电气设备进行安装、调试、维护、检修。图3-16为T68型卧式镗床电路智能实训考核单元电气原理图，按该图完成电源、电动机的安装接线，并完成电路测绘。经指导教师检查无误后，进行通电试车和检修排故实训，要求学员严格遵守安全操作规程。具体任务要求如下：

1）熟悉镗床电路中电气设备的名称、型号规格、代号及作用。

2）熟悉镗床的操作流程，明确开机前各开关的初始位置、各电气元件的初始状态。

3）在教师指导下对镗床进行通电试车，按以下步骤正确操作镗床：

① 开机前的准备。

② 主轴电动机低速正、反转起停操作。

③ 主轴电动机高速正、反转起停操作。

④ 主轴电动机点动正、反转起停操作。

⑤ 进给电动机正、反转运行操作。

⑥ 主轴变速冲动和进给变速冲动。

⑦ 关机操作。

4）识读镗床设备电气原理图、元件布置图，在教师指导下，结合对镗床的实际操作，进一步理解镗床的电气工作原理。

5）针对预设故障按如下步骤进行排故实训：观察、检测和操作设备，判断故障现象；读图分析，根据故障现象判断故障范围；制订检修方案，用电工仪器、仪表进行测量，查找故障点；排除故障后再次通电试车，并做好检修记录。

【相关知识】

1. 主轴电动机M1的控制

在主轴电动机主电路中，KM1为正转接触器，KM2为反转接触器，KM3为低速接触器，KM4、KM5为高速接触器，YB为制动电磁铁。

（1）主轴电动机的正、反转控制　合上电源开关QS，按下正转按钮SB3，接触器KM1线圈得电吸合，主触点闭合，KM1的常开触点（8区的23－24、13区的51－52）闭合，接触器KM3线圈得电吸合，其主触点闭合，制动电磁铁YB得电（指示灯亮），电动机M1接成三角形联结正向起动。反转时，只需按下反转按钮SB2，动作原理同上，所不同的是接触器KM2得电吸合。

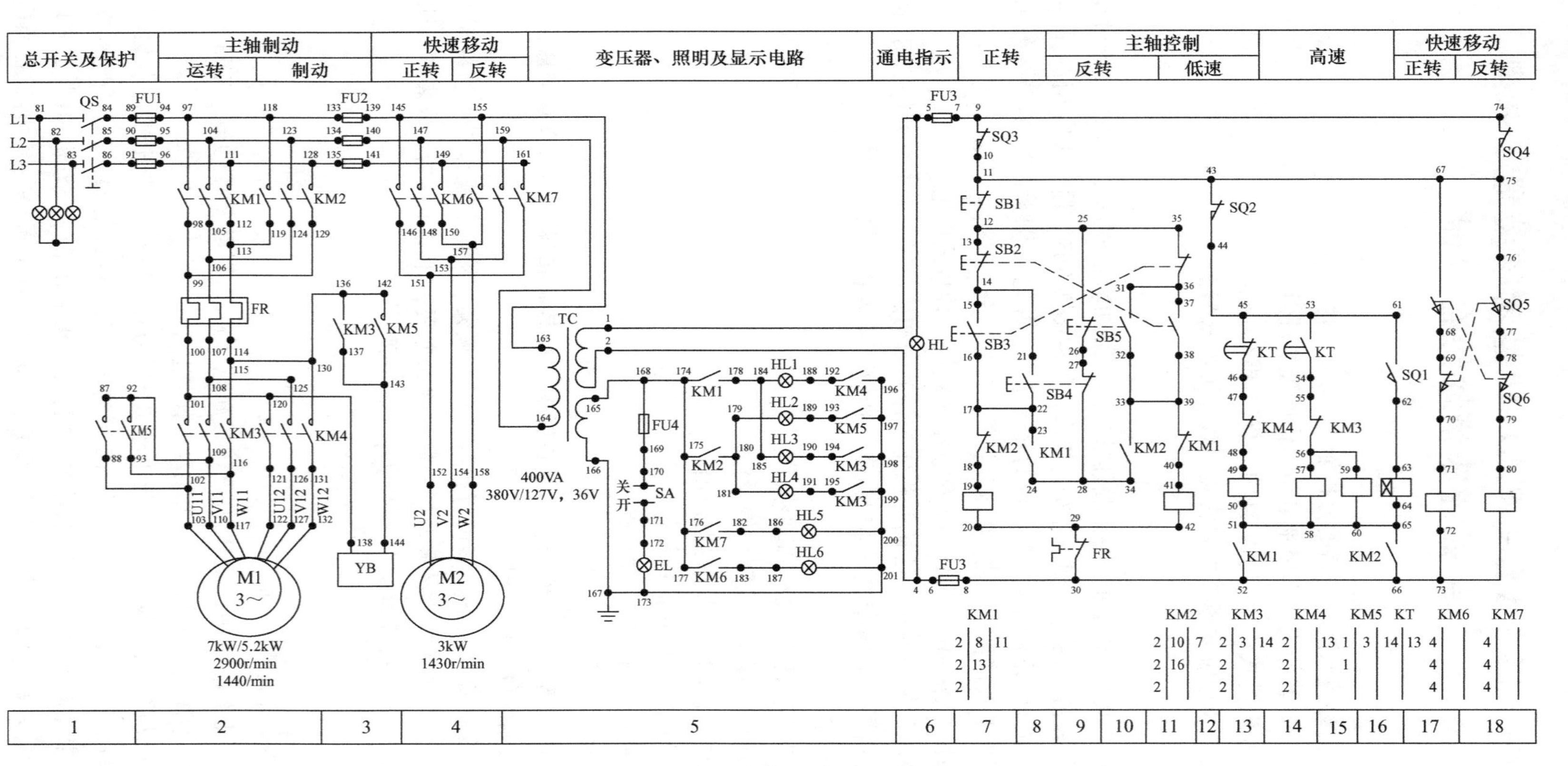

图3-16 T68型卧式镗床电路智能实训考核单元电气原理图

（2）主轴电动机M1的点动控制　按下正向点动按钮SB4，经其常开触点使接触器KM1线圈得电吸合，KM1常开触点（8区和13区）闭合，接触器KM3线圈得电吸合。按钮SB4的常闭触点切断接触器KM1的自锁电路，M1只能点动。KM1和KM3的主触点闭合，电动机M1接成三角形联结点动运转。同理，按下反向点动按钮SB5时，接触器KM2和KM3线圈得电吸合，M1反向点动。

（3）主轴电动机M1的停车制动　当电动机正处于正向运转时，按下停止按钮SB1，正转接触器KM1线圈断电释放，KM1的常开触点（8区和13区）断开，KM3也断电释放。制动电磁铁YB因失电而制动，电动机M1制动停车。

同理，反转制动时只需按下停止按钮SB1，动作原理同上，所不同的是反转接触器KM2线圈断电释放，各触点复位，制动电磁铁YB因失电而制动，M1反转制动停车。

（4）主轴电动机M1的高、低速控制　SQ1为高、低速档位开关，电动机M1低速运行时，档位开关SQ1（16区的61－62）断开，时间继电器KT线圈不能得电，电动机M1由接触器KM3接成三角形联结低速运行。电动机M1高速运行时，将高、低速档位开关SQ1压合接通置于高速位置，按下正转按钮SB3（或反转按钮SB2），时间继电器KT线圈得电吸合。由于KT的两对触点（一对延时断开常闭触点，一对延时闭合常开触点）延时动作，KM3线圈先得电吸合，电动机M1接成三角形联结低速起动，经KT延时断开常闭触点（13区的45－46）延时断开，KM3线圈断电释放，KT的延时闭合常开触点（14区的53－54）延时闭合，KM4、KM5线圈得电吸合，电动机M1接成YY联结高速运行。

2. 快速移动电动机M2的控制

镗床各进给部件的快速移动由快速移动电动机M2驱动。本实训装置无机械机构，不能完成复杂的机械传动方面的进给动作，只能通过位置开关SQ5、SQ6来控制镗床快速移动电动机的正向和反向运转。

扳动开关SQ5（或SQ6），SQ5（或SQ6）常闭触点断开、常开触点闭合，接触器KM7（或KM6）线圈得电吸合，电动机M2反（或正）转。当运动部件到达设定位置时扳回开关SQ5（或SQ6），接触器KM7（或KM6）失电，快速移动电动机停转。

3. 联锁保护

真实机床为了防止在工作台或主轴箱自动快速进给时又将主轴进给手柄扳到自动快速进给位置的误操作，使用了与工作台和主轴箱进给手柄有机械连接的行程开关SQ3，以及与主轴进给手柄有机械连接的SQ4联锁，当手柄扳至工作台（或主轴箱）自动进给位置时，SQ3将受压断开。同样，当手柄扳至主轴进给位置时，SQ4将受压断开。电动机M1和M2必须在行程开关SQ3和SQ4中有一个处于闭合状态时才可以起动。如果在工作台（或主轴箱）自动进给（此时SQ3断开）时，再将主轴进给手柄扳到自动进给位置（SQ4也断开），则电动机M1和M2都将停车，从而达到联锁保护的目的。

【任务实施】

一、工具、仪表、设备及器材准备

1）工具：螺钉旋具、电工钳、剥线钳及尖嘴钳等。

2）仪表：万用表1只。

3）设备：YL－WXD－Ⅲ型高级维修电工考核装置——T68 型卧式镗床电路智能实训考核单元，其元件布局如图 3-17 所示。

图 3-17　T68 型卧式镗床电路智能实训考核单元元件布局图

4）器材：所需器材见表 3-11。

表 3-11　器材明细表

名　称	型号规格	数　量
三相剩余电流断路器	DZ47－60/10A	1
3P 熔断器（组合）	RT18－32，熔芯 6A	2
熔断器	RT18－16，熔芯 4A	3
主令开关	LS1－1	7
时间继电器	JS7－2A/127V	1
交流接触器	CJ20－10/127V	7
热继电器	JR36－20/3	1
三相笼型异步电动机		1
双速电动机		1
端子排、线槽、导线		若干

二、镗床电路测绘

1）在断电的情况下，根据元件明细表和电气原理图，熟悉镗床考核单元的元件布局，熟悉各元件的作用，并检测判别元件和电动机的好坏。如有损坏现象，须及时报告指导教师予以更换或维修。

2）熟悉 T68 型卧式镗床电路智能实训考核单元的实际走线路径，根据电气原理图和现场测绘绘制出镗床电气安装接线图。

3）识读和分析图 3-18 所示的 T68 型卧式镗床电气安装接线图。

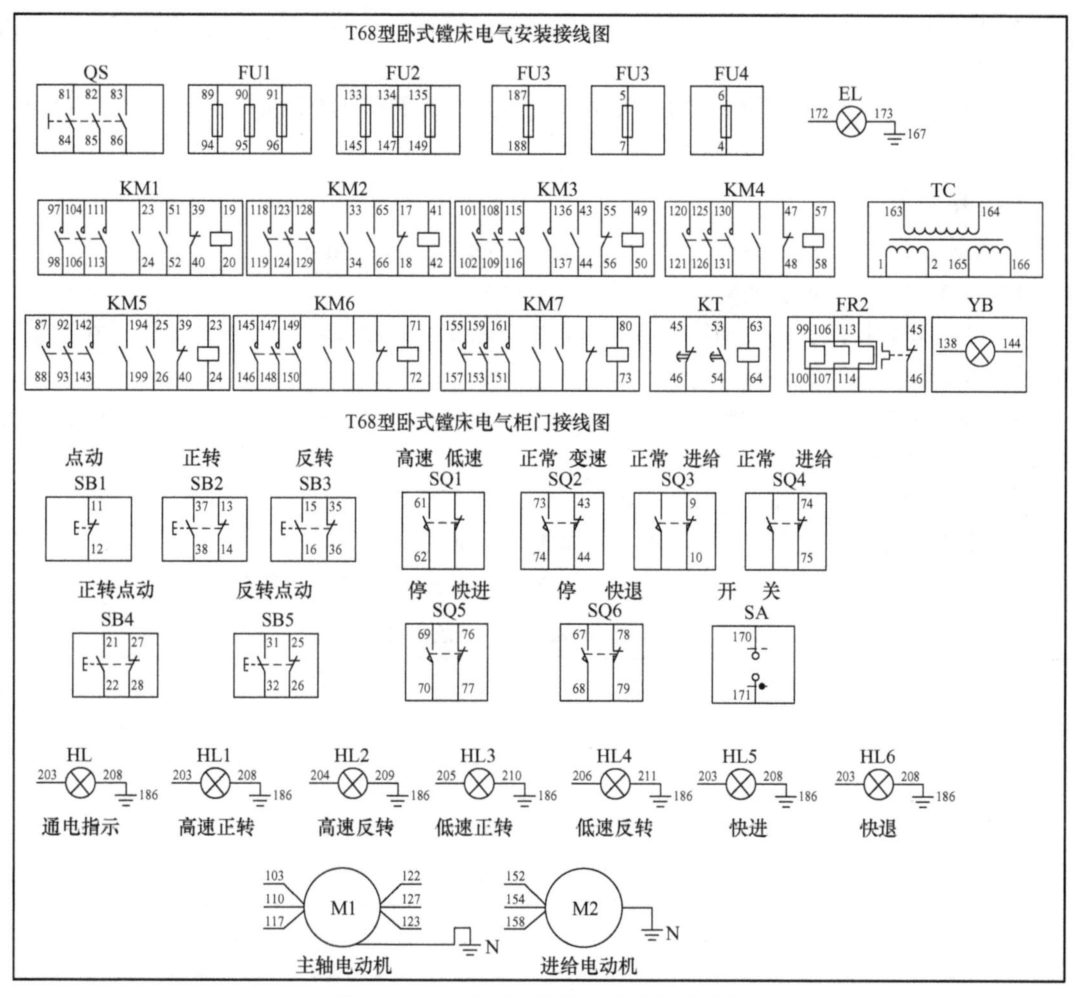

图 3-18　T68 型卧式镗床电气安装接线图

三、镗床通电试车

1）正确连接电源线，正确选用和安装主轴电动机、快速进给电动机。

2）系统安装接线完成后，经指导教师检查认可后方可通电试车。

3）试车操作步骤如下：

① 合上电源开关 QS，系统上电。

② 合上照明灯开关 SA，照明灯 EL 点亮。

③ 进给开关 SQ3、SQ4 中至少有一个置于“正常”位置。

④ 变速开关 SQ2 置于“正常”位置。

⑤ 高、低速开关先置于“低速”位置，按下按钮 SB3 主轴电动机低速正转，按下按钮 SB4 主轴电动机点动正转；按下按钮 SB2 主轴电动机低速反转，按下按钮 SB5 主轴电动机点动反转。

⑥ 按下按钮 SB1，主轴电动机停转。

⑦ 高、低速开关置于“高速”位置，按下按钮 SB3 主轴电动机先低速起动正转，延时几秒后自动切换为高速正转运行状态。按下按钮 SB2 主轴电动机先低速起动反转，延时几秒后自动切换为高速反转运行状态。

⑧ 将快速移动手柄扳至快进或快退位置，压合位置开关 SQ5 或 SQ6，快速移动电动机正转或反转。

⑨ 停机时，主轴电动机停转后，关闭照明灯，最后断开电源开关 QS，将各开关重新置于初始状态。

四、电气故障检修

严格遵守电工安全操作规程，按如下步骤进行电气故障检修：

1）上电前，检查设备的完好性，检测元件的好坏。

2）正确安装接线，经教师检查后无误后通电试车，观察镗床是否正常工作，在设备正常工作的前提下，记录操作流程。

3）在教师指导下，针对镗床可能出现的电气故障人为设置故障点，或通过故障箱设置故障，实施电气故障检修实训。

① 通过操作试车，判断并记录故障现象。

② 结合电气原理图分析，明确故障检修思路，确定故障范围。

③ 检测故障，直至找到故障点并予以排除，将检修记录填入表 3-12 中。

表 3-12　T68 型卧式镗床电气故障检修记录

编号	故障现象描述	故障范围	故障点
1			
2			
3			
4			
5			
6			
7			
8			
9			
10			
11			
12			
13			
14			
15			
16			

④ 排除故障后，再次通电试车。

⑤ 整理检修记录，完成镗床电气故障检修实训报告（表3-13）。对于每一个故障点，均要求准确描述故障现象、分析故障原因及处理方法、写出故障点。

表3-13　T68型卧式镗床电气故障检修实训报告

<table>
<tr><td>课程名称</td><td colspan="2">常用机床电气故障检修</td><td>指导教师</td><td></td></tr>
<tr><td>项目名称</td><td colspan="2">T68型卧式镗床电气控制线路分析与检修</td><td>学生姓名</td><td></td></tr>
<tr><td>设备名称</td><td colspan="2">T68型卧式镗床电路智能实训考核单元</td><td>台位编号</td><td></td></tr>
<tr><td>班级</td><td></td><td>小组编号</td><td></td><td>成员名单</td><td></td></tr>
<tr><td>实训目标</td><td colspan="5">熟悉T68型卧式镗床的结构、电气工作原理，并能完成T68型卧式镗床常见电气故障的检修</td></tr>
<tr><td>实训器材</td><td colspan="5">T68型卧式镗床电路智能实训考核单元、AC 380V电源、数字万用表、十字螺钉旋具、电气元件等</td></tr>
<tr><td rowspan="3">实训内容</td><td>1号故障现象</td><td colspan="4"></td></tr>
<tr><td>分析故障现象及处理方法</td><td colspan="4"></td></tr>
<tr><td>故障点</td><td colspan="4"></td></tr>
<tr><td rowspan="3">实训内容</td><td>2号故障现象</td><td colspan="4"></td></tr>
<tr><td>分析故障现象及处理方法</td><td colspan="4"></td></tr>
<tr><td>故障点</td><td colspan="4"></td></tr>
</table>

【任务测评】

完成任务后，对任务实施情况进行检查，在表3-14中相应的方框中打勾。

表3-14　YL－WXD－Ⅲ型考核装置T68型卧式镗床模块综合实训任务测评表

序号	能力测评	掌握情况
1	能正确使用工具、仪表	□好　□一般　□未掌握
2	能正确完成T68型卧式镗床电路的安装和接线	□好　□一般　□未掌握
3	能正确识别T68型卧式镗床的各电气元件	□好　□一般　□未掌握
4	能正确完成T68型卧式镗床的试车操作	□好　□一般　□未掌握
5	能根据试车状况准确描述故障现象	□好　□一般　□未掌握
6	能正确描述电气故障分析和检修思路	□好　□一般　□未掌握
7	能标出最小故障范围	□好　□一般　□未掌握
8	能正确测量和准确标出故障点并予以排除	□好　□一般　□未掌握
9	能完成实训报告	□好　□一般　□未掌握
10	安全文明生产，6S管理	□好　□一般　□未掌握
11	损坏电气元件或仪表	□是　□否
12	违反安全文明生产规程，未清理场地	□是　□否

作业与思考

一、填空题

1. 镗床是一种精密加工机床，主要用于加工精度要求高的________或孔与孔间距要求精确的工件。

2. T68 型卧式镗床主要由________、________、________、________、________、________和________组成。

3. T68 型卧式镗床的主轴电动机 M1 在低速时接成________联结，由接触器________控制；高速运行时接成________联结，由接触器________控制。

4. 根据 T68 型卧式镗床的电气原理图，主轴正向点动时，按下________，接触器________得电吸合，其辅助触点接通接触器________，电动机 M1 接成________并串入电阻 R 起动；反向点动时，按下________，接触器________得电吸合，其辅助触点接通接触器________，电动机低速反向起动。

5. T68 型卧式镗床的主轴电动机采用由________继电器、串________的双向低速________制动。

6. T68 型卧式镗床________变速和________变速是通过操作各自的变速________改变传动链的传动比来实现的。调速既可在 M1 ________时进行，也可以在 M1 ________时进行。

7. 主轴变速时，拉出________手柄，位置开关________、________复位；进给变速时，拉出________手柄，位置开关________、________复位。

8. 镗床各部件的快速移动由________手柄控制，由电动机________拖动。

9. 为防止________、________与主轴同时机动进给而损坏机床或刀具，在电路中采取了________措施。

二、选择题

1. T68 型卧式镗床中主轴电动机采用的制动停车方式是（　　）制动。

A. 电磁离合器　　B. 能耗　　C. 反接　　D. 机械

2. T68 型卧式镗床中主轴电动机 M1 的高、低速由位置开关 SQ9 控制，若调速手柄未压到 SQ9，则电动机将处于（　　）；若调速手柄压到 SQ9，则电动机将处于（　　）。

A. 三角形联结，低速运行　　B. 双星形联结，高速运行

C. 双星形联结，低速运行　　D. 三角形联结，高速运行

3. T68 型卧式镗床中主轴电动机高速运行时先低速起动的原因是（　　）。

A. 减小机械冲动　　B. 减小起动电流

C. 提高电动机的输出功率

4. T68 型卧式镗床电气原理图中 SQ6 的作用是（　　）。

A. 控制变速冲动　　B. 控制起动

C. 联锁保护　　D. 增大触点通电能力

5. T68 型卧式镗床电气原理图中 SQ1、SQ2 并联使用的作用是（　　）。

A. 控制变速冲动　　B. 控制起动

C. 安全联锁保护　　D. 增大触点通电能力

项目四　Z3050 型摇臂钻床电气控制线路分析与检修

【项目描述】钻床是一种用来钻孔、扩孔、铰孔及攻螺纹等机械加工的通用机床。钻床根据结构划分有多种类型，如立式钻床、卧式钻床、深孔钻床等。Z3050 型摇臂钻床适用于对中、大型零件的钻孔、扩孔、铰孔、锪孔、攻螺纹等机械加工，在具备相应工艺装备的条件下可以进行镗孔操作。钻床特别适用于单件或批量生产的带有多孔的大型零件的孔加工。Z3050 型摇臂钻床的外形如图 4-1 所示。本项目通过对 Z3050 型摇臂钻床的结构、运动形式、电力拖动控制要求、电气工作原理进行分析，使学员掌握摇臂钻床的正确试车操作方法，熟练掌握摇臂钻床常见电气故障的检修和排除方法。

图 4-1　Z3050 型摇臂钻床外形图

【项目目标】

1. 知识目标

1）掌握 Z3050 型摇臂钻床的基本结构、运动形式和电力拖动控制要求。

2）掌握 Z3050 型摇臂钻床的通电试车步骤。

3）熟练掌握 Z3050 型摇臂钻床的电气原理。

4）掌握钻床常见电气故障的检修方法和步骤。

2. 技能目标

1）能熟练操作 Z3050 型摇臂钻床。

2）能按照正确的操作步骤，发现、检修和排除 Z3050 型摇臂钻床的电气故障。

【项目分析】

本项目下设四个任务。通过认识 Z3050 型摇臂钻床，学习钻床的基本结构和运动形式，熟悉钻床的基本操作流程；通过分析 Z3050 型摇臂钻床的电气控制线路，学习其电路构成、识图方法和电气原理；通过对 Z3050 型摇臂钻床常见电气故障进行检修，掌握钻床常见电气故障的检修方法和步骤；通过钻床综合检修实训，进一步提升学生对钻床电气设备的安装与调试能力、电路分析能力、电路测绘能力、故障检修能力。

任务一　认识 Z3050 型摇臂钻床

【任务目标】

1）了解 Z3050 型摇臂钻床的基本结构和用途。

2）熟悉 Z3050 型摇臂钻床的基本操作方法。

3）掌握 Z3050 型摇臂钻床的基本运动形式和电力拖动要求。

【任务分析】

Z3050 型摇臂钻床是一种典型的孔加工机床。它由电气、机械、液压装置配合控制，其运动形式有主运动、进给运动及辅助运动。Z3050 型摇臂钻床的电力拖动系统由四台电动机组成：主轴电动机、摇臂升降电动机、液压泵电动机和冷却泵电动机。通过观摩摇臂钻床实物，熟悉钻床的主要结构、运动形式和电力拖动控制要求，结合电气原理图，熟悉摇臂钻床的试机操作流程。

【相关知识】

一、Z3050 型摇臂钻床的型号

Z3050 型摇臂钻床型号的含义如图 4-2 所示。

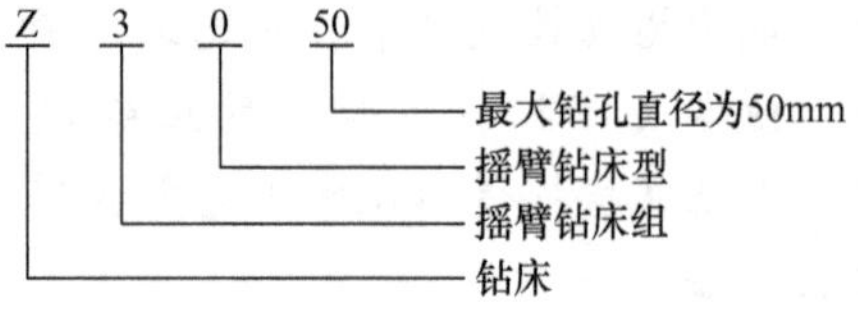

Z　3　0　50

50 — 最大钻孔直径为50mm

0 — 摇臂钻床型

3 — 摇臂钻床组

Z — 钻床

图 4-2　Z3050 型摇臂钻床型号的含义

二、Z3050 型摇臂钻床的结构

Z3050 型摇臂钻床主要由底座、内立柱、外立柱、摇臂、主轴箱、主轴及工作台等组成，如图 4-3 所示。

摇臂钻床各主要部件的装配关系如图 4-4 所示。

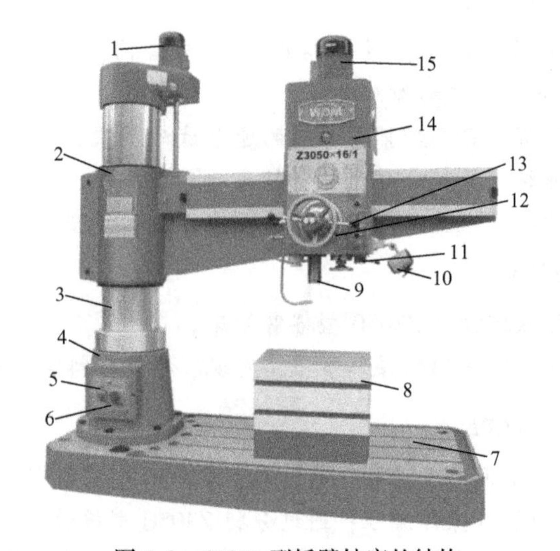

图 4-3　Z3050 型摇臂钻床的结构

1—摇臂升降电动机　2—摇臂　3—外立柱　4—内立柱　5—冷却泵电动机开关　6—电源总开关　7—底座　8—工作台　9—主轴　10—工作照明灯　11—主轴变速及自动进给手柄　12—主轴箱移动进给手轮　13—主轴手动进给手柄　14—主轴箱　15—主轴电动机

1）工件固定在工作台上，工作台固定在底座上。

2）内立柱固定在底座上，在其外面套着空心的外立柱，松开液压夹紧机构后，可用手推动外立柱绕着内立柱回转 360°，当液压夹紧机构夹紧后，外立柱和内立柱之间则不能做相对运动。由于 Z3050 型摇臂钻床内、外立柱之间未装设汇流环，故使用时不能沿一个方向连续转动摇臂，以免发生事故。

3）摇臂与外立柱滑动配合，摇臂套在外立柱上，借

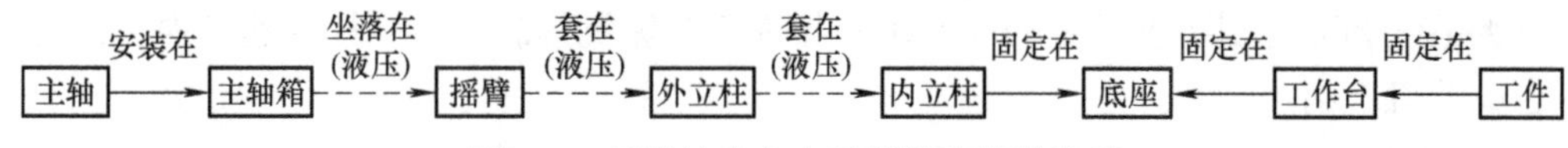

图 4-4　摇臂钻床各主要部件的装配关系

助于丝杠，摇臂可沿着外立柱上下移动，但两者不能做相对转动，摇臂与外立柱一起相对于内立柱回转。

4）主轴箱由主轴及主轴旋转部件，以及控制主轴进给的全部变速和操作机构等组成，主轴箱安装在摇臂水平导轨上，借助手轮操作可沿着摇臂的水平导轨做水平移动。

5）该钻床具有两套液压控制系统：一套是操作机构液压系统；另一套是夹紧机构液压系统。前者用以实现主轴正反转、停车制动、空档、预选及变速控制；后者用以夹紧和松开主轴箱、摇臂及立柱。

6）电源配电盘安装在立柱前下部。主轴电动机装于主轴箱顶端，冷却泵电动机装于靠近立柱的底座上，摇臂升降电动机装于立柱顶部，液压泵电动机装于摇臂背部位置。其余电气元件安装于主轴箱或摇臂上。

三、Z3050 型摇臂钻床的运动形式和电力拖动控制要求

1. Z3050 型摇臂钻床的运动形式

当摇臂钻床进行加工时，可利用液压夹紧机构将摇臂紧固在外立柱上，外立柱紧固在内立柱上，主轴箱紧固在摇臂导轨上。钻削加工时，钻头在进行旋转切削的同时做纵向进给。其运动形式有：

1）主运动：摇臂钻床主轴带动钻头（刀具）的旋转运动。

2）进给运动：摇臂钻床主轴带动钻头的垂直上下运动（手动或自动）。

3）辅助运动：用来调整主轴（刀具）与工件纵向、横向相对位置及相对高度的运动。例如，主轴箱沿摇臂水平移动、摇臂沿外立柱上下移动和摇臂连同外立柱一起相对于内立柱做回转运动。

Z3050 型摇臂钻床主要的运动形式如图 4-5 所示。

2. Z3050 型摇臂钻床的电力拖动特点和控制要求

1）由于摇臂钻床的运动部件较多，为简化传动装置，使用的是多电动机拖动。

Z3050 型摇臂钻床有四台电动机，分别为主轴电动机、摇臂升降电动机、液压泵电动机和冷却泵电动机。这四台电动机都为三相交流异步电动机。

2）为了适应多种加工方式的要求，主运动及进给运动要求在较大范围内调速。

Z3050 型摇臂钻床采用的是用手柄操作变速箱进行机械调速，对

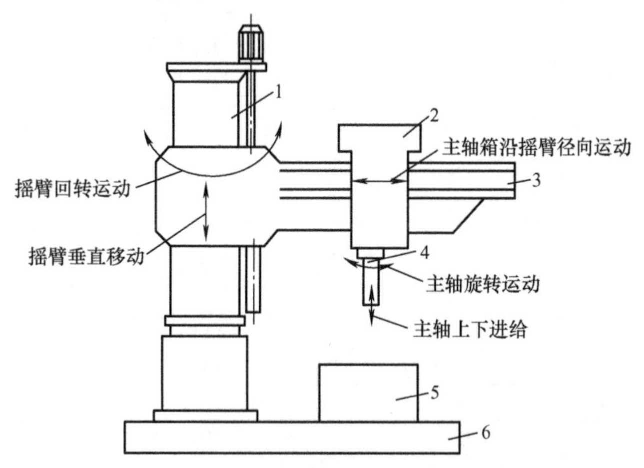

图 4-5　Z3050 型摇臂钻床的主要运动形式
1—内、外立柱　2—主轴箱　3—摇臂　4—主轴　5—工作台　6—底座

电动机无电气调速控制要求。主轴变速机构与进给变速机构放置在一个变速箱内，两种运动由一台电动机拖动。

3）摇臂钻床主轴的正反转控制要求。摇臂钻床的主轴电动机承担着主钻削及进给任务。加工螺纹时要求主轴能正反转，主轴的正反转一般用机械方法实现，主轴电动机只需单方向旋转。

4）摇臂的升降控制要求。摇臂钻床的升降控制由单独的电动机拖动，要求能实现正反转。在摇臂升降前后需要进行摇臂的放松与夹紧控制。摇臂升降与松夹机构动作之间要求有延时，以使摇臂升降能够自动完成，而且摇臂的升降还需设置限位保护，以防止超程。

5）摇臂的夹紧与放松以及立柱与主轴箱的夹紧与放松由同一台异步电动机的正反转配合液压装置来完成。摇臂的回转和主轴箱的径向移动在中小型摇臂钻床上都采用手动控制。

6）钻削加工时，为对刀具及工件进行冷却，需由一台冷却泵电动机输送切削液。

四、Z3050 型摇臂钻床元件明细表

Z3050 型摇臂钻床电气元件明细表见表 4-1。

表 4-1　Z3050 型摇臂钻床电气元件明细表

代号	名　称	型号及规格	数量	用　途
M1	冷却泵电动机	A0B－25，90W，2800r/min	1	驱动冷却泵
M2	主轴电动机	Y112M－4，4kW，1440r/min	1	驱动主轴及进给运动
M3	摇臂升降电动机	Y90L－4，1.5kW，1440r/min	1	驱动摇臂升降
M4	液压泵电动机	Y802－4，0.75kW，1390r/min	1	驱动液压系统
FR1	热继电器	JR16－20/3D，6.8～11A	1	主轴电动机过载保护
FR2	热继电器	JR16－20/3D，1.5～2.4A	1	液压泵过载保护
KM1	交流接触器	CJ20－20，线圈电压 AC 110V	1	控制主轴电动机 M2
KM2、KM3	交流接触器	CJ20－10，线圈电压 AC 110V	2	控制摇臂升降电动机 M3
KM4、KM5	交流接触器	CJ20－10，线圈电压 AC 110V	2	控制液压泵电动机 M4
KT	时间继电器	JS7－4A，线圈电压 AC 110V	1	液压夹紧机构延时控制
QS1	电源开关	DZ25－20/330FSH，10A	1	电源总开关
QS2	冷却泵开关	DZ25－20/330H，0.3～0.45A	1	冷却泵控制开关
TC	控制变压器	BK－150，380V/110V，24V，6V	1	控制、照明、指示电路供电
YA	交流电磁铁	MFJ1－3，线圈电压 110V	1	液压分配阀
FU1	熔断器	BZ001，熔体 10A	3	电源总短路保护
FU2	熔断器	BZ001，熔体 4A	3	摇臂升降、液压泵短路保护
FU3	熔断器	BZ001，熔体 2A	2	信号灯、照明电路短路保护
FU4	熔断器	BZ001，熔体 2A	1	110V 控制电源短路保护
SB1、SB2	按钮	LAY3－11，红色、绿色各 1	2	主轴电动机起动、停止按钮
SB3、SB4	按钮	LAY3－11，绿色	2	摇臂上升、下降按钮
SB5、SB6	按钮	LAY3－11，绿色	2	立柱主轴箱放松、夹紧按钮
SA	旋钮开关	LAY3－10X/2	1	照明灯开关
SQ1	行程开关	HZ4－22	1	摇臂上升极限保护
SQ2	行程开关	LX5－11	1	摇臂松开位置开关
SQ3	行程开关	LX5－11	1	摇臂夹紧位置开关
SQ4	行程开关	LX5－11	1	立柱主轴箱放松、夹紧指示控制
EL	照明灯	JC－25，40W，24V	1	钻床工作照明
HL1	指示灯	XD1，6V	1	立柱主轴箱放松指示
HL2	指示灯	XD1，6V	1	立柱主轴箱夹紧指示
HL3	指示灯	XD1，6V	1	主轴工作指示

【任务实施】

1）认识 Z3050 型摇臂钻床的主要结构和操作部件。

① 观摩车间实物摇臂钻床，认识 Z3050 型摇臂钻床的外形结构，指出摇臂钻床各主要部件的名称。

② 通过观摩车间师傅或教师操作示范，熟悉 Z3050 型摇臂钻床各操作部件所在位置，并记录操作方法和步骤。

2）熟悉 Z3050 型摇臂钻床的电路构成。

观摩实物摇臂钻床或实训室模拟摇臂钻床，对照电气原理图，熟悉各电气元件的名称、型号规格、作用和所在位置。记录四台电动机的铭牌数据、接线方式。

3）了解摇臂钻床的种类和用途。

通过车间观摩和网上查阅，了解目前工厂中常用摇臂钻床的种类，写出 1～2 种摇臂钻床的型号，了解其用途和特点。

【任务测评】

完成任务后，对任务实施情况进行检查，在表 4-2 中相应的方框中打勾。

表 4-2　认识 Z3050 型摇臂钻床任务测评表

序号	能力测评	掌握情况
1	对照实物摇臂钻床或图样说出其各主要部件的名称	□好　□一般　□未掌握
2	对照实物摇臂钻床或模拟设备指出钻床主要操作部件的名称、位置	□好　□一般　□未掌握
3	对照实物摇臂钻床或模拟设备识别钻床各电气元件的名称、位置	□好　□一般　□未掌握
4	认识电路图中各元件的图形符合、文字符号	□好　□一般　□未掌握
5	能说出 Z3050 型摇臂钻床的操作方法	□好　□一般　□未掌握

任务二　Z3050 型摇臂钻床电气控制线路分析

【任务目标】

1）能正确识读和绘制 Z3050 型摇臂钻床的电气原理图。

2）熟悉 Z3050 型摇臂钻床电气控制线路中各电气元件的位置、型号及功能。

3）熟练掌握 Z3050 型摇臂钻床电气控制线路的组成和工作原理。

【任务分析】

Z3050 型摇臂钻床电气原理图如图 4-6 所示，识读该图时可将其划分为主电路、控制电路、照明和信号指示电路三部分。Z3050 型摇臂钻床的工作过程是由电气、机械、液压装置紧密配合实现的。电气系统中共有四台电动机，摇臂的升降、摇臂的夹紧和放松、立柱与主轴箱的夹紧和放松是由电动机配合液压装置、机械装置自动控制的。作为机床维修人员，想要快速、准确地查找和排除电气故障，需要熟练掌握 Z3050 型摇臂钻床的电气工作原理。

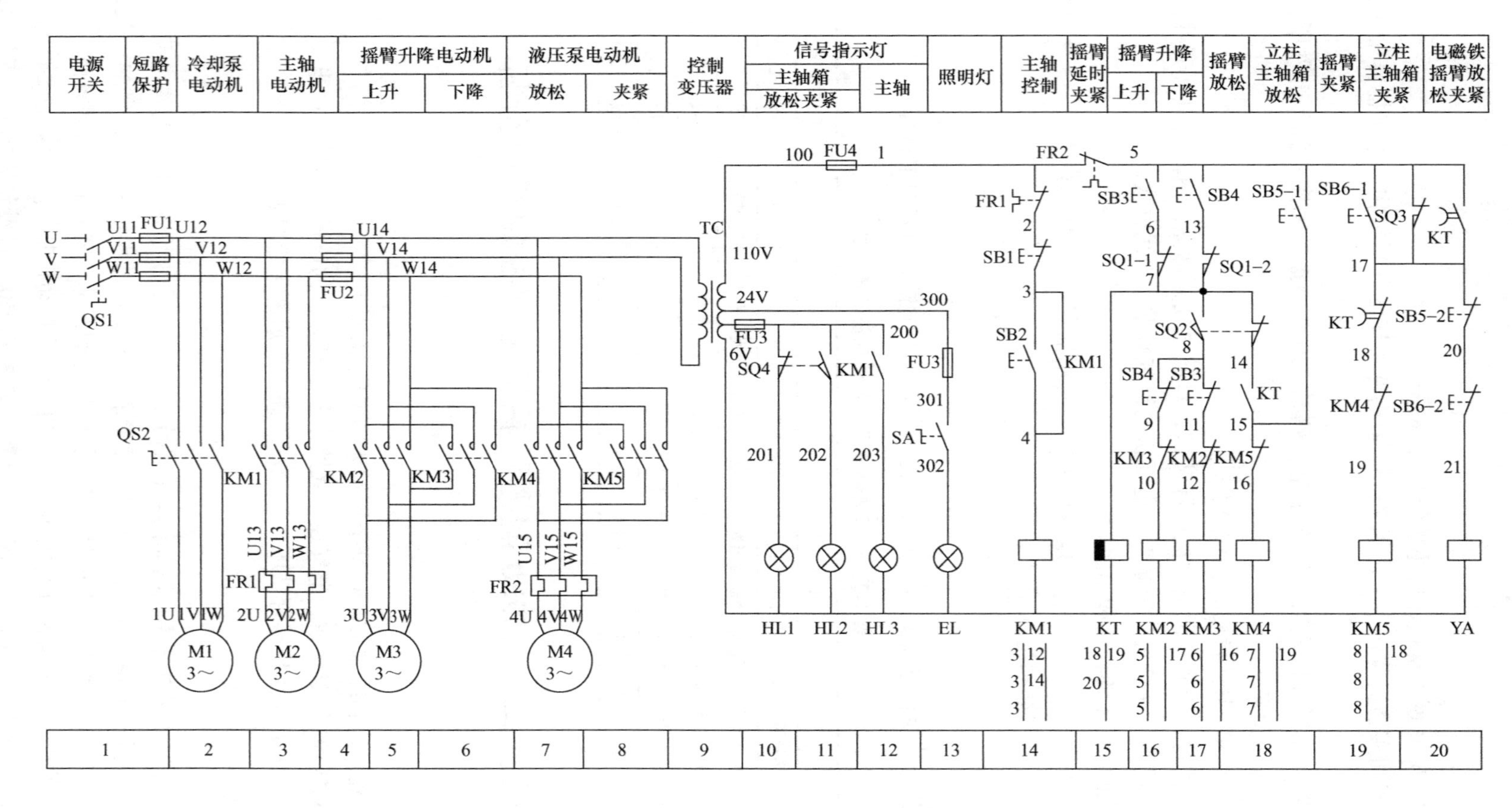

图 4-6 Z3050型摇臂钻床电气原理图

【相关知识】

一、主电路分析

Z3050 型摇臂钻床共有四台电动机，分别为主轴电动机、摇臂升降电动机、液压泵电动机、冷却泵电动机。除冷却泵电动机采用断路器直接起动外，其余三台异步电动机均采用接触器控制。Z3050 型摇臂钻床主电路的控制和保护电气元件见表 4-3。

表 4-3　Z3050 型摇臂钻床主电路的控制和保护电气元件

名称及代号	作　用	控制电气元件	过载保护电气元件	短路保护电气元件
冷却泵电动机 M1	供给切削液	组合开关 QS2	不设过载保护	FU1
主轴电动机 M2	拖动主轴及进给传动系统运转（装于主轴箱顶部，只要求单向运转，主轴的正反转由机械手柄操作）	接触器 KM1	热继电器 FR1	FU1
摇臂升降电动机 M3	控制摇臂的上升和下降（做正向和反向运转，装于立柱的顶部）	KM2 正转 KM3 反转	间歇性短时工作 不设过载保护	FU2
液压泵电动机 M4	拖动液压泵供给夹紧装置液压油，以实现摇臂、立柱及主轴箱的放松和夹紧（做正向和反向运转）	KM4 正转 KM5 反转	热继电器 FR2	FU2

二、夹紧机构液压系统工作原理简介

Z3050 型摇臂钻床的工作过程是由电气、机械、液压装置紧密结合控制的。它有两套液压控制系统：一套是操作机构液压系统；另一套是夹紧机构液压系统。

夹紧机构液压系统是由液压泵电动机 M4 拖动供给液压油，由二位六通电磁阀的通断位置来控制油压的分配。摇臂与外立柱之间、内立柱与外立柱之间、主轴箱与摇臂之间的松开或夹紧，既取决于电磁铁 YA 是否得电，又取决于液压泵电动机 M4 的转向。为便于理解夹紧机构液压系统的工作原理，可参见夹紧机构液压系统工作简图，如图 4-7 所示。

当电磁铁 YA 通电时，二位六通电磁阀的 A－F、B－E 接通，液压油供给摇臂夹紧机构，液压泵电动机 M4 反转，使夹紧机构夹紧，压合位置开关 SQ3，SQ2 复位。若液压泵电动机 M4 正转，则使夹紧机构松开，松开到位后压合位置开关 SQ2，SQ3 复位。

当电磁铁 YA 没有通电时，二位六通电磁阀的 A－D、B－C 接通，液压油供给立柱、主轴箱夹紧机构，压合位置开关 SQ4。这时，若液压泵电动机 M4 反转，则使夹紧机构夹紧；若液压泵电动机 M4 正转，则使夹紧机构松开，位置开关 SQ4 复位。

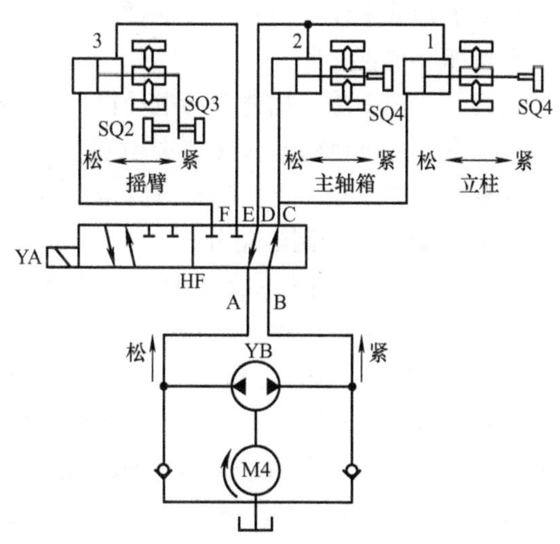

图 4-7　夹紧机构液压系统工作简图

三、控制电路分析

控制电路由控制变压器 TC 降压后供给 110V 电压，熔断器 FU4 为短路保护元件。24V 电压作为照明灯电源，6V 为信号灯电源。

1. 主轴电动机 M2 的控制

按下主轴起动按钮 SB2，接触器 KM1 吸合并自锁，主轴电动机 M2 起动运行，同时主轴运行指示灯 HL3 亮。按主轴停止按钮 SB1，接触器 KM1 断电释放，主轴电动机 M2 停止旋转，同时主轴运转指示灯 HL3 熄灭。

2. 摇臂的松夹和升降控制

（1）摇臂的松夹控制　在电磁阀线圈通电吸合的情况下，若液压泵电动机 M4 正转，正向供给液压油进入摇臂的放松油腔，推动放松机构使摇臂放松。若液压泵电动机 M4 反转，则反向供给液压油进入摇臂的夹紧油腔，推动夹紧机构使摇臂夹紧。摇臂放松后，位置开关 SQ2 受压动作，SQ3 释放复位；摇臂夹紧到位后，位置开关 SQ3 受压动作，SQ2 释放复位。在常态下，SQ3 处于受压状态（常闭触点 5－17 断开），SQ2 处于自然状态（常开触点 7－8 断开，常闭触点 7－14 闭合）。位置开关 SQ2、SQ3 位置示意图如图 4-8 所示。

（2）摇臂升降控制　SB3、SB4 分别为摇臂升降点动按钮。由 SB3、SB4 和 KM2、KM3 组成具有双重联锁功能的摇臂升降电动机 M3 正反转点动控制电路。

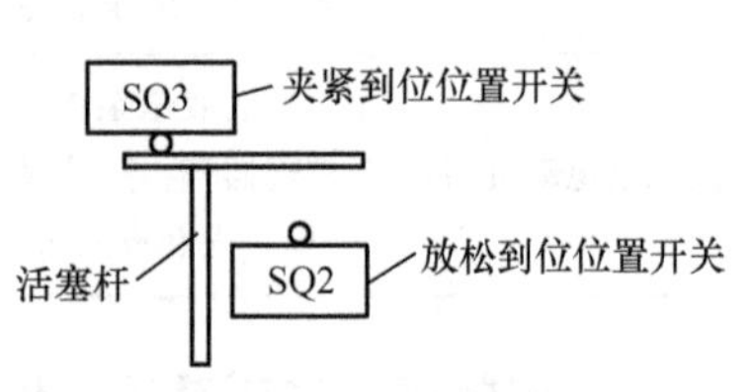

图 4-8　SQ2、SQ3 位置示意图

组合位置开关 SQ1－1 和 SQ1－2 分别用来实现摇臂升降限位保护，SQ1－1 常闭触点（6－7）实现上限位保护，SQ1－2 常闭触点（7－13）实现下限位保护。当摇臂上升（或下降）到极限位置时，SQ1－1（或 SQ1－2）触点动作，交流接触器 KM2（或 KM3）断开，摇臂升降电动机停止运转，摇臂停止上升（或下降）。

摇臂上升的工作流程：按下摇臂上升按钮→摇臂放松→放松到位后摇臂上升→上升到位后松开按钮→摇臂夹紧。

摇臂下降的工作流程：按下摇臂下降按钮→摇臂放松→放松到位后摇臂下降→下降到位后松开按钮→摇臂夹紧。

摇臂升降控制除了摇臂升降电动机 M3 要转动外，还需要液压系统、摇臂夹紧机构的协调配合。在常态下摇臂是夹紧在外立柱上的，以免丝杠承担吊挂载荷。所以在摇臂升降之前，先要把摇臂放松，再由摇臂升降电动机驱动摇臂升降，摇臂升降到位后，再重新夹紧。

（3）摇臂上升控制电路分析

1）初始状态：摇臂和外立柱处于夹紧状态。位置开关 SQ3 处于受压状态，位置开关 SQ2 未受压而处于自然状态。

2）摇臂松开：按住摇臂上升按钮 SB3→SB3 常闭触点（8－11）先断开，对 KM3 线圈支路互锁，SB3 常开触点（5－6）后闭合→断电延时型时间继电器 KT 线圈通电→KT 瞬动常开触点（14－15）闭合→KM4 线圈通电→液压泵电动机 M4 正转，KT 延时断开瞬时闭合的常开触点（5－17）闭合→电磁阀线圈 YA 通电→液压泵电动机 M4 正转，正向供给的液压油经分配阀体进入摇臂的“放松油腔”→推动活塞移动，活塞推动菱形块，使摇臂放松。

3）摇臂上升：摇臂放松后，行程开关SQ2受压动作→SQ2常闭触点（7－14）受压断开→KM4线圈断电→液压泵电动机M3停转；SQ2常开触点（7－8）受压闭合→KM2线圈通电→摇臂升降电动机M3正转，摇臂上升。

4）摇臂夹紧：摇臂上升到位后松开按钮SB3→KM2线圈断电，摇臂升降电动机M3停转，同时KT线圈断电→延时1～3s，KT延时断开的常开触点（5－17）恢复断开，电磁阀线圈YA通过SQ3常闭触点（5－17）仍然通电；KT延时闭合的常闭触点（17－18）闭合→KM5线圈通电→液压泵电动机M4反转→反向供给的液压油进入摇臂“夹紧油腔”，推动夹紧机构使摇臂夹紧→夹紧到位后，压合行程开关SQ3，SQ3常闭触点（5－17）受压断开，电磁阀YA线圈断电，KM5线圈断电，液压泵电动机M4停转，摇臂夹紧过程结束。

（4）摇臂下降控制电路分析　摇臂的下降是按下摇臂下降控制按钮SB4，控制接触器KM3得电吸合后，使摇臂升降电动机M3反转来实现的，请自行分析其控制过程。

【提示】

1）摇臂升降控制电路中的时间继电器KT为断电延时型继电器，其作用是在摇臂升降到位时松开升降按钮，摇臂升降电动机M3停转后，延时1～3 s再起动液压泵电动机M4将摇臂夹紧。其延时时间视从摇臂升降电动机M3停转到摇臂静止的时间而定。

2）如果夹紧机构液压系统出现故障，如摇臂夹不紧，或者因SQ3的安装位置不当，在摇臂已夹紧后SQ3仍不能动作，则SQ3的常闭触点（5－17）将长时间不能断开，会使液压泵电动机M4出现长期过载运行而损坏。因此，M4主电路中设有热继电器FR2进行过载保护，其整定电流应根据液压泵电动机M4的额定电流进行整定。

3）摇臂升降电动机M3的正反转接触器KM2和KM3不允许同时得电动作，以防止电源相间短路。为避免因操作失误、主触点熔焊等原因而造成短路事故，在摇臂上升和下降的控制电路中采用了接触器和按钮双重联锁保护，以确保电路安全工作。

3. 主轴箱和立柱的放松与夹紧控制

主轴箱和立柱的放松与夹紧是短时间调整，采用点动控制。SB5为放松控制按钮，SB6为夹紧控制按钮，通过控制接触器KM4、KM5来控制液压泵电动机M4的正反转。由于SB5、SB6的常闭触点（17－20、20－21）串联在电磁阀线圈YA支路中，当按下SB5或SB6时，电磁阀线圈YA不吸合，液压泵供给的液压油进入主轴箱和立柱的放松与夹紧油腔，推动放松与夹紧机构实现主轴箱和立柱的放松或夹紧。

同时，由行程开关SQ4的两对常闭和常开触点分别控制对应指示灯发出放松或夹紧信号。主轴箱和立柱夹紧时，SQ4的常闭触点（200－201）断开而常开触点（200－202）闭合，指示灯HL1灭，HL2亮；反之，在放松时SQ4复位，HL1亮而HL2灭。

4. 冷却泵电动机M1的控制

冷却泵电动机M1用组合开关QS2手动控制。合上或断开QS2，就可以接通或断开冷却泵电动机M1的供电电源，从而控制冷却泵电动机M1的起停。

四、照明与信号电路分析

照明、指示电路的电源由控制变压器TC降压后提供24V、6V的电压，由熔断器FU3进行短路保护，EL是照明灯。HL1、HL2分别为放松或夹紧指示灯，HL3为主轴运转指示灯。

【任务实施】

1）观摩实物钻床，认真识读 Z3050 型摇臂钻床电路图，熟悉摇臂钻床电路的构成。

① 熟悉各元件在电路中的作用及其图形符号和文字符号。

② 熟悉各元件的型号、规格和数量。

③ 熟悉各电动机的作用和工作特点。

④ 熟悉液压系统与电气控制系统相互配合的工作特点。

2）认真识读 Z3050 型摇臂钻床电路图，分析讨论下列问题。

① Z3050 型摇臂钻床共有几台电动机？其功率分别是多少？在钻床系统中分别起什么作用？

② Z3050 型摇臂钻床的电气保护措施有哪些？分别用哪些电气元件来实现？

③ 位置开关 SQ1、SQ2、SQ3 在电路中的作用是什么？

④ 写出 Z3050 型摇臂钻床摇臂升降的工作原理。

⑤ 写出 Z3050 型摇臂钻床立柱和主轴箱松夹的工作原理。

⑥ 摇臂能夹紧和放松，但是不能升降，试分析故障原因并指出故障范围。

⑦ 摇臂不能夹紧，试分析故障原因并指出故障范围。

⑧ 分析 Z3050 型摇臂钻床的立柱和主轴箱不能夹紧的故障范围。

【任务测评】

完成任务后，对任务实施情况进行检查，在表 4-4 中相应的方框中打勾。

表 4-4　Z3050 型摇臂钻床电气控制线路分析任务测评表

序号	能 力 测 评	掌 握 情 况
1	能说出电路图中所有元件在摇臂钻床电路中的作用	□好　□一般　□未掌握
2	能结合电气原理图说出 Z3050 型摇臂钻床的操作步骤	□好　□一般　□未掌握
3	能说出主轴电动机起动控制原理	□好　□一般　□未掌握
4	能说出摇臂升降控制工作流程	□好　□一般　□未掌握
5	能分析摇臂升降控制工作原理	□好　□一般　□未掌握
6	能说出立柱和主轴箱松夹控制工作原理	□好　□一般　□未掌握
7	能说出摇臂不能升降的故障原因和故障分析思路	□好　□一般　□未掌握
8	能说出摇臂不能夹紧的故障原因和故障分析思路	□好　□一般　□未掌握

任务三　Z3050 型摇臂钻床常见电气故障检修

【任务目标】

1）能正确操作 Z3050 型摇臂钻床并准确判断故障现象。

2）掌握 Z3050 型摇臂钻床常见电气故障的检测流程。

3）能按照正确的检修方法和检修流程，排除 Z3050 型摇臂钻床常见电气故障。

【任务分析】

Z3050 型摇臂钻床是典型的电气、机械、液压一体化控制设备。摇臂的升降、立柱与主轴箱的放松和夹紧需要机械、电气、液压三者之间的紧密配合来完成。在检修过程中不仅要关注电气部分能否正常工作，还要注意电气部分与机械、液压部分的协调动作，并应考虑机械磨损或移位使操作机构、位置开关失灵等机械原因。作为检修人员，应熟练掌握电气工作原理和正确的钻床试机操作步骤，快速而准确地查找、分析、检修、排除故障，保障设备正常运行，提高生产率。

【相关知识】

一、Z3050 型摇臂钻床检修前的操作步骤

故障检修的第一步是通过故障调查判断故障现象。作为检修人员，应掌握正确的试机操作步骤，在开机操作之前，首先要确认各开关是否处于正确的档位。

1. 正常停机情况下各开关的初始状态

工作照明灯开关置于“关”状态。因常态下摇臂是夹紧的，而夹紧状态下，SQ2 为自然状态，SQ3 为受压状态；SQ1－1 上限位开关和 SQ1－2 下限位开关均未受压动作。

2. 正常试机操作步骤

1）合上电源总闸 QS1，电源信号灯亮。

2）合上机床照明灯开关 SA，照明灯亮。

3）按下主轴起动按钮 SB2，主轴电动机 M2 起动；按下主轴停止按钮 SB1，主轴电动机停转。

4）按下摇臂上升按钮 SB3，液压泵电动机 M4 运转，摇臂松开（KT、KM4、YA 得电）；摇臂放松到位后，SQ2 受压动作，摇臂升降电动机 M3 运转，摇臂上升（KT、KM2、YA 得电）。上升到位后松开摇臂上升按钮 SB3，液压泵电动机 M4 重新工作，摇臂夹紧（KM5、YA 得电），夹紧到位后，SQ3 受压，液压泵电动机 M4 停转。

5）按住摇臂下降按钮 SB4，液压泵电动机 M4 运转，摇臂放松；摇臂放松到位后，SQ2 受压动作，摇臂升降电动机 M3 运转，摇臂下降（KT、KM3、YA 得电）。下降到位后松开摇臂下降按钮 SB4，摇臂夹紧；夹紧到位后，SQ3 受压，液压泵电动机 M4 停转。

6）按下立柱主轴箱放松按钮 SB5，立柱主轴箱放松（KM4 得电）；按下立柱主轴箱夹紧按钮 SB6，立柱主轴箱夹紧（KM5 得电）。

7）合上开关 QS2，冷却泵电动机 M1 运转。

3. 正常停机操作步骤

1）加工完毕后，按下主轴停止按钮 SB1，主轴电动机 M2 停转。

2）断开钻床照明灯开关 SA，照明灯 EL 熄灭。

3）断开钻床总电源开关 QS1。

4）将各开关重新置于初始状态。

二、Z3050 型摇臂钻床常见电气故障

根据对 Z3050 型摇臂钻床电气原理图的分析和现场操作检修人员的经验总结，整理出 Z3050 型摇臂钻床常见电气故障，见表 4-5。

表 4-5 Z3050 型摇臂钻床常见电气故障一览表

序　号	故障现象
1	主轴电动机不能起动
2	主轴电动机不能正常工作，只有点动
3	主轴电动机不能停止
4	立柱和主轴箱不能夹紧
5	立柱和主轴箱不能放松
6	立柱和主轴箱不能夹紧和放松
7	摇臂不能升降
8	摇臂不能夹紧
9	摇臂不能放松
10	摇臂不能上升
11	摇臂不能下降
12	照明灯不亮
13	摇臂夹紧放松离合器不能工作

检修前一定要熟悉电气原理图，熟悉各电气元件的位置，并了解钻床的操作过程。根据电路特点，通过相关操作和通电试车判断故障范围。在钻床电气故障检修过程中，通常采用多种检修测量方法进行配合，当出现电动机缺相故障时，应在断电后检修。

三、Z3050 型摇臂钻床常见电气故障分析

Z3050 型摇臂钻床的工作过程是由电气、机械、液压系统紧密配合实现的，因此，检修过程中不仅应注意电气线路能否正常工作，还要关注它与机械、液压部分的协调关系。摇臂钻床电气故障检修的重点和难点是摇臂的上升、下降，摇臂与立柱的放松和夹紧，立柱和主轴箱的放松和夹紧。

1. 摇臂不能正常升降

摇臂能够升降的前提是摇臂可以放松和夹紧。即摇臂上升或下降之前应先将摇臂放松，然后才能上升或下降。而摇臂放松和夹紧的前提是电磁阀 YA 的线圈能得电吸合。检测步骤如下：

1）若摇臂不能升降，可先通过操作试车检查立柱与主轴箱能否放松，若不能放松，则进一步观察 KM4 线圈是否得电，若 KM4 未能通电吸合，则故障出在接触器 KM4 线圈电路。

2）若立柱与主轴箱能够放松，而只是摇臂不能放松，则说明 KM4 线圈电路（15→接触器 KM5 常闭触点→16→接触器 KM4 线圈→0）没有问题。此时应重点检查电磁阀 YA 线圈是否得电，在 YA 得电的前提下，故障多出在 7→SQ2 常闭触点→14→延时继电器 KT 瞬动常开触点→15 电路中，此时应重点检查断电延时时间继电器 KT 是否吸合、KT 瞬动常开触点是否闭合、位置开关 SQ2 常闭触点是否可靠闭合。

摇臂上升或下降的顺序动作特征明显，检修中可根据继电器的动作顺序和动作状态（动作吸合声音）、液压泵运转工作声音，判断出故障的大致位置，再用电压测量法或断电检修的电阻测量法查找故障点。

2. 摇臂不能下降但能上升

摇臂能上升，说明摇臂和立柱是能够放松和夹紧的。此时按下摇臂下降按钮 SB4，观察

下降接触器 KM3 线圈是否得电吸合，若 KM3 能吸合，而摇臂不能下降，则故障多发生在 KM3 主电路中；若 KM3 不能吸合，则故障应在 8→SB3 常闭触点→11→接触器 KM2 常闭触点→12→接触器 KM3 线圈→0 电路中。

3. 摇臂不能上升但能下降

摇臂不能上升但能下降故障的检测方法与摇臂不能下降但能上升的故障是相似的。此时按下摇臂上升按钮 SB3，观察上升接触器 KM2 线圈是否得电吸合，若 KM2 能吸合，而摇臂不能上升，则故障多发生在 KM2 主电路中；若 KM2 不能吸合，则故障在 8→SB4 常闭触点→9→接触器 KM3 常闭触点→10→接触器 KM2 线圈→0 电路中。

4. 摇臂不能夹紧

摇臂升降后的夹紧过程是自动进行的。若摇臂升降后不能夹紧，可通过观察接触器 KM5 的线圈有无得电吸合来判断故障在主电路还是控制电路。若是控制电路故障，则问题多出现在 5→位置开关 SQ3 常闭触点→17→KT 瞬时断开延时闭合的常闭触点→18→接触器 KM4 常闭触点→19→接触器 KM5 线圈→0 电路中。若立柱与主轴箱能够夹紧，说明 KM5 线圈能够得电吸合，则故障应该在 5→位置开关 SQ3 常闭触点→17 电路中。

若摇臂能够放松，则说明摇臂夹紧放松离合器 YA 能够工作。摇臂夹紧动作是在夹紧到位行程开关 SQ3 被活塞杆压下，SQ3 常闭触点（5－17）断开后结束的。若 SQ3 安装位置不当，或固定螺钉松动，或连线松脱，或 SQ3 动作过早，导致摇臂尚未夹紧或尚未夹紧充分就切断了夹紧接触器 KM5 线圈电路，则会使液压泵电动机 M4 停转。

若摇臂不能夹紧是由液压系统故障引起的，则通常是因为二位六通阀活塞杆阀芯卡死或油路堵塞造成夹紧力不够。

5. 摇臂夹紧放松电磁阀不能工作

当摇臂夹紧放松电磁阀不能工作时，应观察该电磁阀线圈 YA 是否能得电吸合，若 YA 不能得电吸合，则故障出在 5→时间继电器 KT 常开触点（瞬时闭合、延时断开）→17→立柱主轴箱放松按钮 SB5 常闭触点→20→立柱主轴箱夹紧按钮 SB6 常闭触点→21→电磁线圈 YA→0 电路中。若 KT 触点没有动作，则故障应出在时间继电器线圈电路（7→断电延时的时间继电器 KT 线圈→0）。

若电磁阀线圈 YA 能够正常得电吸合，但二位六通电磁阀仍不能正常工作，则在实物钻床检修中，应检查油路是否出现堵塞。

6. 立柱、主轴箱不能放松

立柱与主轴箱能够夹紧，说明液压泵电动机 M4 能够运转（夹紧时为接触器 KM5 接通，液压泵电动机 M4 反转）。若立柱与主轴箱不能放松，则应在按下松开按钮 SB5 时，观察接触器 KM4 线圈是否能够得电吸合。若 KM4 线圈不能得电吸合，可检查控制电路 5→按钮 SB5 常开触点→15→接触器 KM5 常闭触点→接触器 KM4 线圈→0。若 KM4 线圈能够得电吸合，但电动机 M4 不运转，则应检测主电路接触器 KM4 主触点是否正常动作，以及触点两端接线是否可靠。

若 KM4 线圈能够得电吸合，电动机 M4 也能正常运转，即电气线路工作正常，而立柱、主轴箱不能放松，则在实物钻床检修中，故障应出在液压或机械部分，应查看油路是否出现堵塞。

7. 摇臂升降后夹紧过度（液压泵电动机 M4 一直运转）

摇臂升降完成后，自动夹紧过程不停止，液压泵电动机 M4 一直运转，说明接触器 KM5 线圈一直得电。这表明位置开关 SQ3 可能没有正常动作，夹紧到位后 SQ3 常闭触点（5－17）未能断开，也可能是时间继电器 KT 瞬时闭合延时断开的常开触点（5－17）出现了粘连。实物钻床的具体检修方法：打开侧壁龛箱盖，观察活塞杆是否将 SQ3 压下，若 SQ3 已被压下，则说明 SQ3 常闭触点被短接；若 SQ3 未被压下，可通过调整 SQ3 位置或固定松动的螺钉，使 SQ3 正常工作。

【任务实施】

图 4-6 为 Z3050 型摇臂钻床电气原理图。图 4-9 为 Z3050 型摇臂钻床面板布局图。

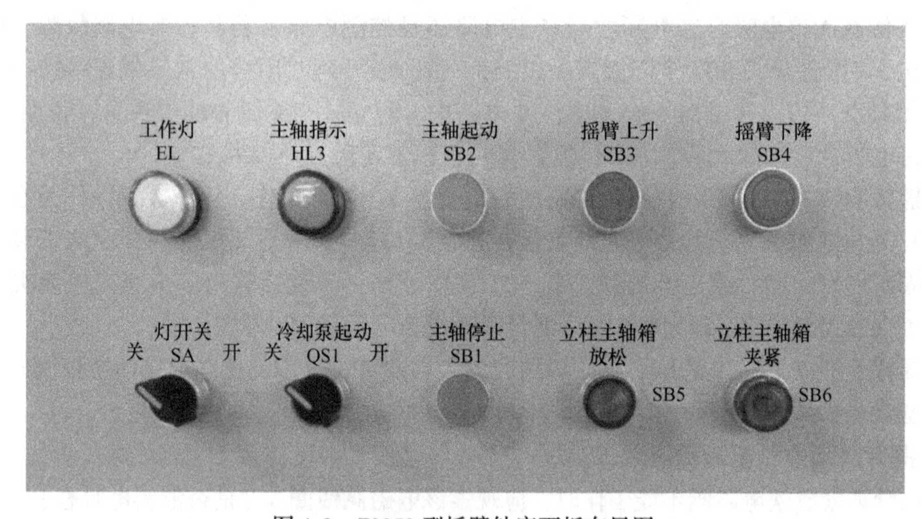

图 4-9　Z3050 型摇臂钻床面板布局图

1）熟悉现场实训设备和工具、器材，或自备检修工具和器材，列出工具和器材清单，确保工具和器材的完好。

2）熟悉现场 Z3050 型摇臂钻床电气元件的位置、电路走向、操作流程。

3）针对以下可能出现的故障现象在 Z3050 型摇臂钻床上分别设置故障点。

① 主轴不能正常工作（只有点动）。

② 摇臂不能夹紧。

③ 摇臂不能放松。

④ 摇臂不能上升。

⑤ 摇臂不能下降 。

⑥ 摇臂夹紧放松电磁离合器不能工作。

⑦ 主轴不能工作。

⑧ 立柱、主轴箱不能放松。

4）根据试车情况描述故障现象，并结合电气原理图分析故障现象，确定故障范围和检修思路，查找故障点并排除故障。

5）完成故障检修记录，包括故障现象、故障检修思路、故障点及排除方法。

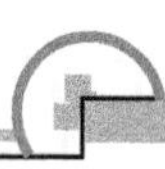

【任务测评】

对任务实施情况进行检查，将结果填入表4-6中。

表4-6　Z3050型摇臂钻床常见电气故障检修任务测评标准

<table>
<tr><td>测评内容</td><td></td><td>配分</td><td colspan="3">考　核　点</td><td>得分</td></tr>
<tr><td rowspan="2">职业素养
与操作规范
（20分）</td><td>工作准备</td><td>10</td><td colspan="3">清点元件、仪表、工具、电动机并摆放整齐；穿戴好劳动防护用品</td><td></td></tr>
<tr><td>6S规范</td><td>10</td><td colspan="3">操作过程中及作业完成后，保持元件、仪表、工具、设备等摆放整齐；操作过程中无不文明行为，具有良好的职业操守，独立完成考核内容，合理解决突发事件；具有安全用电意识，操作符合规范要求</td><td></td></tr>
<tr><td rowspan="4">电气故障分析
（80分）</td><td>观察故障现象</td><td>10</td><td colspan="3">操作机床屏柜，观察并写出故障现象</td><td></td></tr>
<tr><td>故障处理
步骤及方法</td><td>10</td><td colspan="3">采用正确合理的操作步骤和方法进行故障处理；熟练操作机床，掌握正确的工作原理；正确选择并使用工具、仪表，操作规范，动作熟练。</td><td></td></tr>
<tr><td>写出故障原因
及排除方法</td><td>20</td><td colspan="3">写出故障原因及正确排除方法故障现象分析正确，故障原因分析正确，处理方法得当</td><td></td></tr>
<tr><td>排除故障</td><td>40</td><td colspan="3">故障点判断正确；采用正确的方法排除故障；不超时，按定时处理</td><td></td></tr>
<tr><td>定额工时</td><td colspan="5">每个故障30min，不允许超时检查故障</td><td></td></tr>
<tr><td>备注</td><td colspan="3">除定额工时外，各项内容的最高扣分不得超过配分数；未正确使用仪表致其烧毁或恶意损坏设备者，以零分计</td><td>成绩</td><td colspan="2"></td></tr>
<tr><td>开始时间</td><td></td><td>结束时间</td><td></td><td>实际时间</td><td colspan="2"></td></tr>
</table>

任务四　YL－WXD－Ⅲ型考核装置摇臂钻床模块综合实训

【任务目标】

1）培养学生对相似钻床电路的分析能力。

2）加深对Z3050型摇臂钻床电气工作原理的理解。

3）能完成Z3050型摇臂钻床控制电路的安装接线和测绘。

4）能完成Z3050型摇臂钻床常见电气故障的检修。

【任务分析】

图4-10为Z3050型摇臂钻床电路智能实训考核单元电气原理图，要求按该图完成设备电源、电动机的安装接线，并完成电路测绘。经指导教师检查无误后，进行通电试车和检修排故实训，要求学员严格遵守安全操作规程。具体任务要求如下：

1）熟悉Z3050型摇臂钻床电气设备的名称、型号规格、代号及安装位置。

2）熟悉Z3050型摇臂钻床的操作流程，明确开机前各开关、电气元件的初始状态。

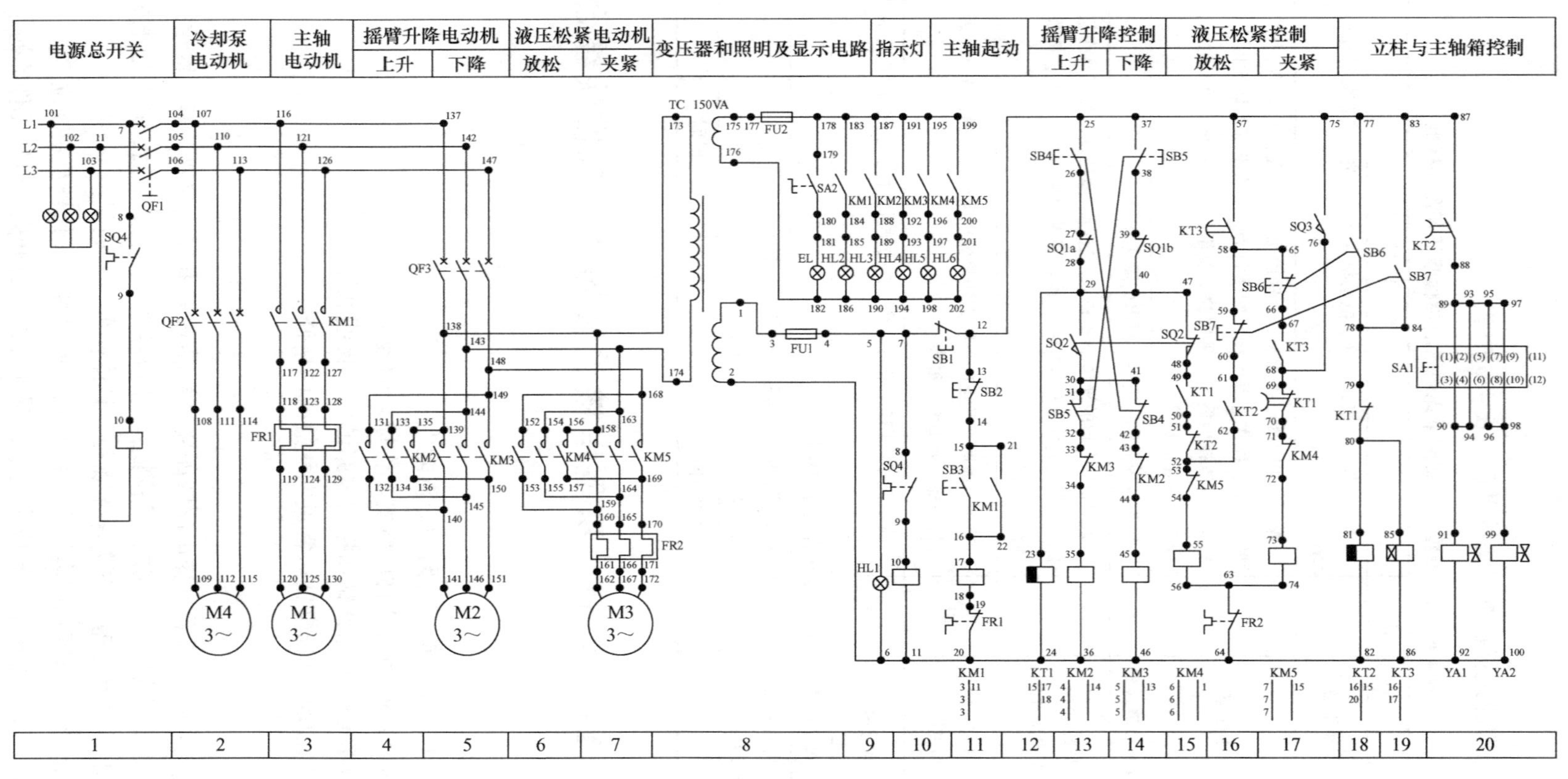

图 4-10　Z3050型摇臂钻床电路智能实训考核单元电路原理图

3）在教师指导下对 Z3050 型摇臂钻床进行通电试车，正确操作摇臂钻床。

① 开机前的准备。

② 冷却泵电动机起停操作。

③ 主轴电动机起停操作。

④ 摇臂升降运行操作。

⑤ 立柱、主轴箱松夹运行操作。

⑥ 设备关机操作。

4）识读电气原理图、元件布置图，在教师的指导下，结合对钻床的实际操作，进一步熟悉钻床各部分的功能及电气工作原理。

5）针对预设故障按如下步骤进行排故实训：观察、检测、操作设备，判断故障现象；读图分析，根据故障现象判断故障范围；制订检修方案，用电工仪器仪表进行检测，查找故障点；排除故障后再次通电试车，并做好检修记录。

【相关知识】

1. 主电路分析

Z3050 型摇臂钻床共有四台电动机，除冷却泵电动机采用断路器 QF2 直接起动外，其余三台异步电动机均采用接触器控制。主电路中各电动机的名称和作用见表 4-7。

表 4-7　Z3050 型摇臂钻床主电路中各电动机的作用

代号	名　　称	作　　用	控制元件	保护元件
M1	主轴电动机	带动主轴及进给传动系统，只要求单方向旋转，主轴的反转由摩擦离合器来实现	KM1	过载保护：FR1 总短路保护：QF1
M2	摇臂升降电动机	带动摇臂升降，短时工作	正转：KM2 反转：KM3	过载保护：无 短路保护：QF3
M3	液压泵电动机	供给夹紧装置液压油，实现摇臂和立柱的放松及夹紧	正转：KM4 反转：KM5	过载保护：FR2 短路保护：QF3
M4	冷却泵电动机	实现加工过程中的冷却，功率小	QF2	过载保护：无 短路保护：QF2

2. 控制电路分析

（1）开机前的准备工作　在操作实物摇臂钻床时，为了保障安全，设有“开门断电”功能，开机前应将立柱下部及摇臂后部的电门盖关好，然后才能接通电源。本实训设备中用位置开关 SQ4 模拟“电门盖”开关，先合上 SQ4，再合上电源总开关 QF1，电源指示灯 HL1 亮，表示机床的电气系统已进入带电状态（待工作状态）。

（2）主轴电动机 M1 的控制　按下起动按钮 SB3，接触器 KM1 线圈得电吸合并自锁，KM1 主触点闭合，主轴电动机 M1 起动运行。按下停止按钮 SB2，接触器 KM1 线圈断电释放，主轴电动机 M1 停止旋转。

（3）摇臂升降控制

1）摇臂上升。按下上升按钮 SB4，断电延时时间继电器 KT1 线圈通电吸合，其瞬时闭合的常开触点 KT1（15 区）闭合，接触器 KM4 线圈得电，液压泵电动机 M3 起动正向旋转，供给液压油，液压油经分配阀进入摇臂的“放松油腔”，推动活塞移动，活塞推动菱形块，将摇臂放松。同时活塞杆通过弹簧片使位置开关SQ2受压，其常闭触点断开，切断接触器KM4线圈电路，KM4主触点断开，液压泵电动机停止工作；SQ2常开触点闭合，使接触器KM2线圈通电，KM2主触点闭合，摇臂升降电动机正向旋转，摇臂上升。如果此时摇臂未放松，则位置开关SQ2常开触点未闭合，接触器KM2不能吸合，摇臂就不能上升。

当摇臂上升到所需位置时，松开按钮SB4，接触器KM2和时间继电器KT1同时断电释放，摇臂升降电动机M2停止工作，随之摇臂停止上升。

由于时间继电器KT1线圈断电释放，经1~3s延时后，其延时闭合的常闭触点（17区）闭合，使接触器KM5线圈得电吸合，KM5主触点闭合，液压泵电动机M3反向旋转，随之，泵内液压油经分配阀进入摇臂的“夹紧油腔”，摇臂夹紧在立柱上。在摇臂夹紧的同时，活塞杆通过弹簧片使位置开关SQ3的常闭触点断开，接触器KM5线圈断电释放，最终液压泵电动机M3停止工作，完成了摇臂放松、上升、夹紧整套动作。

2）摇臂下降。按下下降按钮SB5，断电延时时间继电器KT1线圈通电吸合，其瞬时闭合的常开触点KT1闭合，KM4线圈得电，其主触点闭合，液压泵电动机M3起动正向旋转，供给液压油，液压油经分配阀进入摇臂的“放松油腔”，推动活塞移动，活塞推动菱形块，将摇臂放松。同时活塞杆通过弹簧片使位置开关SQ2受压，其常闭触点断开，切断接触器KM4线圈电路，KM4主触点断开，液压泵电动机M3停止工作；SQ2常开触点闭合，使接触器KM3线圈通电，KM3主触点闭合，摇臂升降电动机M2反向旋转，带动摇臂下降。

当摇臂下降到所需位置时，松开按钮SB5，接触器KM3和时间继电器KT1同时断电释放，摇臂升降电动机M2停止工作，摇臂停止下降。由于时间继电器KT1断电释放，经1~3s延时后，其延时闭合的常闭触点闭合，接触器KM5线圈得电吸合，液压泵电动机M3反向旋转，随之摇臂夹紧。在摇臂夹紧的同时，位置开关SQ3常开触点断开，接触器KM5线圈断电释放，最终液压泵电动机M3停止工作，完成了摇臂放松、下降、夹紧的整套动作。

摇臂的自动夹紧由位置开关SQ3控制。限制摇臂的升降超程由位置开关SQ1a和SQ1b控制。当摇臂上升到极限位置时，SQ1a动作，接触器KM2线圈断电释放，M2停止旋转，摇臂停止上升；当摇臂下降到极限位置时，SQ1b动作，接触器KM3线圈断电释放，M2停止旋转，摇臂停止下降。

（4）立柱和主轴箱的放松与夹紧控制　立柱和主轴箱的放松（或夹紧）既可以同时进行，也可以单独进行，由转换开关SA1和按钮SB6（或SB7）控制。SA1有三个位置，扳到中间位置时，立柱和主轴箱的放松（或夹紧）同时进行；扳到左边位置时，立柱放松（或夹紧）；扳到右边位置时，主轴箱放松（或夹紧）。按钮SB6是放松控制按钮，SB7是夹紧控制按钮。

1）立柱和主轴箱同时松夹。此时应将转换开关SA1扳到中间位置。按下放松按钮SB6，时间继电器KT2、KT3同时得电，KT2的延时断开的常开触点闭合，电磁铁YA1、YA2得电吸合。而KT3的延时闭合的常开触点经1~3s后才闭合，随后KM4主触点闭合，液压泵电动机M3正转，供出的液压油进入立柱和主轴箱放松油腔，使立柱和主轴箱同时放松。立柱和主轴箱同时夹紧的工作原理与放松时相似，只要把SB6换成SB7、接触器KM4换成KM5、M3由正转换成反转即可。

2）立柱和主轴箱单独松夹。若单独控制主轴箱，则将转换开关SA1扳到右边位置，按

下放松按钮 SB6（或夹紧按钮 SB7），时间继电器 KT2 和 KT3 的线圈同时得电，电磁铁 YA2 单独通电吸合，主轴箱单独放松（或夹紧）。松开按钮 SB6（或 SB7）时，时间继电器 KT2 和 KT3 的线圈断电释放，KT3 通电延时闭合的常开触点瞬时断开，接触器 KM4（或 KM5）的线圈断电释放，液压泵电动机停转。经 1～3s 的延时，KT2 触点（87－88）断开，电磁铁 YA2 的线圈断电释放，主轴箱放松（或夹紧）操作结束。同理，把转换开关扳到左边，则可使立柱单独放松或夹紧。

【任务实施】

一、工具、仪表、设备及器材准备

1）工具：螺钉旋具、电工钳、剥线钳及尖嘴钳等。

2）仪表：万用表 1 只。

3）设备：YL－WXD－Ⅲ型高级维修电工实训考核装置——Z3050 型摇臂钻床电路智能实训考核单元，其元件布局如图 4-11 所示。

4）元件：所需元件见表 4-8。

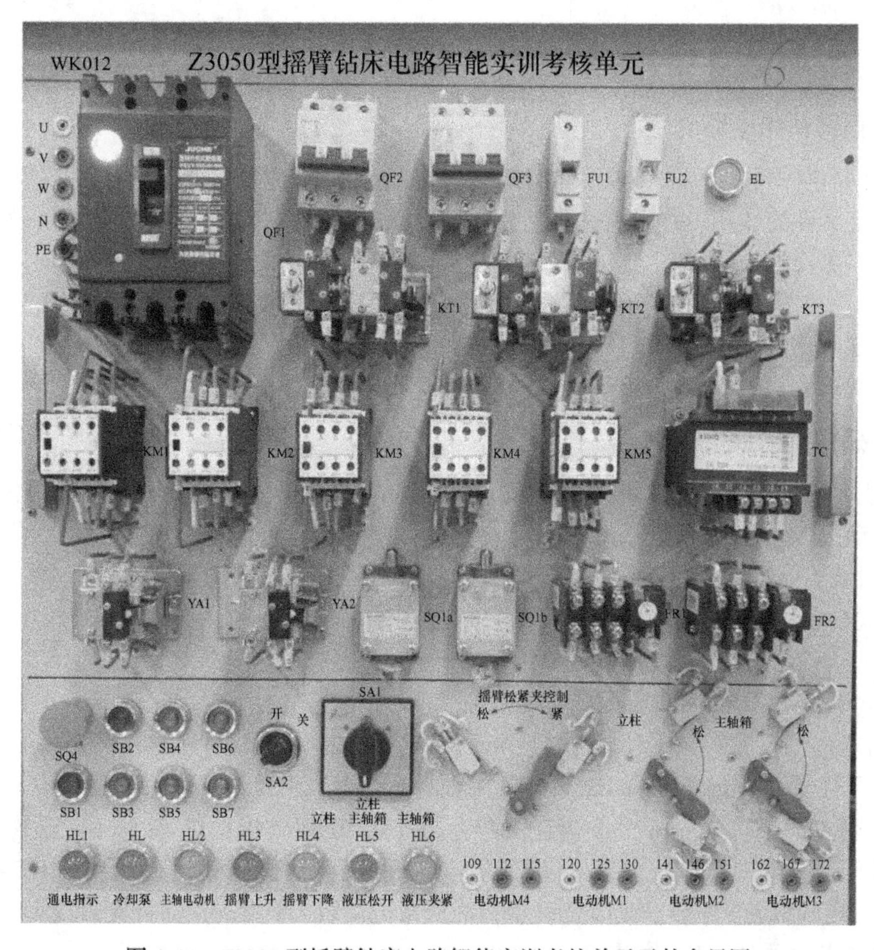

图 4-11　Z3050 型摇臂钻床电路智能实训考核单元元件布局图

表 4-8 元件明细表

名 称	型号规格	数 量
塑料外壳式断路器	DZ20Y－100/3300	2只
三相剩余电流断路器	DZ20Y－10	1只
1P熔断器	RT14－20	2只
万能开关	LW5－16/3	1只
十字开关	LS2－2	1只
行程开关	LX19K－B	2只
交流接触器	CJ20－10，AC 127V	5只
热继电器	JR36－20/3	2只
时间继电器	JS7－2A，AC 127V	3只
变压器	150W，380V/127V/36V	1只
变压器	15W，220V/6V	1只
微型电动机	12V	3台
三相笼型异步电动机		4台
端子板、线槽、导线		若干

二、摇臂钻床电路测绘

1）在断电的情况下，根据元件明细表和电气原理图，熟悉摇臂钻床考核单元元件布局，熟悉各元件的作用，并检测和判断元件和电动机的好坏。如有损坏现象，需及时报告指导教师予以更换或维修。

2）熟悉摇臂钻床考核单元的实际走线路径，根据电气原理图分析和现场测绘绘制出电气安装接线图。

3）识读和分析图 4-12 所示的 Z3050 型摇臂钻床考核单元电气安装接线图。

三、摇臂钻床通电试车

1）正确连接电源线，正确选用和安装冷却泵电动机、主轴电动机、摇臂升降电动机、液压泵电动机。

2）系统安装接线完成后，经指导教师检查认可后方可通电试车。

3）试车操作步骤如下：

① 合上 SQ4，合上电源开关 QF1，系统上电。

② 合上照明灯开关 SA2，照明灯 EL 亮。

③ 合上 QF2，冷却泵电动机运转；断开 QF2，冷却泵电动机停转。

④ 按下 SB3，主轴电动机 M1 运转，主轴指示灯 HL2 亮；按下 SB2，主轴电动机停转。

⑤ 摇臂上升：按住按钮 SB4，液压泵电动机 M3 正转，指示灯 HL5 亮，至放松限位开关 SQ2 被压合，电动机 M3 停转，摇臂升降电动机 M2 正转，摇臂上升指示灯 HL3 亮；松开按钮 SB4，电动机 M2 停转，延时几秒后，液压泵电动机 M3 反转，摇臂夹紧指示灯 HL6 亮，至 SQ3 位置开关受压，M3 停转。

⑥ 摇臂下降：按下按钮 SB5，液压泵电动机 M3 正转，指示灯 HL5 亮，至放松限位开

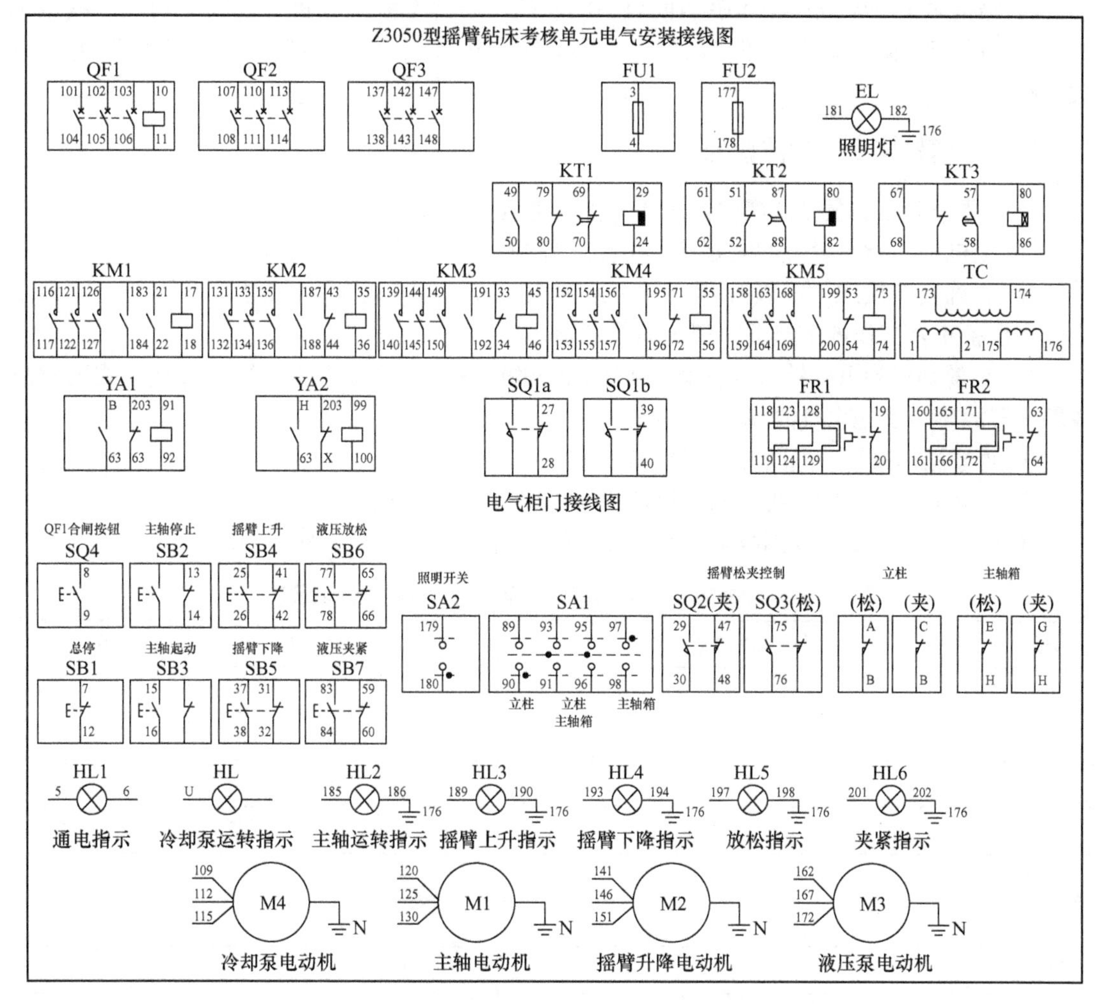

图 4-12　Z3050 型摇臂钻床考核单元电气安装接线图

关 SQ2 被压合，电动机 M3 停转，摇臂升降电动机 M2 反转，摇臂下降指示灯 HL4 亮；松开按钮 SB5，电动机 M2 停转，延时几秒后，液压泵电动机 M3 反转，摇臂夹紧指示灯 HL6 亮，至位置开关 SQ3 受压，M3 停转。

⑦ 立柱、主轴箱放松：将 SA1 扳至“立柱 · 主轴箱”位置，按下按钮 SB6，电磁铁 YA1 和 YA2 同时得电，延时几秒后，液压泵电动机 M3 正转，立柱和主轴箱同时放松，指示灯 HL5 亮；松开按钮 SB6，液压泵电动机 M3 停转，延时几秒后，电磁铁 YA1 和 YA2 同时断电。

⑧ 立柱、主轴箱夹紧：将 SA1 扳至“立柱 · 主轴箱”位置，按下按钮 SB7，电磁铁 YA1 和 YA2 同时得电，延时几秒后，液压泵电动机 M3 反转，立柱和主轴箱同时夹紧，指示灯 HL6 亮；松开按钮 SB7，液压泵电动机 M3 停转，延时几秒后，电磁铁 YA1 和 YA2 同时断电。

⑨ 若立柱和主轴箱需要单独控制，可将 SA1 分别扳至“立柱”或“主轴箱”位置，放松时按 SB6，夹紧时按 SB7。

⑩ 停机时，将各进给操作手柄扳至中间状态，待冷却泵电动机、主轴电动机、液压泵电动机、摇臂升降电动机都停转后，按下总停按钮 SB1，关闭照明灯，最后断开电源开关 QF1。

四、摇臂钻床电气故障检修

严格遵守电工安全操作规程，按如下步骤进行电气故障检修：

1）上电前，检查设备的完好性，检测元件的好坏。

2）正确安装接线，经教师检查认可后通电试车，观察摇臂钻床电气系统是否正常工作，在设备正常工作的前提下，记录操作流程。

3）在教师指导下，针对摇臂钻床可能出现的电气故障现象人为设置故障点，或通过故障箱设置故障，实施电气故障检修训练。

① 通过操作试车，判断并记录故障现象。

② 结合电气原理图分析，明确故障检修思路，确定故障范围。

③ 检测故障，直至找到故障点并予以排除，将检修记录填入表 4-9 中。

表 4-9　Z3050 型摇臂钻床考核单元电气故障检修记录表

编号	故障现象描述	最小故障范围	故障点
1			
2			
3			
4			
5			
6			
7			
8			
9			
10			
11			
12			
13			
14			
15			
16			

④ 排除故障后，再次通电试车。

⑤ 整理检修记录，完成摇臂钻床常见电气故障检修实训报告（表 4-10）。对于每个故障点，均应正确描述故障现象、分析故障原因及处理方法、写出故障点。

表 4-10　Z3050 型摇臂钻床考核单元常见电气故障检修实训报告

课程名称	常用机床电气故障检修		指导教师	
项目名称	Z3050 型摇臂钻床电气控制线路分析与检修		学生姓名	
设备名称	Z3050 型摇臂钻床电气控制线路分析与检修		台位编号	
班级		小组编号	成员名单	
实训目标	熟悉 Z3050 型摇臂钻床的结构、电气工作原理，能够熟练地完成 Z3050 型摇臂钻床常见电气故障的检修，并能排除故障			
实训器材	Z3050 型摇臂钻床电路智能实训考核单元、AC 380V 电源、数字万用表、十字螺钉旋具、电气元件等			
实训内容	1 号故障现象			
	分析故障现象及处理方法			
	故障点			
实训内容	2 号故障现象			
	分析故障现象及处理方法			
	故障点			

【任务测评】

完成任务后，对任务实施情况进行检查，在表 4-11 相应的方框中打勾。

表 4-11　YL－WXD－Ⅲ型考核装置摇臂钻床模块综合实训任务测评表

序号	能力测评	掌握情况
1	能正确使用工具仪表	□好　□一般　□未掌握
2	能正确完成 Z3050 型摇臂钻床的电气安装和接线	□好　□一般　□未掌握
3	能正确识别和检测 Z3050 型摇臂钻床各电气元件	□好　□一般　□未掌握
4	能正确完成 Z3050 型摇臂钻床的试车操作流程	□好　□一般　□未掌握
5	能根据试车情况准确描述故障现象	□好　□一般　□未掌握
6	正确分析电气故障和描述检修思路	□好　□一般　□未掌握
7	能标出最小故障范围	□好　□一般　□未掌握
8	能正确测量和准确标出故障点并予以排除	□好　□一般　□未掌握
9	安全文明生产，6S 管理	□好　□一般　□未掌握
10	实训报告	□好　□一般　□未掌握
11	损坏元件或仪表	□是　□否
12	违反安全文明生产规程，未清理场地	□是　□否

作业与思考

一、填空题

1. Z3050 型摇臂钻床主要由________、________、________、________、________、________等组成。

2. Z3050 型摇臂钻床的主运动是________，进给运动是________，辅助运动是________。

3. 位置开关 SQ1 的作用是________，位置开关 SQ2 的作用是________，位置开关 SQ3 的作用是________。

4. Z3050 型摇臂钻床具有两套液压控制系统：一套是________，另一套是________。

5. Z3050 型摇臂钻床摇臂的夹紧与放松由________配合________自动进行。

6. Z3050 型摇臂钻床的摇臂通常处于________，以免丝杠________。

7. 在控制摇臂升降的过程中，除升降电动机旋转外，还需要摇臂的________和________协调配合。摇臂的升降过程：摇臂夹紧→摇臂________→ 摇臂 ________ → 摇臂________。

8. Z3050 型摇臂钻床的立柱和主轴箱均采用液压夹紧与放松。夹紧或放松时，要求________处于________状态。

9. 电磁阀 YA 是________阀，YA 得电时将液压油送入________油腔，YA 不得电时将液压油送入________油腔。

10. 热继电器 FR2 为________电动机提供过载和断相保护，其主要作用是防止因________故障而使电动机长时间过载运行损坏。

二、选择题

1. 时间继电器 KT 线圈开路，按下摇臂上升按钮，摇臂（　　）。

A. 能正常上升　　B. 不能上升　　C. 能上升但不会与立柱松开

2. 立柱与主轴箱放松后，主轴箱在摇臂上的移动靠的是（　　）。

A. 转动手轮　　B. 电动机驱动　　C. 液压驱动

3. 只有当 Z3050 型摇臂钻床的摇臂完全放松后，活塞杆才会通过弹簧片压下位置开关（　　），使摇臂上升或下降。

A. SQ1　　B. SQ2　　C. SQ3

4. Z3050 型摇臂钻床的摇臂夹紧后，活塞杆会推动弹簧片压下位置开关（　　），自动切断夹紧电路，停止夹紧工作。

A. SQ1　　B. SQ2　　C. SQ3

5. Z3050 型摇臂钻床的摇臂升降电动机采用了（　　）正反转控制。

A. 接触器联锁　　B. 按钮和接触器双重联锁　　C. 按钮联锁

三、问答题

1. Z3050 型摇臂钻床大修后，若 SQ3 安装位置不当，会出现什么事故？

2. 摇臂不能升降，经检查是由位置开关 SQ2 不动作造成的，试分析造成 SQ2 不动作的原因。

3. 当时间继电器 KT 线圈开路时，按下摇臂上升按钮，摇臂会做何动作？

项目五　M7130型平面磨床电气控制线路分析与检修

【项目描述】磨床是用砂轮的周边或端面对工件的表面进行机械加工的一种精密机床。它可以加工各种表面，如平面、内外圆柱面、圆锥面和螺旋面等。通过磨削加工，可以使工件的形状及表面精度等达到预期要求。同时，它还可以进行切断加工。磨床根据其用途不同可分为内圆磨床、外圆磨床、平面磨床、无心磨床及专用磨床等。其中以平面磨床使用最多，平面磨床又分为卧轴和立轴、矩台和圆台几种类型。M7130型平面磨床（图5-1）是一种使用较普遍的卧轴矩台磨床，适合加工各种机械零件的平面，而且操作方便，磨削精度较高。本项目通过对M7130型平面磨床的结构、运动形式和电力拖动控制要求、电气工作原理进行分析，使学生熟练掌握磨床常见电气故障的检修和排除方法。

图5-1　M7130型平面磨床

【项目目标】

1. 知识目标

1）掌握M7130型平面磨床的基本结构、运动形式和电力拖动控制要求。

2）掌握M7130型平面磨床的通电试车步骤。

3）熟练掌握M7130型平面磨床的电气原理。

4）掌握平面磨床常见电气故障的检修方法和步骤。

2. 技能目标

1）能熟练操作M7130型平面磨床。

2）能按照正确的操作步骤，判断、检修和排除M7130型平面磨床的常见电气故障。

【项目分析】

本项目下设四个任务。通过观摩实训，认识M7130型平面磨床，学习其基本结构和运动形式，熟悉其基本操作流程；通过分析M7130型平面磨床电气控制线路，学习其电路结构、识图方法和电气原理，磨床电路的重点和难点是电磁吸盘的可靠吸合及保护控制；通过进行M7130型平面磨床常见电气故障的检修，掌握磨床常见电气故障检修与排除的方法和步骤；通过平面磨床模块综合实训，进一步提升学生对磨床电气设备的安装与调试能力、电路分析能力、电路测绘能力、故障检修能力。

任务一　认识 M7130 型平面磨床

【任务目标】

1）了解 M7130 型平面磨床的基本结构和用途。
2）熟悉 M7130 型平面磨床的基本操作方法和步骤。
3）掌握 M7130 型平面磨床的基本运动形式和电力拖动控制要求。

【任务分析】

M7130 型平面磨床用于磨削各种工件的表面，由砂轮的高速旋转进行磨削加工。为保证磨削精度和不损伤工件，用电磁吸盘吸牢工件。工作台的纵向往复运动与砂轮架的横向和垂直进给运动相互配合完成工件的加工。为保证传动的平稳性，工作台通过液压驱动实现无级调速。通过观摩车间磨床，熟悉磨床的基本结构、运动形式和电力拖动控制要求，结合电气原理图，熟悉平面磨床的试机操作流程。

【相关知识】

一、M7130 型平面磨床的型号

M7130 型平面磨床型号的含义如图 5-2 所示。

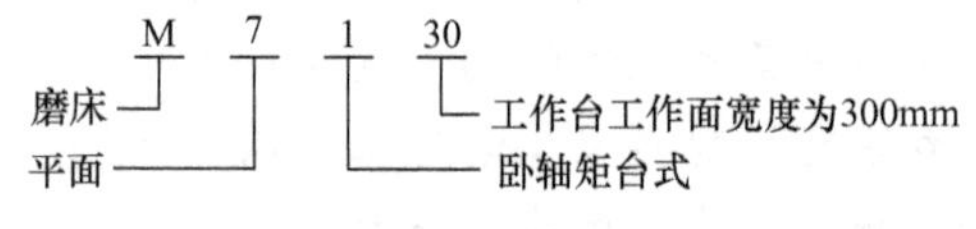

图 5-2　M7130 型平面磨床型号的含义

二、M7130 型平面磨床的结构

M7130 型平面磨床主要由床身、立柱、滑座、砂轮架、工作台和电磁吸盘等组成，如图 5-3 所示。

磨床的工作台表面有 T 形槽，可以用螺钉和压板将工件直接固定在工作台上，也可以在工作台上装上电磁吸盘，用来吸持铁磁性工件。在箱形床身中装有液压传动装置，以使矩形工作台在床身导轨上通过液压油推动活塞杆做往复运动。工作台往复运动的换向是通过换向撞块碰撞床身上的液压换向开关来实现的，其往复行程可通过调节撞块的位置来改变。在床身上固定有立柱，沿立柱导轨上装有滑座，滑座可以在立柱导轨上做上下移动，并可通过垂直进给操作轮操作，砂轮架可沿滑座水平导轨做横向移动。砂轮与砂轮电动机均装在砂轮架内，砂轮直接由砂轮电动机带动旋转；砂轮架装在滑座上，而滑座装在立柱上。

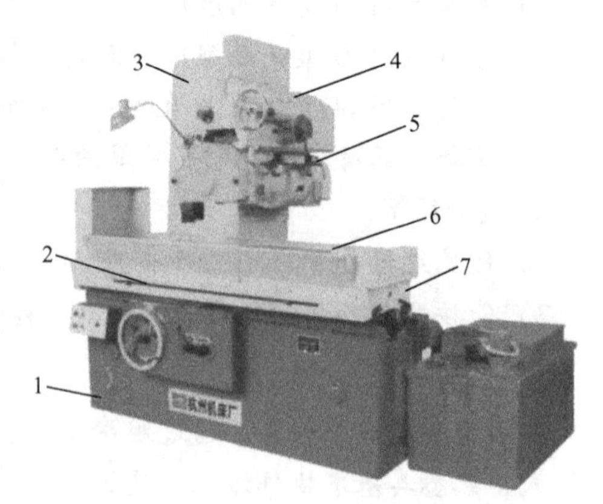

图 5-3　M7130 型平面磨床的基本结构
1—床身　2—撞块　3—立柱　4—滑座
5—砂轮架　6—电磁吸盘　7—工作台

三、M7130 型平面磨床的运动形式和电力拖动控制要求

1. M7130 型平面磨床的运动形式

（1）磨床的主运动　磨床的主运动是砂轮的旋转运动。

（2）磨床的进给运动　磨床的进给运动包括工作台的纵向往复运动以及砂轮架的垂直和横向进给运动。

1）工作台（带动电磁吸盘和工件）沿床身导轨做纵向往复运动。

2）砂轮架沿滑座上的燕尾槽做横向进给运动。

3）砂轮架和滑座一起沿立柱上的导轨做垂直进给运动。

图 5-4 为平面磨床进行磨削加工时的主运动和进给运动示意图。工作台每完成一次纵向往返运动，砂轮架横向进给一次。当整个平面磨完一遍后，砂轮架在垂直于工件表面的方向移动一次，称为吃刀运动，通过吃刀运动磨到所需尺寸。

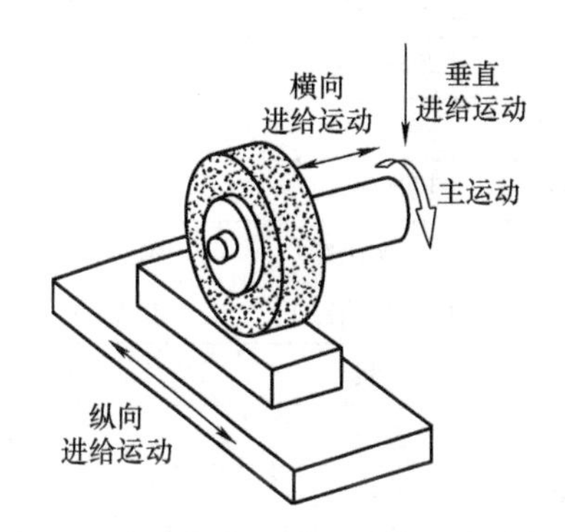

图 5-4　磨床的主运动和进给运动示意图

2. M7130 型平面磨床的电力拖动控制要求

M7130 型平面磨床采用多台电动机拖动，分别为砂轮电动机、液压泵电动机、冷却泵电动机，其电力拖动控制要求如下：

1）砂轮直接装在砂轮电动机的主轴上，砂轮电动机为一台笼型异步电动机。对砂轮电动机没有电气调速要求，也不需要反转，可直接起动。

2）平面磨床的纵向和横向进给运动一般采用液压传动，所以需要由一台液压泵电动机驱动。对液压泵电动机也没有电气调速、反转和减压起动的要求。

3）砂轮架可沿着立柱导轨做垂直进给运动，通过操作手轮控制机械传动装置来实现这一垂直运动。

4）切削液由一台冷却泵电动机提供，要求在砂轮电动机起动后才能开动冷却泵电动机。

5）平面磨床往往采用电磁吸盘来吸持工件，电磁吸盘要有充磁、退磁控制电路。为防止在磨削加工时因电磁吸盘吸力不足而造成工件飞出，还要求有弱磁保护环节，并能在电磁吸力不足时使磨床停止工作。

6）具有完善的保护环节，包括短路保护和电动机的长期过载保护、零电压保护、欠电压保护等。

7）具有安全的局部照明装置。

四、M7130 型平面磨床元件明细表

M7130 型平面磨床电气元件明细表见表 5-1。

表 5-1　M7130 型平面磨床电气元件明细表

代号	名　称	型号及规格	数量	用　途
M1	砂轮电动机	W451－4，4.5kW，220V/380V，1440r/min	1	主传动
M2	冷却泵电动机	JCB－22，125W，220V/380V，2790r/min	1	供给切削液
M3	液压泵电动机	J042－4，2.8kW，220V/380V，1450r/min	1	驱动液压泵

（续）

代号	名　称	型号及规格	数量	用　途
FR1	热继电器	JR16－20/3D，整定电流 9.5A	1	砂轮电动机过载保护
FR2	热继电器	JR16－20/3D，整定电流 6.1A	1	液压泵电动机过载保护
KM1	交流接触器	CJ20－20，线圈电压 110V	1	控制砂轮电动机 M1
KM2	交流接触器	CJ20－20，线圈电压 110V	1	控制液压泵电动机 M3
KA	欠电流继电器	JT3－11L，1.5A	1	失磁保护
YH	电磁吸盘	1.2A，线圈电压 110V	1	吸持铁磁性材料
VC	硅整流器桥堆	GZH，1A，220V	1	将交流电整流成直流电
QS1	电源开关	HZ1－25/3	1	电源总开关，引入电源
QS2	转换开关	HZ1－10P/3	1	电磁吸盘吸合、放松、退磁控制
SA	照明灯开关	LAY3－10X/2	1	控制照明灯
T1	整流变压器	JBK－400，400V·A，220V/145V	1	降压供整流
T2	照明变压器	JBK－50，50V·A，380V/24V	1	降压供照明
SB1	按钮	LAY3－11，绿色	1	砂轮电动机起动按钮
SB2	按钮	LAY3－11，红色	1	砂轮电动机停止按钮
SB3	按钮	LAY3－11，绿色	1	液压泵电动机起动起动
SB4	按钮	LAY3－11，红色	1	液压泵电动机停止按钮
R1	电阻器	6W，125Ω	1	交流侧过电压保护电阻
R2	可调电阻器	50W，1000Ω	1	退磁电阻
R3	电阻器	6W，500Ω	1	电磁吸盘过电压保护电阻
C	电容器	600V，5μF	1	交流侧过电压保护电容
EL	机床照明灯	JD3，24V，40W	1	照明指示
X1	接插器	CY0－36	1	冷却泵用接插
X2	接插器	CY0－36	1	电磁吸盘用接插
X3	插座	250V，5A	1	退磁器用接插
附件	退磁器	TC1TH/H	1	工件退磁
FU1	熔断器	RL1－60/30，熔座 60A，熔体 30A	3	电源保护
FU2	熔断器	RL1－15，熔座 15A，熔体 5A	2	控制电路短路保护
FU3	熔断器	RL1－15，熔座 15A，熔体 2A	1	照明电路短路保护
FU4	熔断器	RL1－15，熔座 15A，熔体 2A	1	电磁吸盘保护

【任务实施】

1）认识 M7130 型平面磨床的基本结构和操作部件。

① 观摩车间实物磨床，认识 M7130 型平面磨床的外形结构，指出磨床各主要部件的名称。

② 通过观摩车间师傅或教师操作示范，熟悉 M7130 型平面磨床各操作部件所在位置，并记录操作方法和步骤。

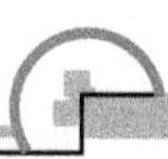

2）了解 M7130 型平面磨床的电路构成。观摩实物磨床或实训室模拟磨床，对照电气原理图，认识各电气元件的名称、型号规格、作用和所在位置，记录电动机的铭牌数据、接线方式。

3）了解磨床的种类和用途。通过查阅资料，了解目前工厂中常用磨床的种类，写出 1～2种磨床的型号，了解其用途和特点。

【任务测评】

完成任务后，对任务实施情况进行检查，在表 5-2 相应的方框中打勾。

表 5-2　认识 M7130 型平面磨床任务测评表

序号	能 力 测 评	掌 握 情 况
1	对照实物磨床或图样说出磨床各主要部件的名称	□好　□一般　□未掌握
2	对照实物磨床或模拟设备指出磨床主要操作部件的名称、位置	□好　□一般　□未掌握
3	对照实物磨床或模拟设备识别磨床各电气元件的名称、位置	□好　□一般　□未掌握
4	认识电路图中各元件的图形符合、文字符号	□好　□一般　□未掌握
5	能说出 M7130 型平面磨床的操作方法	□好　□一般　□未掌握

任务二　M7130 型平面磨床电气控制线路分析

【任务目标】

1）能正确识读和绘制 M7130 型平面磨床电气原理图。
2）熟悉 M7130 型平面磨床电气控制线路中各电气元件的位置、型号及功能。
3）熟练掌握 M7130 型平面磨床电气控制线路的组成和工作原理。

【任务分析】

M7130 型平面磨床用于磨削各种工件的平面，其电气原理图如图 5-5 所示。磨削加工时，为保证磨削精度和不损坏工件，通常用电磁吸盘吸持工件。磨床电路包括电动机主电路、控制电路、电磁吸盘电路、照明灯电路。电磁吸盘电路又包括整流电路、控制电路和保护电路三部分。作为机床维修人员，熟练掌握磨床电路的工作原理，是快速、准确地查找电气故障，并分析和排除电气故障的前提条件。

【相关知识】

一、主电路分析

三相交流电源由电源开关 QS1 引入，由 FU1 作为电源进线电路的短路保护元件。M7130 型平面磨床主电路中共有三台电动机。

1）M1 为砂轮电动机，由接触器 KM1 控制，由热继电器 FR1 做过载保护。

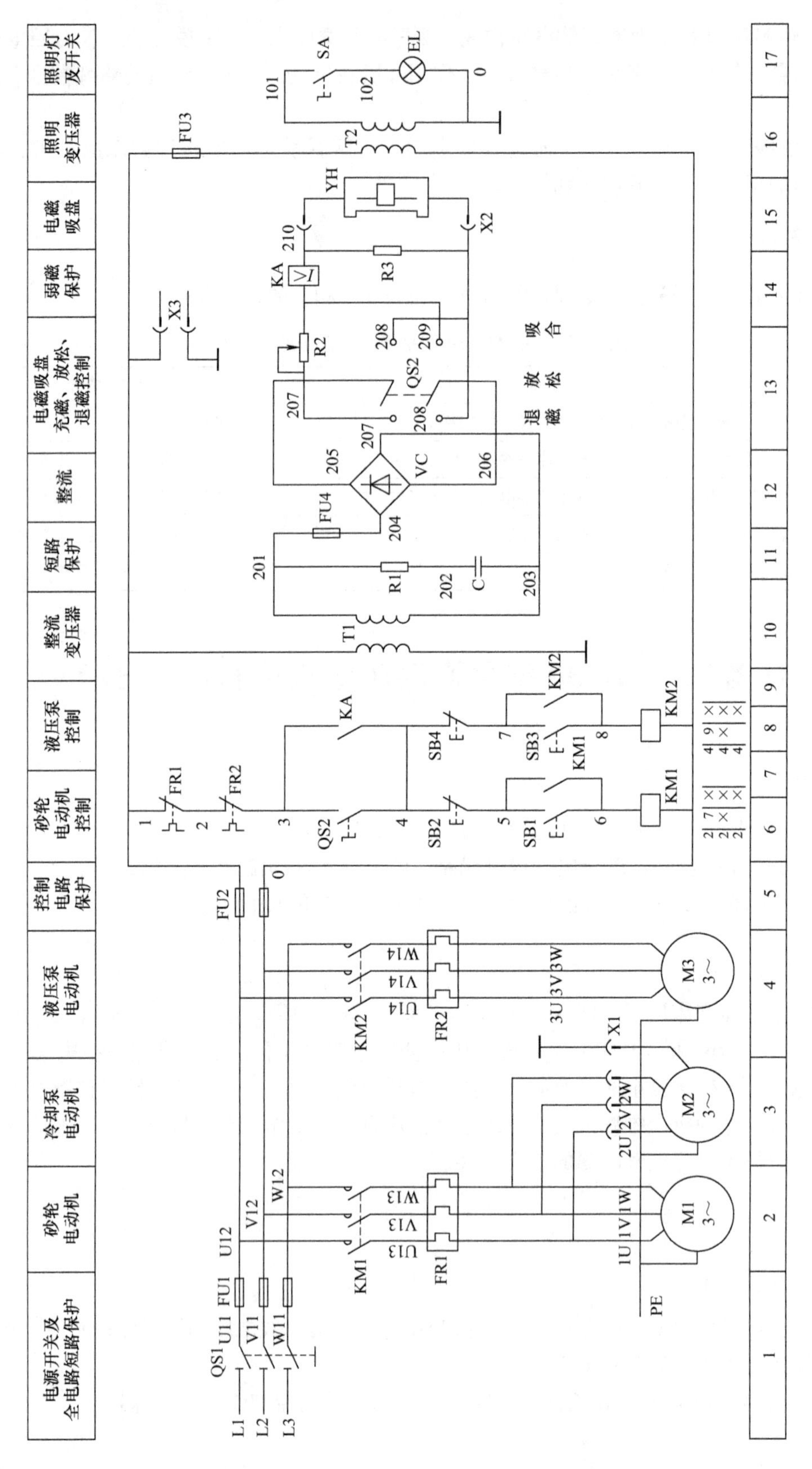

图5-5 M7130型平面磨床电气原理图

2）M2 为冷却泵电动机，由于冷却泵和床身是分装的，因此冷却泵电动机 M2 通过接插器 X1 和砂轮电动机 M1 的电源线相连，在需要提供切削液时才插上。冷却泵电动机的容量较小，没有单独设置过载保护。

3）M3 为液压泵电动机，由 KM2 控制，由热继电器 FR2 做过载保护。

二、砂轮电动机、冷却泵电动机、液压泵电动机控制电路分析

M7130 型平面磨床的控制电路主要包括砂轮电动机、冷却泵电动机、液压泵电动机控制和电磁吸盘电路控制。

M7130 型平面磨床电动机控制电路采用 380V 电源，由 FU2 做短路保护。SB1、SB2 分别为砂轮电动机起、停控制按钮，SB3、SB4 分别为液压泵电动机起、停控制按钮。

砂轮电动机、液压泵电动机、冷却泵电动机的起停控制需在电磁吸盘转换开关 QS2 或欠电流继电器 KA 常开触点（3－4）闭合的情况下进行。电磁吸盘在吸持铁磁性材料工件时必须有足够的充磁电流，此时欠电流继电器 KA 常开触点（3－4）才能闭合。QS2 为电磁吸盘转换开关，若加工非铁磁性材料工件，则可将工件直接固定在工作台上而不需要使用电磁吸盘，此时将 QS2 置于退磁状态，与 KA 常开触点并联的 QS2 常开触点（3－4）闭合。

1. 欠电流继电器

欠电流继电器是用于使电气设备或电动机免于欠电流的一种保护元件，常用于直流电动机和电磁吸盘的失磁保护。其作用是当电路中的电流过低时，立即将电路切断。将其线圈串联在电路中，当检测电流大于或等于欠电流设定值时，欠电流继电器吸合；当检测电流低于设定值时，欠电流继电器释放。图 5-6 所示为欠（过）电流继电器的外形图和图形符号。

a) 欠电流继电器外形图

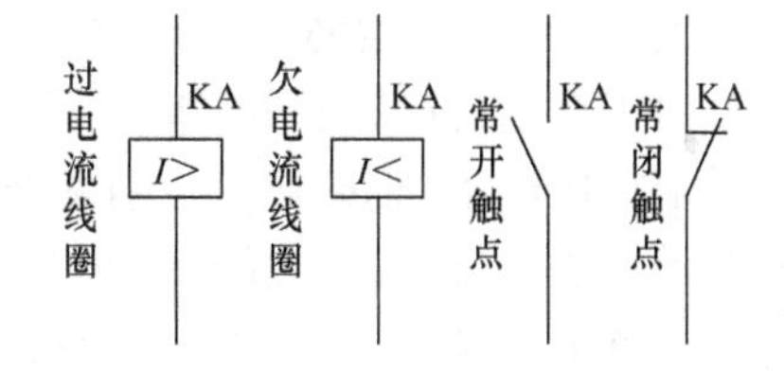

b) 欠(过)电流继电器图形符号

图 5-6　欠（过）电流继电器的外形图和图形符号

2. 砂轮电动机和冷却泵电动机的控制

按下起动按钮 SB1，KM1 线圈得电吸合并自锁，砂轮电动机 M1 起动，同时冷却泵电动机 M2 也起动；按下停止按钮 SB2，KM1 释放，砂轮电动机和冷却泵电动机停转。

3. 液压泵电动机的控制

按下起动按钮 SB3，KM2 线圈得电吸合，液压泵电动机运转；按下停止按钮 SB4，KM2 释放，液压泵电动机停转。

当电磁吸盘电路出现欠电压或零电压时，KA 不能吸合，其常开触点 KA（3－4）断开，KM1、KM2 断电释放，M1、M2、M3 停止工作。

三、电磁吸盘电路分析

电磁吸盘是固定加工工件的一种夹具，用来吸持铁磁性材料的工件。在磨床应用中，电磁吸盘线圈通直流电，利用通电导体在铁心中产生的磁场吸牢铁磁性材料工件，以便进行加工。与机械夹具比较，电磁吸盘具有夹紧迅速、不损伤工件、一次能吸牢若干个小工件及加

工工件发热可以自由伸缩等优点。电磁吸盘的结构与工作原理示意图如图 5-7 所示。

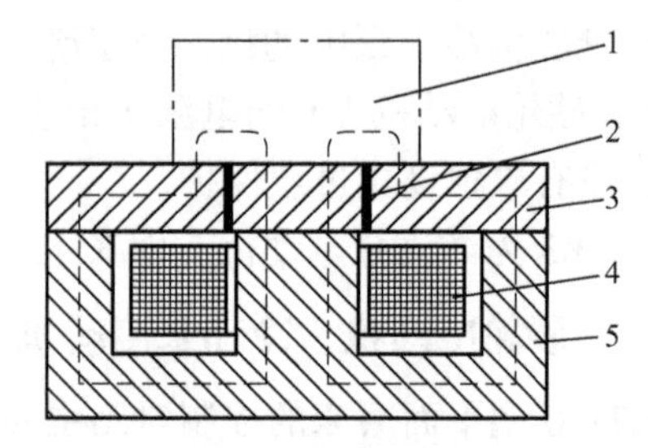

图 5-7　电磁吸盘的结构与工作原理示意图
1—工件　2—隔磁板　3—钢制盖板
4—线圈　5—钢制吸盘体

电磁吸盘电路包括整流电路、控制电路和保护电路三部分。控制变压器 TC 将 AC 220V 电压降为 127V，然后经桥式整流器 VC 整流后输出 DC 110V 电压。通过转换开关 QS2 的档位转换来实现电磁吸盘的吸合（充磁）、放松和退磁控制。

1. 电磁吸盘的吸合控制

铁磁性材料待加工时，将电磁吸盘转换开关 QS2 扳至“吸合”位置，触点（205－208）、(206－209）接通，电磁吸盘线圈通电，产生电磁吸力，将工件牢牢吸持。此时欠电流继电器 KA 线圈得电，KA 常开触点闭合，为接通砂轮、液压泵电动机控制电路做准备。电磁吸盘吸合充磁的电流通路：桥式整流器 VC 的“＋”端 205→转换开关 QS2→208→电磁吸盘 YH→210→欠电流继电器 KA 线圈→209→转换开关 QS2→206→桥式整流器 VC 整流桥的“－”端。

2. 电磁吸盘的放松控制和退磁控制

铁磁性材料加工结束后，将转换开关 QS2 扳至中间的“放松”位置，电磁吸盘线圈断电，即可将工件取下。如果工件有剩磁难以取下，可将 QS2 扳至左边的“退磁”位置，触点（205－207)、(206－208）接通，此时电磁吸盘线圈通以较小的反向电流，产生反向磁场，对工件进行退磁。退磁时要控制退磁时间，否则工件会因反向充磁而更难取下，可变电阻器 R2 用于调节退磁电流。退磁结束后，再将 QS2 扳回“放松”位置，将工件取下。电磁吸盘的退磁电流通路：桥式整流器 VC 的“＋”端 205→QS2→207→可调电阻器 R2→209→欠电流继电器 KA 线圈→210→电磁吸盘 YH→208→QS2→206→桥式整流器 VC 的“－”端。

采用电磁吸盘的磨床还配有专用的交流退磁器，其结构与工作原理示意图如图 5-8 所示。如果有些工件不易退磁或退磁不够彻底，可以使用交流退磁器退去剩磁。将交流退磁器的插头插入插座 X3，使工件在交变磁场的作用下退磁。

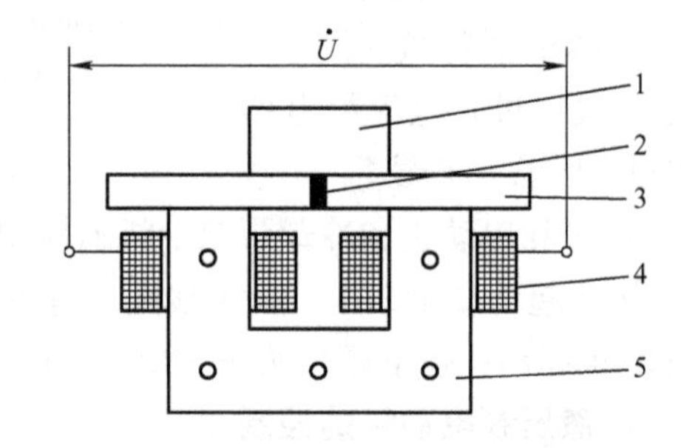

图 5-8　交流退磁器的结构与工作原理示意图
1—工件　2—隔磁层　3—极靴
4—线圈　5—铁心

当加工某些非铁磁性材料的工件，不需要使用电磁吸盘时，应将电磁吸盘的插头 X2 从插座上拔下，同时将转换开关 QS2 扳到“退磁”位置。这时，与 KA 常开触点并联的 QS2 的一对常开触点（3－4）闭合，接通电动机控制电路，不影响对各台电动机的操作。

3. 电磁吸盘电路的电气保护措施

电磁吸盘电路的保护措施包括电磁吸盘线圈的过电压保护、电磁吸盘的失磁或弱磁保护、整流电路交流侧的过电压保护。

(1) 电磁吸盘线圈的过电压保护　电磁吸盘线圈的电感量较大，在电磁吸盘从吸合状态转变为放松状态的瞬间，电磁吸盘的线圈两端将会产生很大的自感电动势，易使线圈的绝

缘或其他电器由于过电压而损坏。因此，在电磁吸盘线圈两端并联电阻器 R3 作为放电电路，吸收线圈释放的磁场能量。

（2）电磁吸盘的弱磁保护　采用电磁吸盘吸持工件有许多好处，但在进行磨削加工时一旦电磁吸力不足，电磁吸盘将吸不牢工件，就会造成工件飞出事故。因此，应在电磁吸盘线圈电路中串入欠电流继电器 KA 的线圈，KA 的常开触点串接在控制砂轮电动机 M1 的接触器 KM1 线圈支路中。这就保证了电磁吸盘在吸持工件时必须有足够大的充磁电流，才能起动砂轮电动机 M1。在加工过程中一旦电流不足，欠电流继电器 KA 便会动作，能够及时切断 KM1 线圈电路，使砂轮电动机 M1 停转，避免事故发生。

（3）整流器交流侧的过电压保护　在整流变压器 T1 的二次侧并联由 R1、C 组成的阻容吸收电路，用以吸收交流电路产生的过电压和在直流侧电路通断时产生的浪涌电压，对整流器进行过电压保护。

四、照明与信号电路分析

照明灯 EL 由照明灯开关 SA 控制。照明变压器 T2 将 AC 380V 电压降至 24V 安全电压供给照明灯 EL，由 FU3 提供照明电路的短路保护。

【任务实施】

1）观摩实物磨床，认真识读 M7130 型平面磨床电气原理图，熟悉磨床电路的构成。

① 熟悉各元件在电路中的作用、图形符号和文字符号。

② 熟悉各元件的型号、规格和数量。

③ 熟悉各电动机的作用和工作特点。

④ 熟悉电磁吸盘的工作特点。

2）认真识读 M7130 型平面磨床电气原理图，分析讨论下列问题。

① M7130 型平面磨床电路中共有几台电动机？其功率分别是多大？各起什么作用？

② M7130 型平面磨床的电气保护措施有哪些？分别由哪些电气元件来实现？

③ 电磁吸盘电路由哪几部分电路构成？各部分电路的作用是什么？

④ 电磁吸盘电路有哪些电气保护措施？

⑤ 欠电流继电器 KA 在电路中的作用是什么？

⑥ 砂轮电动机、冷却泵电动机、液压泵电动机无法起动，试分析可能的故障原因？

⑦ 结合实物磨床观摩记录，分析电路原理，写出 M7130 型平面磨床的电气操作过程。

【任务测评】

完成任务后，对任务实施情况进行检查，在表 5-3 相应的方框中打勾。

表 5-3　M7130 型平面磨床电气控制线路分析任务测评表

序号	能 力 测 评	掌 握 情 况
1	能说出电气原理图中所有元件在磨床电路中的作用	□好　□ 一般　□ 未掌握
2	能说出 M7130 型平面磨床砂轮电动机起动控制原理	□好　□ 一般　□ 未掌握
3	能说出 M7130 型平面磨床电磁吸盘充磁、退磁工作原理	□好　□ 一般　□ 未掌握
4	能说出 M7130 型平面磨床电磁吸盘保护电路的作用	□好　□ 一般　□ 未掌握
5	能结合电气原理图说出 M7130 型平面磨床的操作步骤	□好　□ 一般　□ 未掌握

任务三　M7130型平面磨床常见电气故障检修

【任务目标】

1）能发现M7130型平面磨床的电气故障。

2）掌握M7130型平面磨床常见电气故障的分析方法和检测流程。

3）能按照正确的检修方法和流程，排除M7130型平面磨床的常见电气故障。

【任务分析】

M7130型平面磨床电路的检修重点和难点是电磁吸盘电路部分。为保证设备正常工作，应注意检查电磁吸盘能否充磁、退磁以及磁力是否足够，停机后工件能否顺利取下等问题。此外，砂轮电动机的热过载现象也时有发生。作为机床维修人员，应熟练掌握磨床的电气原理和正确的试机操作步骤，快速而准确地查找、分析、检修、排除故障，从而保障设备正常运行，提高生产率。

【相关知识】

一、M7130型平面磨床检修前的操作步骤

1. 开机准备工作

在合上磨床电源总开关QS1之前，首先要手动调整砂轮架，使砂轮架与电磁吸盘保持一定距离；取下电磁吸盘上的工件，检查电磁吸盘插头是否处于插合位置；将液压调速手柄转至低速区间；将工作台两边挡铁的距离调近，限制左右往返行程，以防止工作台冲出。

2. 正常试机操作步骤

1）合上磨床电源总开关QS1。

2）合上机床照明灯开关SA，照明灯亮。

3）在电磁吸盘表面放上工件，将电磁吸盘转换开关QS2扳至“吸合”位置，电磁吸盘通电，电磁吸盘被充磁。

4）电磁吸盘充磁，工件吸牢后，欠电流继电器KA触点动作，此时按下液压泵起动按钮SB3，液压泵电动机M3工作。调整液压手柄开关，工作台可左右移动；按下液压泵停止按钮SB4，液压泵电动机M3断电停机。

5）电磁吸盘被充磁，工件吸牢后，按下砂轮电动机起动按钮SB1，砂轮电动机M1、冷却泵电动机M2工作。按下停止按钮SB2，砂轮电动机和冷却泵电动机停转。

6）将转换开关QS2扳至“放松”（断开）位置，电磁吸盘断电；将QS2扳至“退磁”位置，电磁吸盘通入反向电源，工件退磁后，取下工件，重新将QS2扳至“放松”位置。

3. 正常停机操作步骤

1）加工完毕后，按下停止按钮SB2，砂轮电动机和冷却泵电动机断电停机。

2）按下停止按钮SB4，液压泵电动机M3断电停机。

3）将电磁吸盘转换开关QS2扳至“放松”位置，再扳至“退磁”位置，工件退磁后，取下工件，再将QS2扳至“放松”位置。

4）断开照明电源开关 SA。

5）断开磨床总电源开关 QS1。

二、M7130 型平面磨床常见电气故障

M7130 型平面磨床工作台的移动是由液压装置控制的，电磁吸盘的正常充磁和退磁是本磨床控制的关键点。M7130 型平面磨床常见电气故障见表 5-4。

表 5-4 M7130 型平面磨床常见电气故障

序号	故障现象
1	液压泵电动机、砂轮电动机、冷却泵电动机均不能起动
2	电磁吸盘退磁不充分，工件取下困难
3	工作台不能往复运动
4	液压泵电动机缺相
5	砂轮电动机、冷却泵电动机缺相
6	控制变压器缺相，控制电路失效
7	欠电流继电器 KA 不动作，液压泵电动机、砂轮电动机、冷却泵电动机、电磁吸盘均不能起动
8	电磁吸盘充磁和退磁失效
9	电磁吸盘不能充磁
10	电磁吸盘不能退磁
11	整流电路中无直流电，欠电流继电器 KA 不动作
12	照明灯不亮
13	砂轮电动机不能工作
14	液压泵电动机不能工作
15	砂轮电动机、液压泵电动机都不能工作
16	液压泵电动机不能正常工作（只有点动）

三、M7130 型平面磨床常见电气故障分析

M7130 型平面磨床电磁吸盘电路应能可靠地吸持铁磁性材料的工件。若电磁吸盘吸力不足或不能可靠充磁，将导致所有电动机都不能运转。

（1）电磁吸盘没有吸力或吸力不足　如果电磁吸盘没有吸力或不能充磁，首先应检查电源，用万用表电压档逐一测量组合开关 QS1，整流变压器 T1 的一次、二次电压，整流器桥堆 VC 输出的直流电压是否正常；熔断器 FU1、FU2、FU4 是否熔断；电磁吸盘转换开关 QS2 的触点、插座 X3 是否接触良好；欠电流继电器 KA 的线圈有无断路；电磁吸盘线圈 YH 两端有无 DC 110V 电压。如果电压正常，但电磁吸盘仍无吸力，则需要检查 YH 有无断线。如果电磁吸盘吸力不足，则多是因为工作电压低于额定值，例如，桥式整流电路的某一桥臂出现故障，使全波整流变成半波整流，导致 VC 输出的直流电压下降了一半。也可能是 YH 线圈局部短路，使空载时 VC 输出电压正常，而接上 YH 后电压低于正常值（110V）。具体的检测流程如图 5-9 所示。

（2）电磁吸盘不能退磁，工件取下困难　将电磁吸盘转换开关 QS2 扳至“退磁”位置进行退磁。对电磁吸盘不能退磁或退磁效果差，导致工件取下困难的故障进行分析时，首先应检查退磁电路有无断路或有无元件损坏。如果退磁电压过高，则会影响退磁效果，调节可变电阻 R2，使退磁电压为 5 ~ 10 V。此外，还应考虑是否有退磁操作不当的原因，如退磁时间过长等。电磁吸盘不能退磁，工件取下困难故障的检测流程如图 5-10 所示。

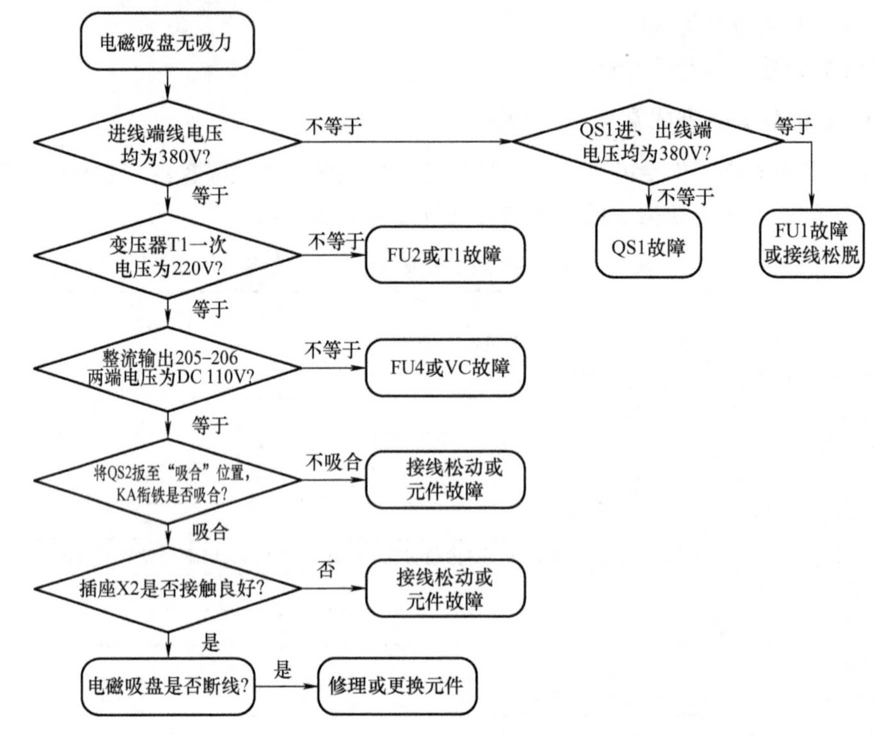

图 5-9　电磁吸盘没有吸力或无法充磁故障的检测流程

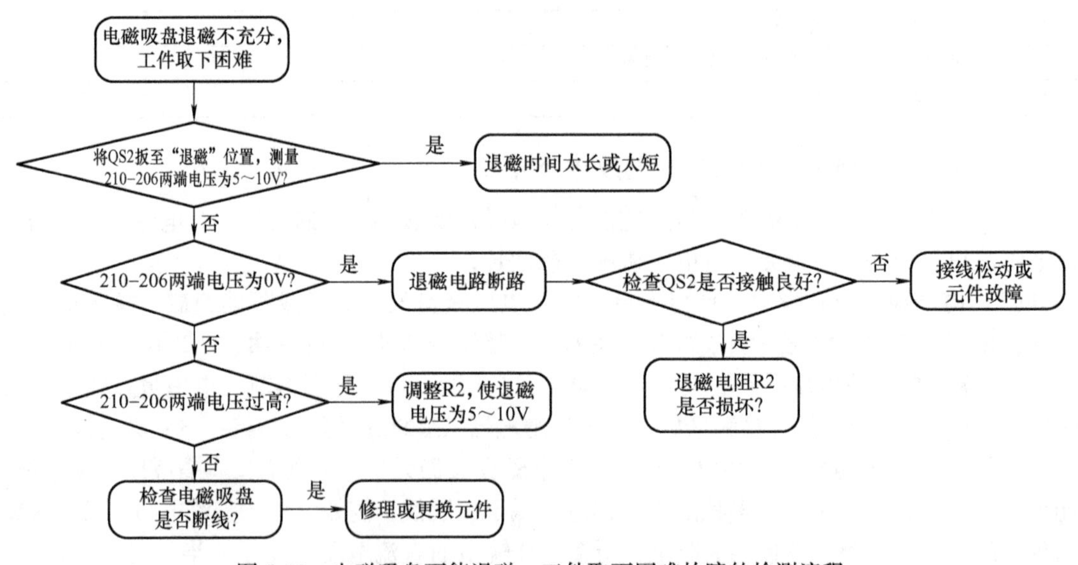

图 5-10　电磁吸盘不能退磁，工件取下困难故障的检测流程

(3) 三台电动机都不能起动　三台电动机都不能起动故障的检测流程如图 5-11 所示。当三台电动机都不能起动时，先观察照明灯是否亮，若照明灯不亮，则应首先检查交流电源，用万用表电压档测量交流进线电压是否为 380V，变压器 T2（0－1）一次电压是否正常。若电压正常，则将 QS2 扳至“吸合”位置，检查欠电流继电器是否动作，辅助常开触点（3－4）是否导通，若导通可将 QS2 扳至“退磁”位置，拔掉电磁吸盘插头。检查 QS2 辅助常开触点（3－4）是否导通，若导通，则需检查热继电器 FR1、FR2 触点是否动作或接触不良。

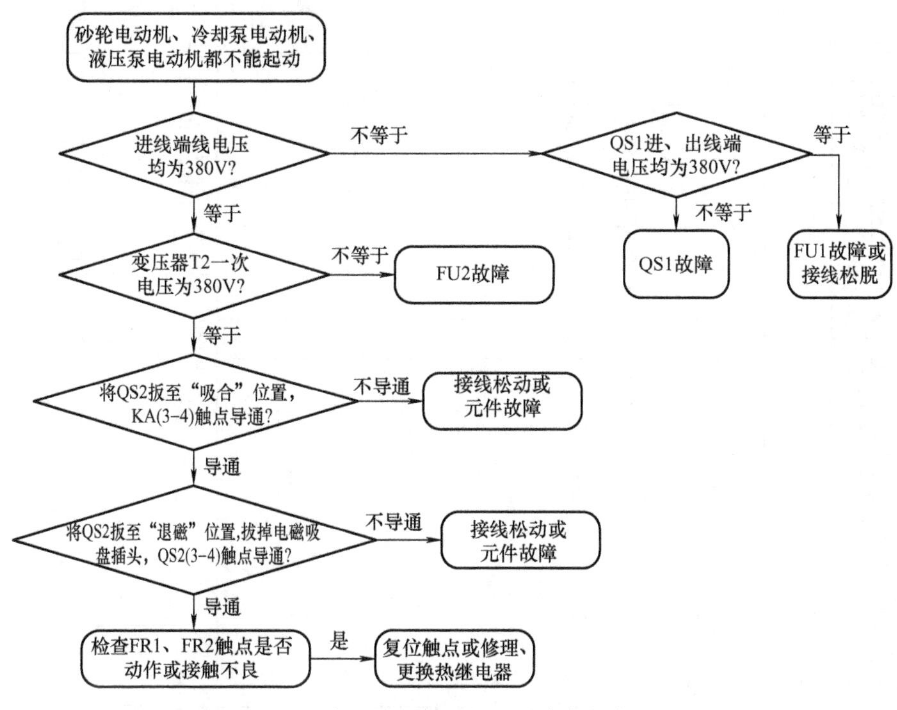

图 5-11　三台电动机都不能起动故障的检测流程

（4）热继电器脱扣故障处理　在磨床电路中，热继电器脱扣故障时有发生。因为砂轮电动机为装入式电动机，它的前轴承是易磨损的铜瓦。其磨损后容易发生堵转现象，使电流增大，容易导致砂轮电动机主电路中的热继电器 FR1 脱扣。热继电器脱扣后复位，应重新调整整定电流。更换后的热继电器规格应与砂轮电动机主电路的电流相匹配，整定电流也应重新调整。

【提示】 对磨床控制电路进行故障检测时，应尽量采用电压测量法。M7130 型平面磨床的电磁吸盘控制电路中既有交流电压也有直流电压。电磁吸盘两端电压为直流电压，而其供电是通过整流变压器经整流桥整流后得到的，整流桥输入侧为交流电压。因此，在测量电压时要注意交、直流档位的转换，同时还要注意选取正确的参考点。切记不要将万用表表笔放在性质不同的两电压端。此外，电磁吸盘电路中还有电气保护元件，出现故障时应根据电路结构测量各点电压，找出故障位置，并进行修理和更换，以防止同一故障反复出现。

【任务实施】

图 5-12 为 M7120 型平面磨床电气原理图，图 5-13 为面板布局图。

1）熟悉现场实训设备和工具、器材的使用，或自备检修工具和器材，列出工具和器材清单，确保工具和器材完好。

2）熟悉现场 M7120 型平面磨床电气元件的位置、电路走向、操作流程。

3）针对以下可能出现的故障现象在 M7120 型平面磨床抽考设备上分别设置故障点。并结合电气原理图分析故障现象，确定故障范围和检修思路，查找故障点并排除故障。

① 电磁吸盘不能退磁，砂轮电动机不能停车。

② 电磁吸盘不能充磁，砂轮电动机不能工作。

③ 电磁吸盘不能退磁，液压电动机不能工作。

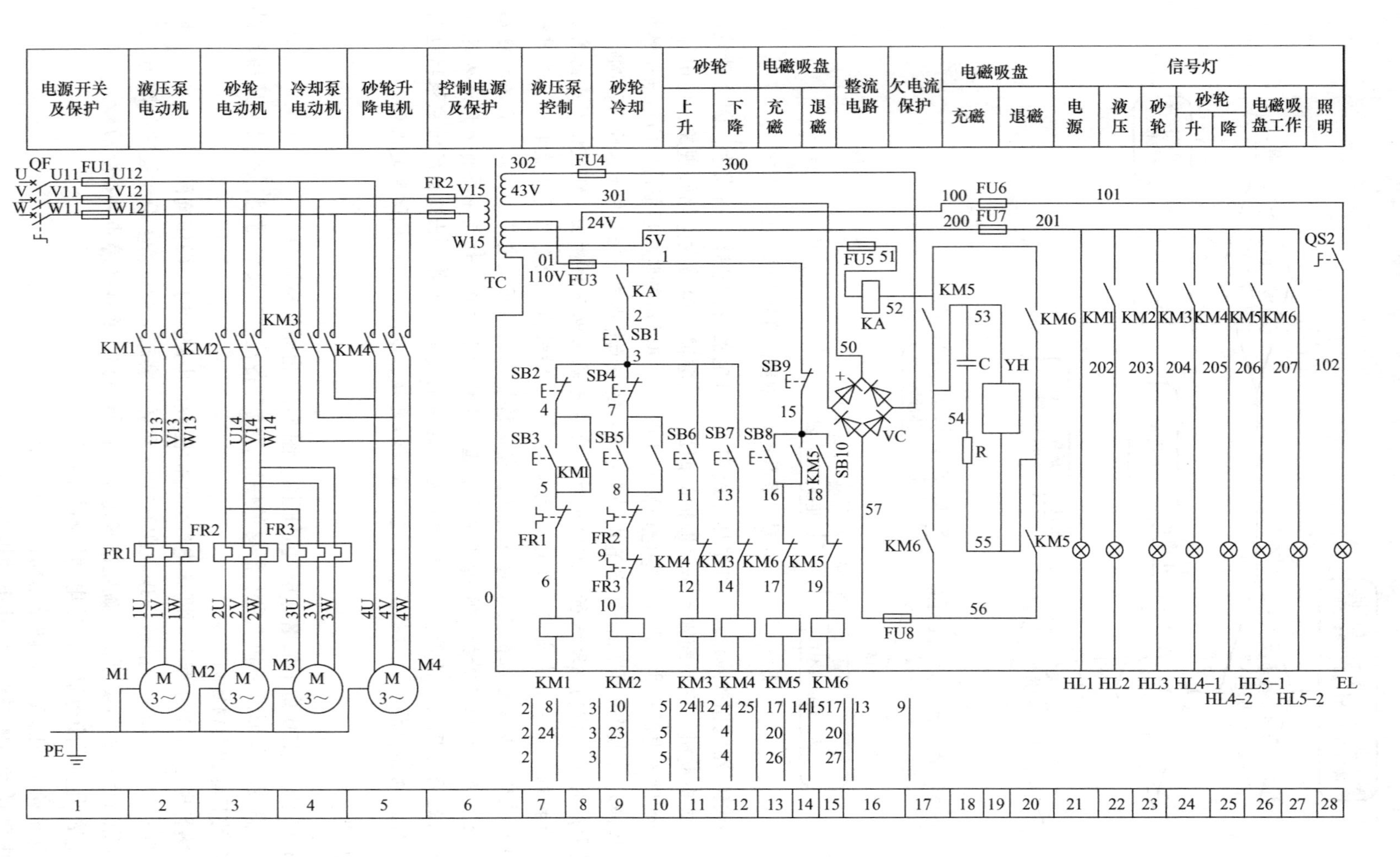

图5-12　M7120型平面磨床电气原理图

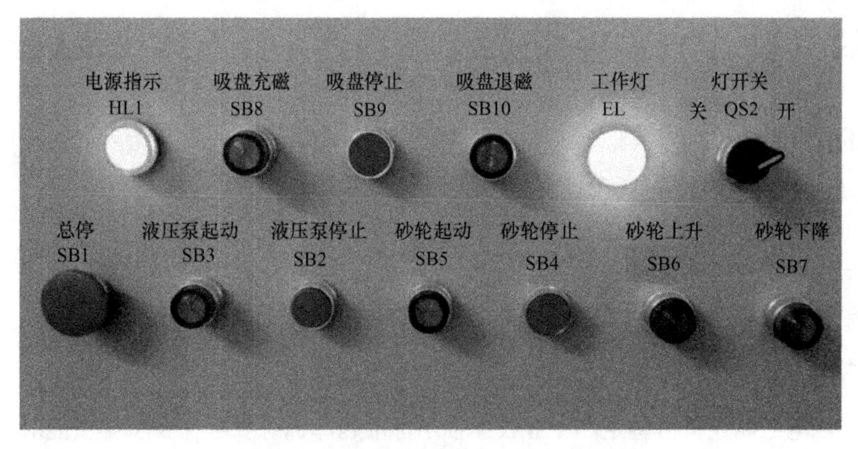

图 5-13　M7120 型平面磨床面板布局图

④ 电磁吸盘不能充磁和退磁，砂轮电动机不能工作。

⑤ 电磁吸盘不能退磁，砂轮电动机、液压电动机、砂轮升降电动机都不能工作。

⑥ 电磁吸盘不能充磁和退磁（KA 线圈不得电），砂轮升降电动机不能工作。

⑦ 砂轮升降电动机不能下降工作，液压电动机不能正常工作（只有点动）。

⑧ 电磁吸盘不能充磁，砂轮电动机不能正常工作（只有点动）。

【任务测评】

完成任务后，对任务实施情况进行检查，将结果填入表 5-5 中。

表 5-5　M7120 型平面磨床常见电气故障检修任务测评标准

<table>
<tr><th colspan="2">评价内容</th><th>配分</th><th colspan="3">考　核　点</th><th>得分</th></tr>
<tr><td rowspan="2">职业素养与操作规范（20 分）</td><td>工作准备</td><td>10</td><td colspan="3">清点元件、仪表、电工工具、电动机并摆放整齐；穿戴好劳动防护用品</td><td></td></tr>
<tr><td>6S 规范</td><td>10</td><td colspan="3">操作过程中及作业完成后，保持工具、仪表、元件、设备等摆放整齐；操作过程中无不文明行为，具有良好的职业操守，独立完成考核内容，合理解决突发事件；具有安全用电意识，操作符合规范要求</td><td></td></tr>
<tr><td rowspan="4">电气故障分析（80 分）</td><td>观察故障现象</td><td>10</td><td colspan="3">操作机床屏柜，观察并写出故障现象</td><td></td></tr>
<tr><td>故障处理步骤及方法</td><td>10</td><td colspan="3">采用正确、合理的操作步骤和方法进行故障处理；熟练操作机床，正确选择并使用工具、仪表；正确分析和处理故障，操作规范，动作熟练</td><td></td></tr>
<tr><td>写出故障原因及排除方法</td><td>20</td><td colspan="3">写出故障原因及正确排除方法，故障现象分析正确；故障原因分析正确，处理方法得当</td><td></td></tr>
<tr><td>排除故障</td><td>40</td><td colspan="3">故障点正确；采用正确方法排除故障；不超时，按定时处理问题</td><td></td></tr>
<tr><td>定额工时</td><td colspan="5">每个故障 30min，不允许超时检查故障</td><td></td></tr>
<tr><td>备注</td><td colspan="4">除定额工时外，各项内容的最高扣分不得超过配分数；未正确使用仪表致其烧毁或恶意损坏设备者，以零分计</td><td>成绩</td><td></td></tr>
<tr><td>开始时间</td><td colspan="2"></td><td>结束时间</td><td></td><td>实际时间</td><td></td></tr>
</table>

任务四　YL－WXD－Ⅲ型考核装置平面磨床模块综合实训

【任务目标】

1）培养学生对相似磨床电路的分析能力。

2）学习 M7120 型平面磨床电路的工作原理。

3）学习 M7120 型平面磨床电路的接线与测绘。

4）能完成 M7120 型平面磨床常见电气故障的检修。

【任务分析】

根据维修电工职业资格鉴定和专业技能抽考标准题库训练要求，要求学员能对具有相似难度的磨床电气设备进行安装、调试、维护、检修。图 5-14 为 M7120 型平面磨床电气原理图，本任务要求按该图完成设备电源、电动机的安装接线，以及电路测绘。经指导教师检查无误后，进行通电试车和检修排故实训，要求学员严格遵守安全操作规程。具体任务要求如下：

1）熟悉磨床电气元件的名称、型号规格、代号及安装位置。

2）熟悉磨床的操作流程，明确开机前各开关的初始位置、各元件的初始状态。

3）在教师指导下对磨床进行通电试车，按以下步骤正确操作磨床。

① 开机前的准备。

② 合上电源开关，电源指示灯亮；合上照明灯开关，工作灯亮。

③ 按下吸盘充磁按钮，吸盘充磁，吸盘充磁指示灯亮。

④ 按下砂轮起动按钮，起动砂轮电动机和冷却泵电动机，砂轮信号灯亮。

⑤ 按下液压泵电动机起动按钮，起动液压泵电动机，液压泵起动指示灯亮。

⑥ 按下液压泵电动机停止按钮，液压泵电动机停止工作。

⑦ 按下砂轮电动机停止按钮，砂轮电动机、冷却泵电动机停止工作。

⑧ 按下砂轮上升（下降）按钮，砂轮电动机起动上升（下降），上升（下降）指示灯亮。

⑨ 按下液压吸盘停止按钮，吸盘停止工作。

⑩ 按下退磁按钮，对电磁吸盘退磁，退磁指示灯亮。

⑪ 设备关机操作。

4）认真分析电气原理图、元件布置图，在教师的指导下，结合对磨床的实际操作，完成磨床的电路测绘。

5）针对预设故障按如下步骤进行排故实训：观察、检测或操作设备，判断故障现象；读图分析，判断故障范围；制订检修方案，用电工仪器仪表进行测量，查找故障点；排除故障后再次通电试车，并做好检修记录。

【相关知识】

M7120 型平面磨床电路可分为主电路、控制电路、电磁吸盘控制电路以及照明和指示灯电路四部分。

1. 主电路分析

主电路中共有四台电动机，各电动机的名称和作用见表 5-6。

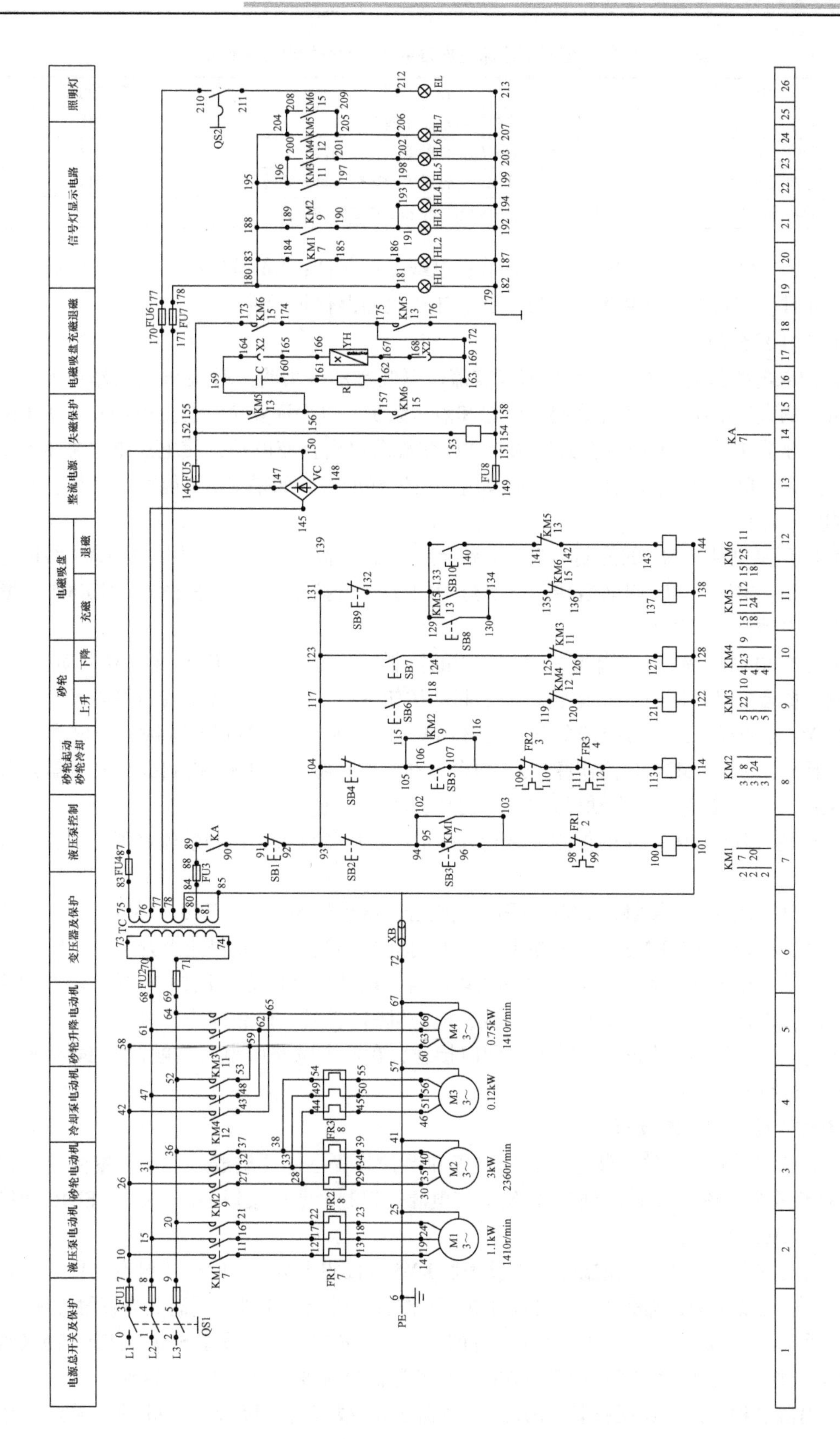

图5-14　M7120型平面磨床电路智能实训考核单元电气原理图

表 5-6　M7120 型平面磨床主电路中各电动机的名称和作用

代号	名　称	作　用	控制元件
M1	液压泵电动机	实现工作台的往复运动，单向旋转	KM1
M2	砂轮电动机	带动砂轮转动完成工件的磨削，单向旋转	KM2
M3	冷却泵电动机	在砂轮电动机 M2 运转后才能运转，单向旋转	KM3
M4	砂轮升降电动机	用于磨削过程中调整砂轮和工件之间的位置	KM4

M1、M2、M3 是长期工作的，所以都装有过载保护元件；M4 是短期工作的，所以不设过载保护元件。四台电动机共用一组熔断器 FU1 作为短路保护元件。

2. 控制电路分析

（1）控制电路起动条件　平面磨床靠直流电磁吸盘的吸力将工件吸牢在工作台上，只有具备可靠的直流电压后，才允许起动砂轮和液压系统，以保证安全。合上电源总开关 QS1 后，整流变压器 TC 二次电压经桥式整流器 VC 整流后得到直流电压，使电压继电器 KA 得电动作，其常开触点（7 区）闭合，为起动电动机做好准备。如果 KA 不能可靠动作，则各电动机均无法运行。

（2）液压泵电动机 M1 的控制　当 KA 吸合后，按下起动按钮 SB3，接触器 KM1 线圈得电吸合并自锁，电动机 M1 起动运转，指示灯 HL2 亮。若按下停止按钮 SB2，则 KM1 线圈断电释放，电动机 M1 停转。

（3）砂轮电动机 M2 及冷却泵电动机 M3 的控制　砂轮电动机 M2 和冷却泵电动机 M3 联动控制，两台电动机同时起动运转。按下起动按钮 SB5，接触器 KM2 线圈得电吸合，砂轮电动机 M2 起动运转，同时冷却泵电动机 M3 也运转。按下停止按钮 SB4 时，接触器 KM2 线圈断电释放，M2 与 M3 同时断电停转。两台电动机的热继电器 FR2 和 FR3 的常闭触点都串联在 KM2 中，只要有一台电动机过载，就会使 KM2 失电。

（4）砂轮升降电动机 M4 的控制　砂轮升降电动机用于调整工件和砂轮之间的位置，采用点动控制。

按下上升按钮 SB6，接触器 KM3 线圈得电吸合，电动机 M4 起动正转，砂轮上升。到达所需位置时，松开 SB6，KM3 线圈断电释放，电动机 M4 停转，砂轮停止上升。

按下点动按钮 SB7，接触器 KM4 线圈得电吸合，电动机 M4 起动反转，砂轮下降。到达所需位置时，松开 SB7，KM4 线圈断电释放，电动机 M4 停转，砂轮停止下降。

为了防止电动机 M4 的正、反转电路同时接通，在对方电路中串入接触器 KM4 和 KM3 的常闭触点进行联锁控制。

3. 电磁吸盘控制电路分析

电磁吸盘控制电路由整流装置、控制装置和保护装置三部分组成。整流装置由变压器 TC 和单相桥式全波整流器 VC 组成，供给直流电源。控制装置由按钮 SB8、SB9、SB10 和接触器 KM5、KM6 等组成。

（1）充磁过程　按下充磁按钮 SB8，接触器 KM5 线圈得电吸合，KM5 主触点（15 区、18 区）闭合，电磁吸盘 YH 线圈通入正向直流电，工作台充磁吸住工件。同时其自锁触点闭合，联锁触点断开。磨削加工完毕，在取下加工好的工件时，先按下停止按钮 SB9，切断电磁吸盘 YH 的直流电源，由于吸盘和工件中都有剩磁，因此还需要对吸盘和工件进行退磁。

（2）退磁过程　按下退磁按钮 SB10，接触器 KM6 线圈得电吸合，KM6 的主触点（15

区、18区）闭合，电磁吸盘通入反向直流电，使工作台和工件退磁。退磁时，为防止因时间过长使工作台反向磁化而再次吸住工件，接触器KM6采用点动控制。

（3）保护装置　保护装置由欠电压继电器KA和阻容（R－C）放电电路组成。KA的作用是防止加工过程中因电源电压不足，电磁吸盘吸不牢工件，而导致工件被砂轮打出的严重事故。将其线圈并联在直流电源上，其常开触点（7区）串联在液压泵电动机和砂轮电动机的控制电路中，若电压不足，电磁吸盘吸不牢工件，KA就会释放，使液压泵电动机和砂轮电动机停转，保证了安全。电磁吸盘是一个大的电感器，在充磁吸合工件时，它会存储大量磁场能量。在它脱离电源的一瞬间，吸盘YH两端将产生较大的自感电动势，会使线圈和其他电器损坏，故用电阻和电容组成放电回路，利用电容C两端的电压不能突变的特点，使电磁吸盘线圈两端的电压变化趋于缓慢，利用电阻R消耗电磁能量。如果参数选配得当，则R－L－C电路可以组成一个衰减振荡电路，对退磁是十分有利的。

4. 照明和指示灯电路分析

在图5-14中，由变压器TC为照明灯EL提供36V的工作电压，QS2为照明开关。由变压器TC为信号指示灯HL1～HL7提供6.3V的工作电压。其中HL1亮为控制电路的电源正常指示信号；HL2亮为液压泵电动机M1处于运转状态的指示信号；HL3亮为砂轮电动机M2处于运转状态的指示信号；HL4亮为冷却泵电动机M3处于运转状态的指示信号；HL5亮为砂轮升降电动机M4处于上升工作状态的指示信号；HL6亮为砂轮升降电动机M4处于下降工作状态的指示信号；HL7亮为电磁吸盘YH处于工作状态（充磁和退磁）的指示信号。

【任务实施】

一、工具、仪表、设备及器材准备

1）工具：螺钉旋具、电工钳、剥线钳及尖嘴钳等。

2）仪表：万用表1只。

3）设备：YL－WXD－Ⅲ型高级维修电工实训考核装置——M7120型平面磨床电路智能实训考核单元，其元件布局如图5-15所示。

4）电气元件：所需电气元件见表5-7。

表5-7　电气元件明细表

名　称	型号规格	数　量
三相剩余电流断路器	DZ47LE－32	1只
1P熔断器	RT14－20	6只
2P熔断器	RT18－32	1只
3P熔断器	RT18－32	1只
按钮	LS1－1	1只
行程开关	LA19－11	红色4只/绿色6只
交流接触器	CJ20－10/127V	6只
热继电器	JR36－20/3	3只
牵引电磁铁	MQ1－127V	1只
变压器	BK－150 380V/127V，110V，24V、6.3V	1只
三相笼型异步电动机		4台
端子排、线槽、导线		若干

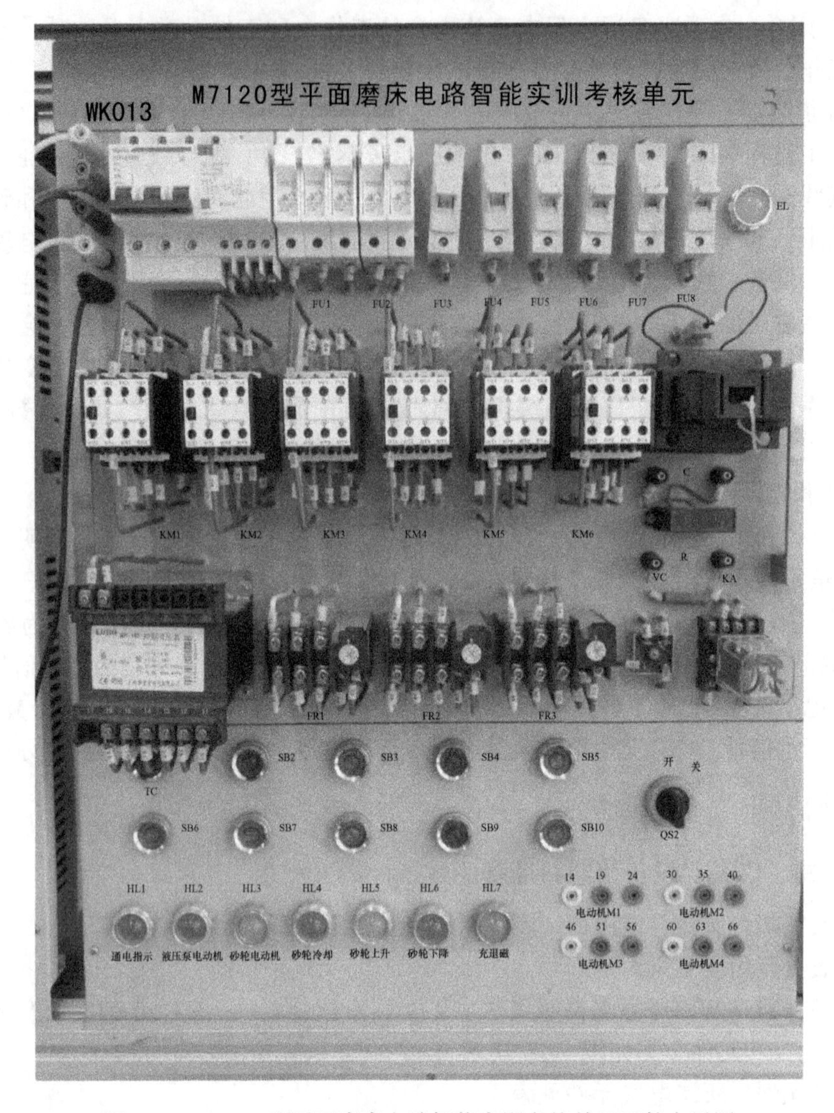

图 5-15　M7120 型平面磨床电路智能实训考核单元元件布局图

二、M7120 型平面磨床电路测绘

1）在断电的情况下，根据电气元件明细表和电气原理图，熟悉磨床考核单元各电气元件的作用及布局，并检测判别各电气元件和电动机的好坏。如有损坏现象，需及时报告指导教师予以更换或维修。

2）熟悉平面磨床考核单元的实际走线路径，根据电气原理图分析和现场测绘绘制出平面磨床电气安装接线图。

3）识读和分析图 5-16 所示的平面磨床电气安装接线图是否正确。

三、M7120 型平面磨床通电试车

1）正确连接电源线，正确选用和安装液压泵电动机、砂轮电动机、冷却泵电动机、砂轮升降电动机等。

2）完成系统安装接线后，经指导教师检查认可后方可通电试车。

3）试车操作步骤如下：

① 合上电源开关 QS1，系统上电，欠电压继电器 KA 动作。

② 合上照明灯开关 QS2，照明灯 EL 亮。

③ 按下电磁吸盘充磁按钮 SB8，电磁吸盘充磁，指示灯 HL7 亮。

④ 按下液压泵电动机起动按钮 SB3，液压泵电动机 M1 运转，液压泵运转指示灯 HL2 亮。

⑤ 按下砂轮电动机起动按钮 SB5，砂轮电动机 M2 和冷却泵电动机 M3 运转，砂轮电动机指示灯 HL3 和冷却泵电动机指示灯 HL4 亮。

⑥ 按下砂轮升降电动机点动按钮 SB7，砂轮升降电动机 M4 反转，砂轮下降，砂轮下降指示灯 HL6 亮。松开按钮 SB7，砂轮升降电动机 M4 停转，砂轮下降指示灯 HL6 灭。

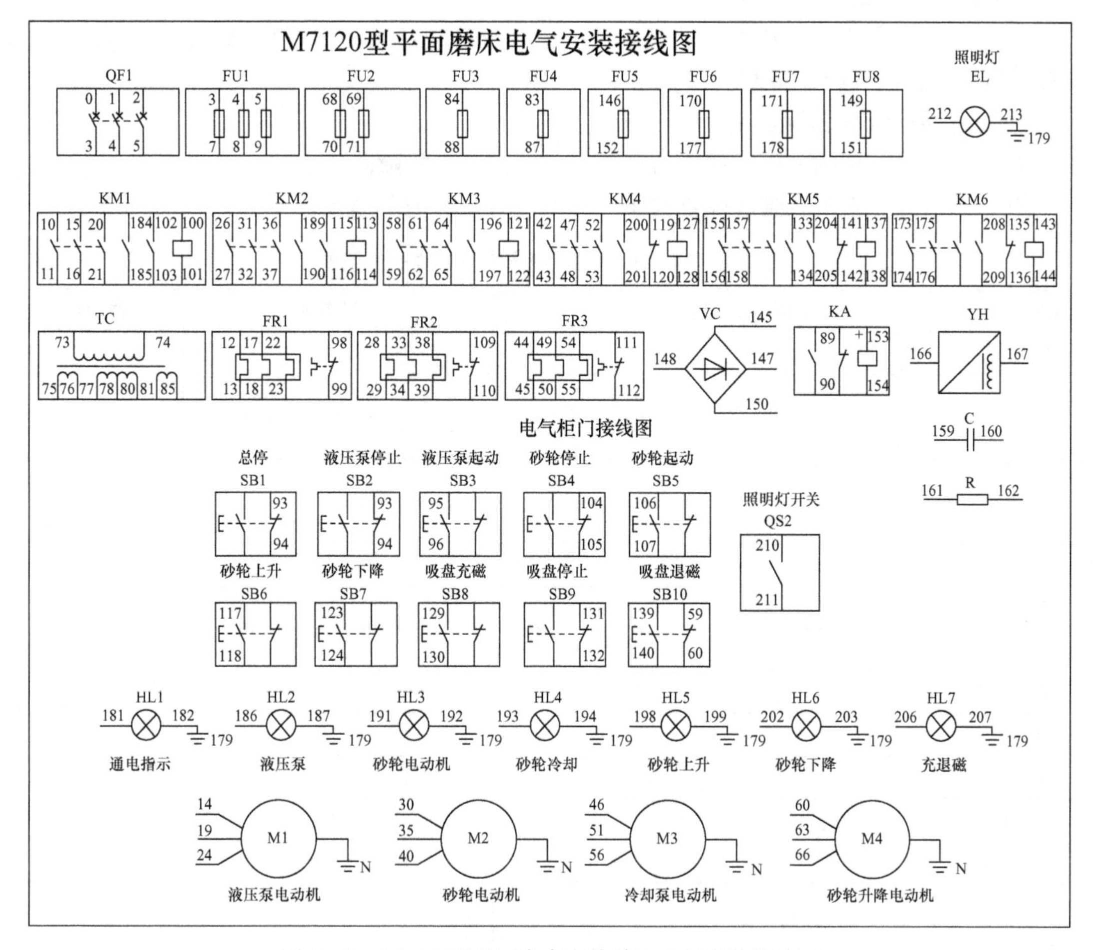

图 5-16　M7120 型平面磨床考核单元电气安装接线图

⑦ 按下砂轮升降电动机点动按钮 SB6，砂轮升降电动机 M4 正转，砂轮上升，砂轮上升指示灯 HL5 亮。松开按钮 SB6，砂轮升降电动机 M4 停转，砂轮上升指示灯 HL5 灭。

⑧ 按下砂轮电动机停止按钮 SB4，砂轮电动机 M2 和冷却泵电动机 M3 停转，砂轮电动机指示灯 HL3 和冷却泵电动机指示灯 HL4 灭。

⑨ 按下液压泵电动机停止按钮 SB2，液压泵电动机停转，液压泵指示灯 HL2 灭。

⑩ 按下电磁吸盘停止充磁按钮 SB9，电磁吸盘停止充磁，指示灯 HL7 灭。

⑪ 按下退磁点动按钮 SB10，电磁吸盘线圈反向通电，开始退磁，指示灯 HL7 亮。松开退磁点动按钮 SB10，退磁结束，指示灯 HL7 灭。

⑫ 断开 QS2，照明灯 EL 灭。

⑬ 断开电源总开关 QS1，机床断电。

四、M7120 型平面磨床电气故障检修

严格遵守电工安全操作规程，按如下步骤进行电气故障检修：

1）上电前，检查设备的完好性，检测电气元件的好坏。

2）正确安装接线，经教师检查无误后通电试车，观察磨床是否正常工作，在设备正常工作的前提下，记录操作流程。

3）在教师指导下，针对磨床可能出现的电气故障现象人为设置故障点，或通过故障箱设置故障，进行电气故障检修实训。

① 通过操作试车，判断并记录故障现象。

② 结合电气原理图分析，明确故障检修思路，确定故障范围。

③ 检测故障，直至找到故障点并予以排除，将检修记录填入表 5-8 中。

表 5-8　M7120 型平面磨床电气故障检修记录

编号	故障现象描述	故障范围	故障点
1			
2			
3			
4			
5			
6			
7			
8			
9			
10			
11			
12			
13			
14			
15			
16			

④ 排除故障后，再次通电试车。

⑤ 整理检修记录，完成磨床电气故障检修实训报告（表 5-9）。对于每一个故障点，均要求准确描述故障现象，分析故障原因及处理方法，写出故障点。

表 5-9　M7120 型平面磨床电气故障检修实训报告

<table>
<tr><td>课程名称</td><td colspan="3">常用机床电气故障检修</td><td>指导教师</td><td></td></tr>
<tr><td>任务名称</td><td colspan="3">M7120 型平面磨床电气控制线路分析与检修</td><td>学生姓名</td><td></td></tr>
<tr><td>设备名称</td><td colspan="3">M7120 型平面磨床电路智能实训考核单元</td><td>台位编号</td><td></td></tr>
<tr><td>班级</td><td></td><td>小组编号</td><td></td><td>成员名单</td><td></td></tr>
<tr><td>实训目标</td><td colspan="5">熟悉 M7120 型平面磨床的结构、电路工作原理，能熟练完成 M7120 型平面磨床常见电气故障的检修，并能排除故障</td></tr>
<tr><td>实训器材</td><td colspan="5">M7120 型平面磨床电路智能实训考核单元、AC 380V 电源、数字万用表、十字螺钉旋具、电气元件等</td></tr>
<tr><td rowspan="3">实训内容</td><td>1 号故障现象</td><td colspan="4"></td></tr>
<tr><td>分析故障现象及处理方法</td><td colspan="4"></td></tr>
<tr><td>故障点</td><td colspan="4"></td></tr>
<tr><td rowspan="3">实训内容</td><td>2 号故障现象</td><td colspan="4"></td></tr>
<tr><td>分析故障现象及处理方法</td><td colspan="4"></td></tr>
<tr><td>故障点</td><td colspan="4"></td></tr>
</table>

【任务测评】

完成任务后，对任务实施情况进行检查，在表 5-10 相应的方框中打勾。

表 5-10　YL－WXD－Ⅲ型考核装置平面磨床模块综合实训任务测评表

序号	能力测评	掌握情况
1	能正确使用工具仪表	□好　□一般　□未掌握
2	能正确完成 M7120 型平面磨床设备电路的安装和接线	□好　□一般　□未掌握
3	能正确识别和检测 M7120 型平面磨床的各元件	□好　□一般　□未掌握
4	能正确完成 M7120 型平面磨床的试车操作	□好　□一般　□未掌握
5	能根据试车状况准确描述故障现象	□好　□一般　□未掌握
6	能正确分析电气故障和描述检修思路	□好　□一般　□未掌握
7	能标出最小故障范围	□好　□一般　□未掌握
8	能正确测量和准确标出故障点并排除故障	□好　□一般　□未掌握
9	安全文明生产，6S 管理	□好　□一般　□未掌握
10	完成实训报告	□好　□一般　□未掌握
11	损坏元器件或仪表	□是　□否
12	违反安全文明生产规程，未清理场地	□是　□否

作业与思考

一、填空题

1. M7130 型平面磨床工作台的往复运动是由________传动完成的。

2. 首先应确保 M7130 型平面磨床的________得电并正常工作，然后才能起动砂轮，电气上靠________来实现。

3. 当平面磨床加工完毕后，取下的工作必须退磁，先把 QS2 扳到________位置，切断电磁吸盘 YH 的直流电源，然后将 QS2 扳到________位置退磁。

4. 三台电动机起动的必要条件是使________或________的常开触点闭合。

二、选择题

1. 平面磨床砂轮在加工中（　　）。

A. 需调速　　B. 不需调速　　C. 对调速无要求

2.（　　）在电磁吸盘线圈上并入续流二极管直接释放磁场能量。

A. 可以　　B. 不可以

3. 电磁吸盘电路中 R2 开路会造成（　　）。

A. 吸盘不能充磁　　B. 吸盘不能快速退磁

C. 吸盘不能充磁也不能退磁

4. 插座 X3 的作用是（　　）。

A. 保护吸盘　　B. 充磁　　C. 退磁

5. 电流继电器 KA 在电路中的作用是（　　）。

A. 过电流保护　　B. 过电压保护　　C. 失磁保护

6. 电阻 R1 与电容器 C 在电磁吸盘电路中的作用是（　　）。

A. 交流侧过电压保护　　B. 直流侧过电压保护　　C. 失磁保护

三、问答题

1. 熔断器 FU1 中 U 相熔断会有什么现象？

2. 熔断器 FU1 中 V 相和 W 相中有一相熔断会有什么现象？

3. 熔断器 FU4 熔断会出现什么现象？

项目六　常用机床电气控制系统的 PLC 改造

【项目描述】 传统机床电气控制系统是由继电器、接触器等元件组成的控制电路，不但接线复杂，而且通用性和灵活性差，经常出现故障，可靠性较差，维修困难。与传统的继电器-接触器电气控制系统相比，可编程序控制器（PLC）控制系统具有体积小、能耗低、可靠性高、抗干扰能力强、功能完善、适应性强、易学易用、开发周期短等优点。对传统继电器-接触器控制系统实施 PLC 改造，可以大大减少继电器等硬件逻辑元件的数量，提高电气控制系统的稳定性和可靠性，降低机床设备的故障率，提高机床加工产品的品质和生产率。无论是从经济上，还是从工作可靠性、维修便利性、工作寿命上来说，进行 PLC 改造都是十分经济和划算的，也是可行的优选方案。

【项目目标】

1. 知识目标

1）了解 PLC 的发展和应用情况。

2）熟悉 PLC 系统的硬件构成和工作原理。

3）了解三菱系列 PLC 的常用型号和选用原则。

4）熟悉 PLC 的编程元件和常用基本指令。

5）了解工程应用中 PLC 控制系统的基本设计方法和步骤。

6）掌握常用机床继电器-接触器控制系统 PLC 改造的一般步骤和方法。

2. 技能目标

1）能应用 PLC 常用基本指令进行编程。

2）能应用 PLC 基本指令对传统机床继电器-接触器控制电路进行改造。

3）能按照正确的操作步骤完成 PLC 控制系统的电路安装。

4）能按照正确的操作流程进行 PLC 控制系统的程序调试。

【项目分析】

传统继电器-接触器控制电路存在接线复杂、容易出故障、维修困难等缺点。继电器-接触器控制系统通过不同的导线连接方式实现逻辑控制，控制功能的改变必须通过改变导线连接方式才能实现，而 PLC 控制系统则通过软件编程来实现逻辑控制。应用 PLC 技术对传统机床继电器-接触器控制电路进行技术改造，在保持原有机床设备的控制要求和工艺流程不变的前提下，能有效降低机床设备的故障率，提高其使用效率。

本项目下设四个任务：通过认识 PLC，掌握用 PLC 基本指令编程来实现电动机控制的一般步骤和方法；分别以 CA6140 型卧式车床、Z3050 型摇臂钻床、T68 型卧式镗床电气控制系统的 PLC 改造为例，学习 PLC 控制系统的构建以及基本设计方法和步骤。通过本项目的学习，使学生掌握传统机床 PLC 改造的一般方法和步骤，进一步提升学生对机床电气设备的安装与调试能力、电路分析能力、故障检修能力，以及运用新技术进行相关设备技术改造的能力。

任务一　认识 PLC

【任务目标】

1）了解 PLC 的发展历史和应用情况。

2）掌握 PLC 控制系统的基本构成和工作原理。

3）掌握 FX 系列 PLC 的编程元件和常用基本指令。

4）了解 PLC 的常用型号。

5）能应用基本指令完成 PLC 控制系统的编程。

【任务分析】

PLC 具有体积小、功能强、程序设计简单、灵活通用等一系列优点，是综合了计算机技术、自动控制技术和通信技术而发展起来的一种通用工业自动控制装置。PLC 系统是由继电器-接触器控制系统发展而来的。本任务主要学习 PLC 控制系统的基本构成和工作原理，通过学习 PLC 的编程元件和常用基本指令，掌握用基本指令进行编程，实现电动机典型电路控制的一般步骤和方法。

【相关知识】

一、PLC 的发明和应用

1. PLC 的发明

美国通用汽车公司在 1968 年公开招标，要求用新的控制装置取代继电器-接触器控制系统。设想这种控制装置能把继电器-接触器控制系统的操作方便、简单易懂、价格便宜等优点与计算机的通用灵活、功能完善等优点相结合，以取代原有控制电路，并且要求把计算机的编程方法和程序输入方法加以简化，使不熟悉计算机的人也能方便地使用这种控制装置。1969 年，美国数字设备公司根据通用汽车公司提出的设想和要求研制出了世界上第一台 PLC，其型号为 PDP－14。用它取代传统的继电器-接触器控制系统，在美国通用汽车公司的汽车自动装配线上使用，取得了巨大成功。这种新型的工业控制装置以其简单易懂、操作方便、可靠性高、通用灵活、体积小、使用寿命长等一系列优点，很快在美国其他工业领域得到了推广应用。

2. PLC 的定义

国际电工委员会将 PLC 定义为：“PLC 是一种专门在工业环境下应用而设计的数字运算操作的电子装置。它采用可以编制程序的存储器，用来在其内部存储执行逻辑运算、顺序运算、计时、计数和算术运算等操作的指令，并能通过数字式或模拟式的输入和输出，控制各种类型的机械或生产过程。PLC 及其有关外围设备都应按照易于与工业控制系统形成一个整体，易于扩展其功能的原则而设计。”

3. PLC 的应用

目前，PLC 主要应用于以下几个方面。

1）开关逻辑控制。外接开关量信号，用 PLC 取代传统继电器-接触器控制系统。这是 PLC 最常见的应用领域，如对传统卧式机床实施 PLC 改造。

2）模拟量过程控制。PLC 通过模拟量 I/O 模块对连续变化的温度、压力、流量、速度等模拟量信号实现模拟量和数字量之间的转换（A-D 转换或 D-A 转换）。用 PID 子程序或专用 PID 模块来实现闭环控制。模拟量过程控制广泛应用于化工、轻工、机械、冶金、电力等行业，如对加热炉、塑料挤压成型设备、锅炉的过程控制等。

3）数据处理。现代的 PLC 具有数学运算、数据传送、排序、转换、位操作等功能，可以完成数据的采集、分析和处理。这些数据可以与储存在存储器中的参考值进行比较，完成一定的控制操作，也可以通过通信功能将它们传送到其他智能装置中，或者将其打印制表。数据处理功能常用于大、中型控制系统，如柔性制造加工、机器人的控制系统。

4）通信联网。PLC 的通信包括主机与远程 I/O 之间的通信、多台 PLC 之间的通信、PLC 与其他智能设备（如计算机、变频器、数控装置）之间的通信。PLC 与其他智能控制设备一起，可以组成“集中管理、分散控制”的分布式控制系统。

4. 世界各国 PLC 的发展情况

自从美国研制出第一台 PLC 以后，日本、德国、法国等工业发达国家相继研制出了各自的 PLC。20 世纪 70 年代中期，人们在 PLC 中引入了微型计算机技术，使 PLC 的功能不断增强，质量不断提高，应用日益广泛。目前世界上的 PLC 产品按地域可划分为三大类：美国产品、欧洲产品、日本产品。

1）美国 PLC 产品。美国是世界上第一台 PLC 的生产国，也是 PLC 生产大国，其主推产品多为大中型 PLC。美国有 100 多家 PLC 生产厂商，著名的有 A-B 公司、通用电气（GE）公司、莫迪康（MODICON）公司、德州仪器公司（TI）、西屋公司等。

2）欧洲 PLC 产品。欧洲 PLC 的主推产品也是大中型 PLC。西欧在 1973 年研制出第一台 PLC，并且发展速度很快。美国和西欧的 PLC 产品是在相互隔离的情况下独立研究开发的。德国的西门子公司、法国的 TE 公司是欧洲著名的 PLC 制造商。其中德国西门子公司的电子产品以性能优良而久负盛名，在大中型 PLC 产品领域与美国的 A-B 公司齐名。

3）日本 PLC 产品。日本 PLC 的主推产品是小型 PLC。1971 年日本从美国引进 PLC 技术，对美国的 PLC 产品有一定的继承性，很快就研制出日本第一台 DSC-8 型 PLC。1984 年，日本就有 30 多家 PLC 生产厂商，PLC 产品达到 60 种以上。日本的 PLC 生产厂商有三菱、东芝、富士公司等，它们的产品占据着世界上大部分的 PLC 市场。

4）中国 PLC 产品。我国研制与应用 PLC 较晚，1973 年开始研制，1977 年开始应用，20 世纪 80 年代初期以前发展较慢，之后随着成套设备或专用设备引进了不少 PLC。近年来国外 PLC 产品大量进入我国市场，我国已有许多厂家在消化吸收引进 PLC 技术的基础上，研制了各自的 PLC 产品，如中国科学院自动化研究所、北京联想计算机集团公司、上海机床电器厂有限公司等。

目前，PLC 主要是朝着小型化、廉价化、系列化、标准化、智能化、高速化和网络化方向发展，这将使 PLC 的功能更强、可靠性更高、使用更方便、适应面更广。PLC 技术已成为工业自动化三大技术（PLC 技术、机器人技术、计算机辅助设计与分析技术）支柱之一。

二、PLC 控制系统的构成

PLC 控制系统由硬件和软件两部分组成。PLC 控制系统的结构框图如图 6-1 所示。

PLC 的 CPU 模块通过输入模块将外部控制现场的控制信号读入 CPU 模块的存储器中，经过用户程序处理后，再将控制信号通过输出模块输出，控制外部器件的执行机构。

1. PLC的硬件系统

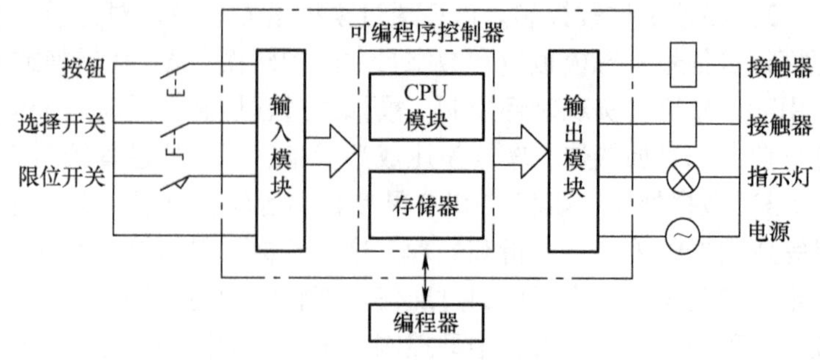

图6-1 PLC控制系统的结构框图

PLC的硬件系统主要由CPU模块、输入模块、输出模块、电源和编程器（或编程软件）组成。

（1）CPU模块 PLC的CPU模块是由CPU芯片和存储器组成的。

CPU是PLC的核心，它在系统程序的控制下，完成逻辑运算、数学运算、协调系统内部各部分工作等任务。CPU一般由控制器、运算器和寄存器组成，这些电路一般都集成在一块芯片上。CPU的主要功能和作用如下：

1）诊断PLC电源、内部电路的工作状态及编制程序中的语法错误。

2）采集现场状态或数据，并将其送入PLC的寄存器中。

3）逐条读取指令，完成各种运算和操作。

4）将处理结果送至输出端。

5）响应各种外部设备的工作请求。

存储器是具有记忆功能的半导体电路，用来存放系统程序、用户程序、逻辑变量和其他信息。CPU只能从系统程序存储器（即只读存储器ROM）中读取而不能写入数据，但可以随时对用户程序存储器（即随机存取存储器RAM）进行读出、写入。

（2）开关量输入接口电路 采用光电耦合电路，将限位开关、手动开关、编码器等现场输入设备的控制信号转换成CPU所能接收和处理的数字信号。按照现场信号可接纳的电源类型不同，开关量输入接口电路分为三类：直流输入接口、交直流输入接口及交流输入接口。

（3）开关量输出接口电路 将PLC的输出信号传送给用户输出设备（负载）。按输出开关器件的种类不同，开关量输出接口电路可分为晶体管型、继电器型和双向晶闸管型三类。其中晶体管型接口电路只能接直流负载，继电器型接口电路可接直流负载和交流负载，双向晶闸管型接口电路只能接交流负载。

（4）电源 PLC的电源是将外部输入的交流电转换成满足PLC的CPU、存储器、输入输出接口等内部电路工作需要的直流电的电路或电源模块。许多PLC的直流电源采用直流开关稳压电源，不仅可提供多路独立的电压供内部电路使用，还可为输入设备（传感器）提供标准电源。

（5）编程器 编程器是PLC必不可少的重要外部设备，主要用来输入、检查、修改及调试用户程序，也可用来监视PLC的工作状态。编程器分为简易编程器和智能型编程器（台式计算机+编程软件）。利用微型计算机作为编程器，可以直接编制、显示、运行梯形图，并能进行个人计算机（PC）与PLC之间的通信。

根据需要，PLC还可配设其他外部设备，如打印机、EPROM写入器以及高分辨率大屏幕彩色图形监控系统（用于显示或监视有关部分的运行状态）。

2. PLC的软件系统

PLC的软件系统由系统程序（即系统软件）和用户程序（即应用程序或应用软件）组成。

（1）系统程序　系统程序由 PLC 制造商设计编写并存入 PLC 的系统程序存储器中，用户不能直接读写与更改，包括监控程序、编译程序及诊断程序。监控程序又称管理程序，用于管理全机；编译程序用于将程序语言翻译成机器语言；诊断程序用于诊断机器故障。

（2）用户程序　用户程序是用户根据现场控制要求，使用 PLC 编程语言编制的应用程序。PLC 是专为工业自动控制而开发的装置，使用对象主要是广大电气技术人员及操作维护人员。为符合他们的传统习惯和掌握能力，常采用面向控制过程、面向问题的“自然语言”编程。对于不同的 PLC 厂家，其“自然语言”略有不同。

1）梯形图。梯形图是在传统继电器-接触器控制系统中常用的接触器、继电器等图形符号的基础上演变而来的。它与电气控制线路图相似，继承了传统电气控制逻辑中使用的框架结构、逻辑运算方式和输入输出形式，具有形象、直观及实用的特点。

2）指令表。指令表是一种用与汇编语言类似的助记符编程的表达方式。PLC 的指令根据其用途又分为基本指令和应用指令。基本指令主要用于逻辑处理，是基于继电器、定时器、计数器等软元件的指令。应用指令主要用于实现数据传送、运算、变换及程序控制等功能。

三、PLC 控制系统的工作原理

PLC 用户程序的执行采用循环扫描工作方式。

1. 循环扫描工作方式的定义

PLC 有两种基本工作模式，即运行（RUN）和停止（STOP）模式。在停止模式下，PLC 只完成内部处理和通信服务。在运行模式下，PLC 完成内部处理、通信服务、输入刷新、程序执行、输出刷新五个工作阶段，称为一个扫描周期。完成一次扫描后，又重新执行上述过程，可编程序控制器这种周而复始的循环工作方式称为扫描工作方式。

2. 信号传递过程（从输入到输出）

PLC 的信号传递是通过程序的执行来实现的。PLC 程序执行过程如图 6-2 所示。

1）输入处理阶段。又称输入采样阶段，PLC 以扫描方式按顺序将所有输入信号状态读入到输入映像寄存器中存储起来，称为对输入信号的采样（输入刷新）。

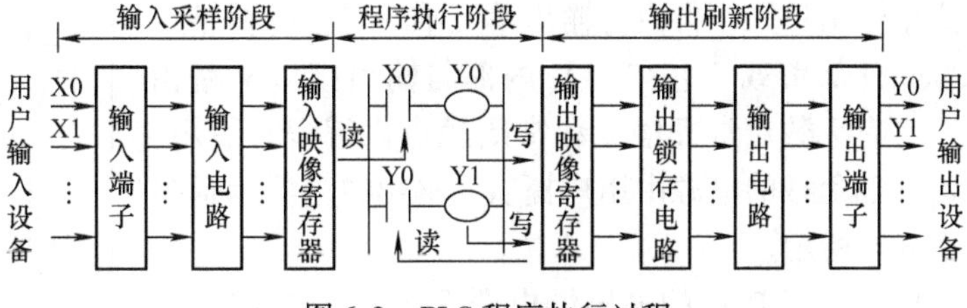

图 6-2　PLC 程序执行过程

2）程序执行阶段。根据本次采样到输入寄存器中的数据，按顺序逐条执行用户程序，执行结果都存入输出映像寄存器中。

3）输出处理阶段。又称输出刷新阶段，将输出映像寄存器的状态写入输出锁存电路，再经输出电路传递到输出端子，从而控制外接器件动作。

3. 扫描周期和输入输出滞后时间

PLC 在运行工作模式下，执行一次扫描操作所需要的时间称为扫描周期。扫描周期与用户程序的长短、指令的种类和 CPU 执行指令的速度有关，其典型值为 1～100ms。

输入输出滞后时间又称为系统响应时间，是指 PLC 外部输入信号发生变化的时刻与其控制的有关外部输出信号发生变化的时刻之间的间隔。它由输入模块滤波时间、输出模块滞后时间和扫描工作方式产生的滞后时间三部分组成。

四、PLC的编程元件

PLC内部有许多具有不同功能的元件，实际上这些元件是由电子电路和存储器组成的。为了把它们和通常的硬件区分开来，通常称其为虚拟的软元件。对于用户来说，不必考虑PLC内部的复杂电路，只需将PLC看成是内部由许多“软继电器”组成的控制器即可。FX_{2N}系列PLC的软元件见表6-1。

1. 输入继电器（X）

输入继电器是专门用来接收PLC外部开关信号的元件，与PLC的输入接口相连。PLC通过输入接口将外部输入信号状态读入并存储在输入映像寄存器中。输入继电器的线圈只能由外部信号驱动。由于输入继电器反映的是输入映像寄存器中的状态，因此它可提供无数常开触点、常闭触点供编程时使用。输入继电器示意图如图6-3所示。

表6-1 FX_{2N}系列PLC的软元件

输入继电器（X）	内部计数器（C）
输出继电器（Y）	数据寄存器（D）
辅助继电器（M）	变址寄存器（V/Z）
状态继电器（S）	指针（P/I）
内部定时器（T）	常数（K/H）

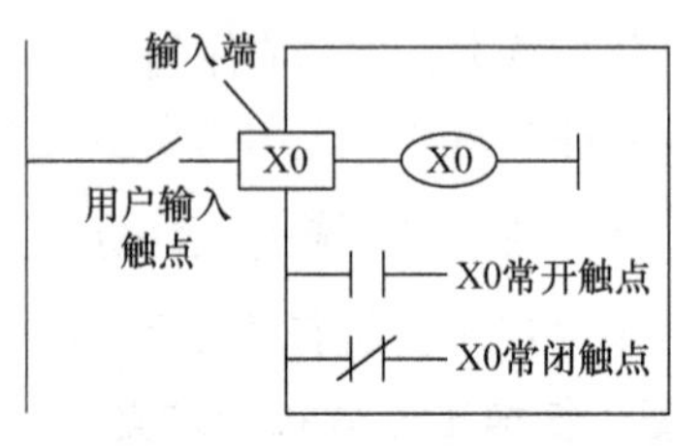

图6-3 输入继电器示意图

FX_{2N}系列PLC的输入继电器采用X加八进制数进行编号，X0～X267，最多可达184点。输入继电器必须由外部信号驱动，不能用程序驱动，所以在程序中不可能出现其线圈。

2. 输出继电器（Y）

输出继电器用来将PLC内部信号输出传送给外部负载（用户输出设备）。输出继电器的线圈只能由PLC的内部程序指令驱动，其线圈状态传送给输出单元，再由与输出单元唯一对应的硬触点来驱动外部负载。它在PLC内部与输出接口电路相连，它有无数对常开触点和常闭触点供编程时使用，驱动外部负载的电源由用户提供。输出继电器示意图如图6-4所示。

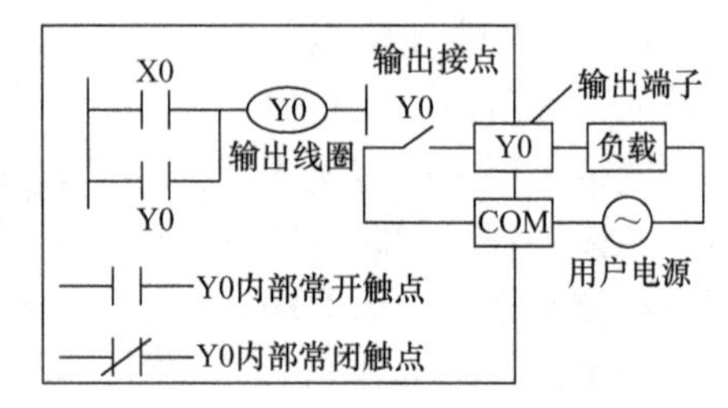

图6-4 输出继电器示意图

FX_{2N}系列PLC的输出继电器采用Y加八进制数进行编号，Y0～Y267，最多可达184点。在实际使用中，输入、输出继电器的数量需要视具体系统的配置情况而定。

3. 辅助继电器（M）

PLC内部有很多辅助继电器，和输出继电器一样，辅助继电器只能由程序驱动，每个辅助继电器也有无数对常开、常闭触点供编程使用。其作用相当于继电器-接触器控制电路中的中间继电器。辅助继电器的触点在PLC内部编程中可以任意使用，但它不能直接驱动外部负载，外部负载必须由输出继电器的输出触点来驱动。辅助继电器分为三种类型。

（1）通用辅助继电器　M0～M499，共500点，其元件号是按十进制进行编号的。

（2）断电保持辅助继电器　包括M500～M1023，共524点，以及断电保持专用辅助继电器M1024～M3071，共2048点。断电保持辅助继电器和断电保持专用辅助继电器的区别

在于，断电保持辅助继电器可用参数设定，可变更非断电保持区域，而断电保持专用辅助继电器的断电保持特性无法用参数来改变。

（3）特殊辅助继电器　M8000～M8255，共256点。特殊辅助继电器又分为触点型和线圈型。

1）触点型。用户只能利用其触点的特殊辅助继电器。其线圈由PLC自动驱动，用户只可以利用其触点。例如，M8000用于运行监控，PLC运行时M8000接通；M8002仅在运行开始瞬间接通一个初始脉冲；M8011、M8012、M8013、M8014分别是产生10ms、100ms、1s和1min时钟脉冲的特殊辅助继电器。

2）线圈型。可驱动线圈的特殊辅助继电器。用户激励线圈后，PLC做特定动作。例如，M8033为PLC停止时控制输出保持的特殊辅助继电器；M8034为禁止全部输出的特殊辅助继电器；M8039为定时扫描的特殊辅助继电器等。

4. 状态继电器（S）

状态继电器是编制顺序控制程序的重要编程元件，它与步进顺控指令STL配合应用。状态继电器与辅助继电器一样，有无数对常开与常闭触点。当不与步进顺控指令配合使用时，可当作辅助继电器M使用。状态继电器有五种类型：初始状态继电器S0～S9，共10点；回零状态继电器S10～S19，共10点；通用状态继电器S20～S499，共480点；具有断电保持功能的状态继电器S500～S899，共400点；供报警用的状态继电器S900～S999，共100点。

5. 内部定时器（T）

PLC中的内部定时器相当于继电器-接触器控制系统中的通电延时型时间继电器，它可以提供无数对常开和常闭延时触点。它有一个设定值寄存器、一个当前值寄存器和一个用来存储其输出触点的映像寄存器，这三个量使用同一个地址编号。定时器采用T加十进制数进行编号。

FX_{2N}系列PLC的内部定时器可分为通用定时器和积算定时器。它们是通过对一定周期的时钟脉冲进行计数来实现定时的，时钟脉冲的周期有1ms、10ms、100ms三种，当所计脉冲达到设定值时触点动作。设定值可用常数K或数据寄存器D的内容来设置。通用定时器的特点是不具备断电保持功能，即当输入电路断开或停电时定时器复位。而积算定时器具备断电保持功能，定时过程中若出现断电或定时器线圈断开，积算定时器将保持当前的计数值，通电后或定时器线圈重新接通后继续累积计数，即其当前值具有断电保持功能。只有用RST复位指令将积算定时器强行复位后，当前值才能变为0。FX_{2N}系列PLC定时器分类见表6-2。

表6-2　FX_{2N}系列PLC定时器分类

定时器名称	设　定　值	定时范围/s
100ms 通用定时器 T0～T199	1～32767	0.1～3276.7
10ms 通用定时器 T200～T245	1～32767	0.01～327.67
1ms 积算定时器 T246～T249	1～32767	0.001～32.767
100ms 积算定时器 T250～T255	1～32767	0.1～3276.7

FX_{2N}系列的定时器都属于通电延时型定时器，要实现断电延时定时器的功能可通过程序来设计，如图6-5所示。

6. 内部计数器（C）

FX_{2N}系列的计数器分为16位加计数器、32位加减计数器和高速计数器。内部计数器在执行扫描操作时对内部信号（如X、Y、M、S、T、C等）进行计数。当计数达到设定值时，计数器触点动作。

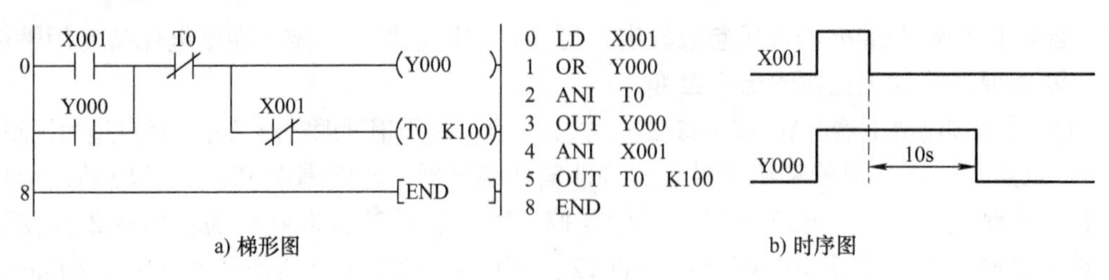

a) 梯形图　　b) 时序图

图 6-5　断电延时定时器

16 位加计数器（C0 ~ C199）共 200 点，其中 C0 ~ C99（共 100 点）为通用型，C100 ~ C199（共 100 点）为断电保持型（断电后能保持当前值，待通电后继续计数）。当输入信号个数累积达到设定值时，计数器动作，其常开触点闭合，常闭触点断开。计数器的设定值范围为 1 ~ 32767（16 位二进制），设定值除了用常数 K 设定外，还可间接通过指定数据寄存器 D 设定。

32 位加减计数器（C200 ~ C234）共 35 点，其中 C200 ~ C219（共 20 点）为通用型，C220 ~ C234（共 15 点）为断电保持型。与 16 位加计数器相比，除位数不同外，还在于它能通过控制实现加/减双向计数。其设定值范围为 - 217483648 ~ + 217483648（32 位）。C200 ~ C234 是加计数还是减计数分别由特殊辅助继电器 M8200 ~ M8234 设定，对应的特殊辅助继电器被置为“ON”时为减计数，置为“OFF”时为加计数。设定值用常数 K 设定或通过指定数据寄存器 D 设定。

FX_{2N}系列高速计数器（C235 ~ C255）共 21 点。高速计数信号从 X0 ~ X7 共 8 个端子输入，每一个端子只能作为一个高速计数器的输入，在实际应用中，最多只有六个高速计数器同时工作。高速计数器又分为四种类型：

1）C235 ~ C240（共 6 点）为一相无起动/复位端子型。它们的计数方式及触点动作与普通 32 位计数器相同。做增计数时，当计数值达到设定值时，触点动作并保持；做减计数时，当计数值达到设定值时复位。计数方向取决于标志继电器 M8235 ~ M8240。

2）C241 ~ C245（共 5 点）为一相带起动/复位端子型。与一相无起动/复位型高速计数器相比，它增加了外部起动和外部复位控制端子。

3）C246 ~ C250（共 5 点）为一相双输入型。有两个外部计数输入端子。一个端子上送入的计数脉冲为增计数，另一个端子上送入的为减计数。

4）C251 ~ C255（共 5 点）为二相 A - B 相型。其两个脉冲输入端子是同时工作的，外计数方向控制方式由两相脉冲间的相位决定。当 A 相信号为 1 且 B 相信号为上升沿时为增计数，B 相信号为下降沿时为减计数。

7. 数据寄存器（D）

数据寄存器是用来存储数值数据的字元件，其数值可通过应用指令、数据存取单元（显示器）及编程单元读出与写入。这些寄存器都是 16 位的数值数据（最高位为符号位，可处理数值范围为 - 32768 ~ + 32767），如将两个相邻数据寄存器组合，则可存储 32 位的数值数据（最高位为符号位，可处理数值范围为 - 2147483648 ~ + 2147483648）。数据寄存器分为以下四类：

1）通用数据寄存器 D000 ~ D199，共 200 点。只要不写入数据，数据将不会变化，直至再次写入。

2）失电保持数据寄存器 D200～D7999，共7800点。从运行到停止或停电时，保持原有数据。

3）特殊数据寄存器 D8000～D8255，共256点。用于监控机内元件的运行方式。

4）文件数据寄存器，D1000～D7999。被设置为 PLC 的参数区，它与断电数据寄存器是重叠的，以保证数据不丢失；以500点为单位，可被外围设备存取。

8. 变址寄存器（V/Z）

FX_{2N}系列 PLC 有16个变址寄存器 V0～V7、Z0～Z7，与一般的数据寄存器一样，它是进行数据写入、读出的16位数据寄存器。当进行32位操作时，将 V、Z 合并使用，并指定 Z 为低位。利用变址寄存器可修改的软元件是 X、Y、M、S、P、T、C、D、K、H、KnX、KnY、KnM、KnS，但是不能修改 V、Z 本身或用于位指定的 Kn。例如：若 V1＝6，则 K20V1 为 K26；若 V4＝12，则 D10V4 为 D22；

9. 指针（P/I）

PLC 的内部指针是 PLC 在执行程序时用来改变执行流向的元件，它分为分支指令专用指针 P 和中断指针 I 两类。

FX_{2N}系列 PLC 的指针有128点（P0～P127），用于分支和跳转程序。在梯形图中，指针放在左侧母线的左边，一个指针只能出现一次。分支指令专用指针在应用时，要与相应的应用指令 CJ、CALL、FEND、SRET 及 END 配合使用。

中断指针 I 是用来指明某一中断源的中断程序入口指针，是 IRET 中断返回、EI 开中断、DI 关中断配合使用的指令。例如，当执行到 IRET 指令时，返回主程序。中断指针 I 应在 FEND 指令之后使用。

10. 常数（K/H）

FX_{2N}的常数有 K 和 H 两种。K 表示十进制数常数，H 表示十六进制数常数。例如，十进制数据17可表示为 K17，用十六进制表示为 H11。

五、PLC 的常用基本指令

FX 系列 PLC 有基本指令27条，步进指令有2条，功能指令有100多条。常用机床的 PLC 改造仅用基本逻辑指令便可以编制出开关量控制系统的程序。

1. 触点指令

（1）逻辑取指令 LD、LDI、LDP、LDF　指令符号、名称、功能、目标元件及使用说明见表6-3，指令应用举例如图6-6所示。

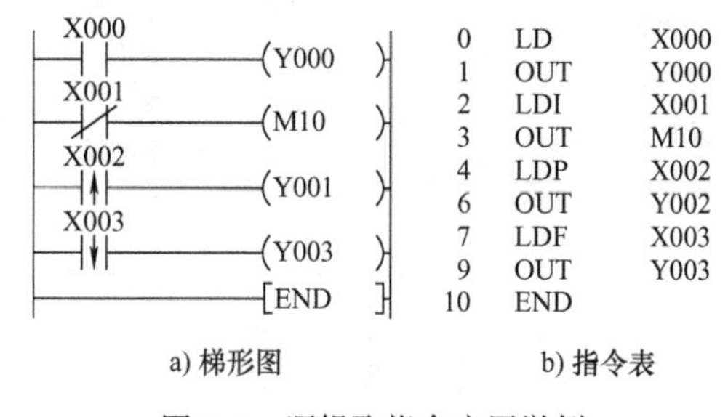

图6-6　逻辑取指令应用举例

表6-3　逻辑取指令 LD、LDI、LDP、LDF

符号、名称	功　能	目标元件	使用说明
LD 取指令	一个常开触点与左母线连接的指令	X、Y、M、S、T、C	可以用于与输入左母线相连的触点，也可以与 ANB、ORB 指令配合实现块逻辑运算
LDI 取反指令	一个常闭触点与左母线连接的指令	X、Y、M、S、T、C	
LDP 取上升沿指令	与左母线连接的常开触点的上升沿检测指令	X、Y、M、S、T、C	
LDF 取下降沿指令	与左母线连接的常开触点的下降沿检测指令	X、Y、M、S、T、C	

（2）触点串联指令 AND、ANI、ANDP、ANDF　指令符号、名称、功能、目标元件及使用说明见表6-4，指令应用举例如图6-7所示。

表6-4　触点串联指令 AND、ANI、ANDP、ANDF

符号、名称	功　能	目标元件	使用说明
AND 与	单个常开触点串联，完成逻辑“与”运算	X、Y、M、S、T、C、S	触点串联次数没有限制，可反复使用
ANI 与非	单个常闭触点串联，完成逻辑“与非”运算	X、Y、M、S、T、C、S	
ANDP 上升沿与	上升沿检测串联连接指令，受该类触点驱动的线圈，只在触点的上升沿接通一个扫描周期	X、Y、M、S、T、C、S	
ANDF 下降沿与	下降沿检测串联连接指令，受该类触点驱动的线圈，只在触点的下降沿接通一个扫描周期	X、Y、M、S、T、C、S	

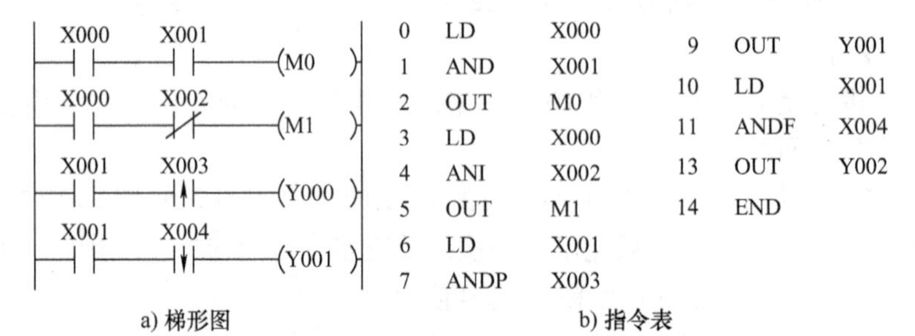

a) 梯形图　　b) 指令表

图6-7　触点串联指令应用举例

（3）触点并联指令 OR、ORI、ORP、ORF　指令符号、名称、功能、目标元件及使用说明见表6-5，指令应用举例如图6-8所示。

表6-5　触点并联指令 OR、ORI、ORP、ORF

符号、名称	功　能	目标元件	使用说明
OR 或	单个常开触点并联，完成逻辑“或”运算	X、Y、M、S、T、C、S	触点并联次数没有限制，可反复使用
ORI 或非	单个常闭触点并联，完成逻辑“或非”运算	X、Y、M、S、T、C、S	
ORP 上升沿或	上升沿检测并联连接指令，驱动的线圈，只在触点的上升沿接通一个扫描周期	X、Y、M、S、T、C、S	
ORF 下降沿或	下降沿检测并联连接指令，驱动的线圈，只在触点的下降沿接通一个扫描周期	X、Y、M、S、T、C、S	

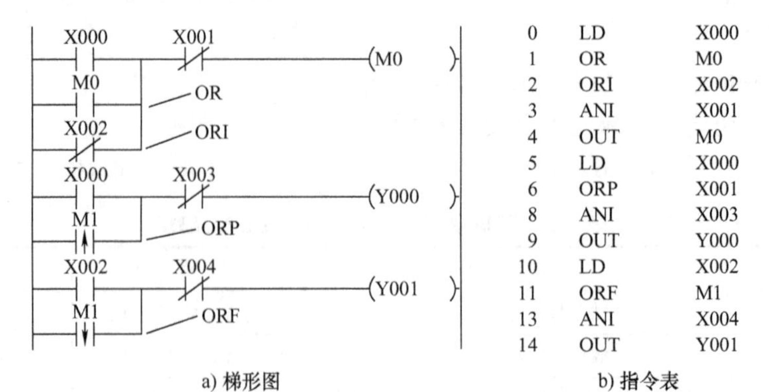

a) 梯形图　　b) 指令表

图6-8　触点并联指令应用举例

2. 连接指令

（1）电路块的串联和并联指令ANB、ORB　指令符号、名称、功能、目标元件及使用说明见表6-6，指令应用举例如图6-9所示。

表6-6　电路块的串联和并联指令ANB、ORB

符号、名称	功　能	目标元件	使用说明
ANB 块与指令	两个或两个以上的触点并联电路之间的串联	无目标元件	并联电路块串联连接时，并联电路块的开始应该用LD、LDI、LDP、LDF指令，有多个并联电路块按顺序与前面的电路串联时的使用次数不受限制。若连续使用ANB指令，使用次数不超过8次。串联电路块的并联同理。
ORB 块或指令	两个或两个以上的触点串联电路之间的并联		

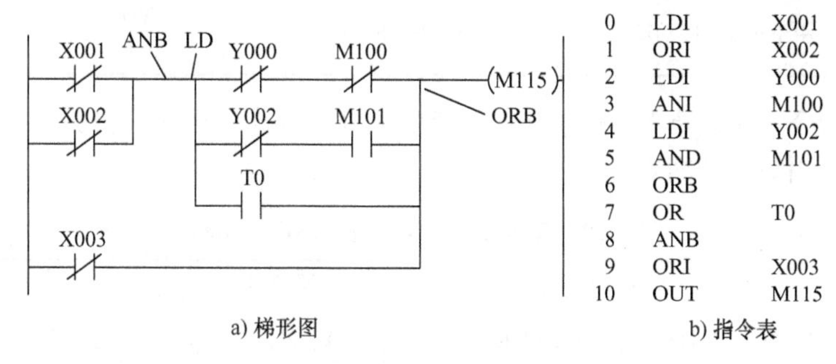

a) 梯形图　　b) 指令表

图6-9　电路块的串联和并联指令应用举例

（2）堆栈指令MPS、MRD、MPP　指令符号、名称、功能、目标元件及使用说明见表6-7，指令应用举例如图6-10所示。

表6-7　堆栈指令MPS、MRD、MPP

符号、名称	功　能	目标元件	使用说明
MPS 进栈指令	将运算结果送入栈存储器的第一段，同时将先前送入的数据依次移到栈的下一段。用于分支的开始处	无目标元件	MPS和MPP必须配对使用。由于栈存储器单元只有11个，因此栈最多为11层
MRD 读栈指令	将栈存储器的第一段数据（最后进栈的数据）读出且该数据继续保存在栈存储器的第一段，栈内数据不发生移动。用于分支的中间段		
MPP 出栈指令	将栈存储器的第一段数据（最后进栈的数据）读出，且该数据从栈中消失，同时将栈中其他数据依次上移。用于分支的结束处		

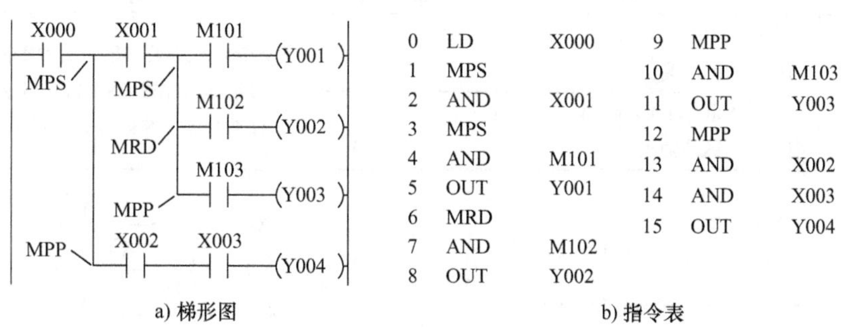

a) 梯形图　　b) 指令表

图6-10　堆栈指令应用举例

（3）逻辑取反指令 INV　指令符号、名称、功能、目标元件及使用说明见表 6-8。

表 6-8　逻辑取反指令 INV

符号、名称	功　能	目标元件	使用说明
INV 取反指令	将运算结果取反	无目标元件	X000 ─┤├─／─（Y000）

3. 输出指令

（1）驱动线圈输出 OUT　指令符号、名称、功能、目标元件及使用说明见表 6-9。

表 6-9　驱动线圈输出指令 OUT

符号、名称	功　能	目标元件	使用说明
OUT 输出指令	用于驱动线圈的输出	Y、M、S、T、C	X000 ─┤├──（M1）

（2）置位指令和复位指令 SET、RST　指令符号、名称、功能、目标元件及使用说明见表 6-10，指令应用举例如图 6-11 所示。

表 6-10　置位指令和复位指令 SET、RST

符号、名称	功　能	目标元件	使用说明
SET 置位指令（自保持指令）	使被操作的目标元件置位并保持	Y、M、S	对于同一元件，SET、RST 指令可多次使用，顺序也可随意，但最后执行者有效
RST 复位指令（解除指令）	使被操作的目标元件复位并保持清零状态	Y、M、S、T、C、D、V、Z	

图 6-11　置位指令和复位指令应用举例

（3）脉冲输出指令 PLS、PLF　指令符号、名称、功能、目标元件及使用说明见表 6-11，指令应用举例如图 6-12 所示。

表 6-11　脉冲输出指令 PLS、PLF

符号、名称	功　能	目标元件	使用说明
PLS 上升沿微分指令	在输入信号上升沿产生一个扫描周期的脉冲输出	Y、M	PLS 指令仅在驱动输入为 ON 后的一个扫描周期内将目标元件置 ON；PLF 指令利用输入信号的下降沿驱动，其他与 PLS 指令相同
PLF 下降沿微分指令	在输入信号下降沿产生一个扫描周期的脉冲输出	Y、M	

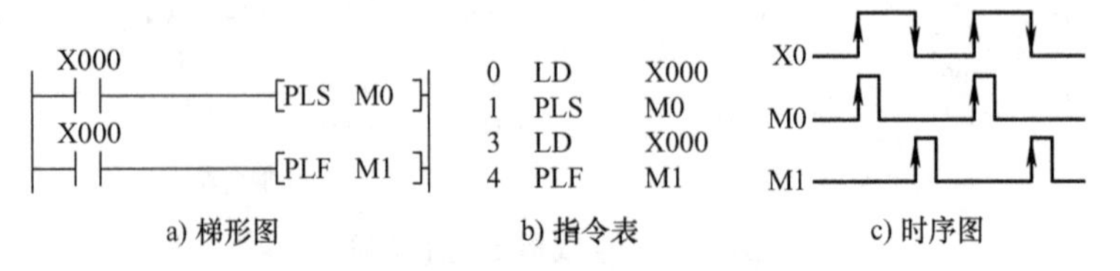

图 6-12　脉冲输出指令应用举例

4. 主控指令

主控指令 MC、MCR 的符号、名称、功能、目标元件及使用说明见表 6-12，指令应用举例如图 6-13 所示。

表 6-12　主控指令 MC、MCR

符号、名称	功　能	目标元件	使用说明
MC 主控指令	用于公共串联触点的连接，执行 MC 后，左母线移到 MC 触点的后面	目标元件为 Y、M，但不能使用特殊辅助继电器	主控触点在梯形图中与一般触点垂直，与主控触点相连的触点必须用 LD 类指令。在一个 MC 指令区内若再次使用 MC 指令成为嵌套，嵌套级数最多为 8 级。编号从 N0 ~ N7 顺序增大，每级的返回用对应的 MCR 指令，从编号大的嵌套级开始复位
MCR 主控复位指令	MC 的复位指令，恢复原左母线的位置		

5. 程序结束指令

END 为程序结束指令，将强制结束当前的扫描执行过程。将 END 指令放在程序结束处，只执行第一步至 END 之间的程序，使用 END 指令可以缩短扫描周期。

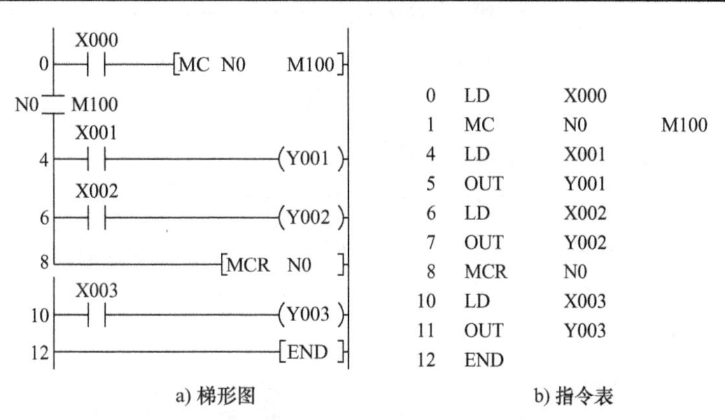

a) 梯形图　　b) 指令表

图 6-13　主控指令应用举例

6. 空操作指令

NOP 为空操作指令，该指令不执行操作，但占用一个程序步。当执行完清除用户存储器的操作后，用户存储器的内容全部变为空操作指令。

7. 步进顺控指令

STL 指令是步进顺控指令（也称步进梯形指令）的简称。FX 系列 PLC 还有一条使 STL 指令复位的 RET 指令。利用这两条指令，可以很方便地编制顺序控制梯形图程序。使用 STL 指令可以生成流程与顺序功能图非常接近的程序。顺序功能图中的每一步用一个状态继电器 S 来表示，每一步对应一小段程序，每一步与其他步是完全隔离开的。使用 STL 指令的状态继电器 S 的常开触点称为STL 触点，它是一种“胖”触点。STL 触点驱动的电路块具有三种功能，即：对负载的驱动处理、指定转换条件和指定转换目标。

STL 指令应用举例如图 6-14 所示，从图中可以看出顺序功能图与梯形图之间的对应关系。

8. 应用指令

可编程序控制器的基本指令主要用于逻辑处理，是基于继电器、定时器、计数器等软元件的指令。在现代工业控制中，有许多场合需要进行数据处理和通信，PLC 仅仅具有基本指令是远远不够的。因此，PLC 制造商在 PLC 中引入了应用指令，主要用于实现数据的传送、运算、变换及程序控制等功能。这使得可编程序控制器成了真正意义上的计算机。近年来，应用指令又向综合性方向迈进了一大步，许多指令能独自实现以往需大段程序才能完成的任务。这类程序指令实际上本身就是一个功能完整的子程序，从而大大提高了 PLC 的实用价值和普及率。

FX_{2N}系列 PLC 共有 100 多条应用指令，其使用详见三菱 PLC 使用说明。

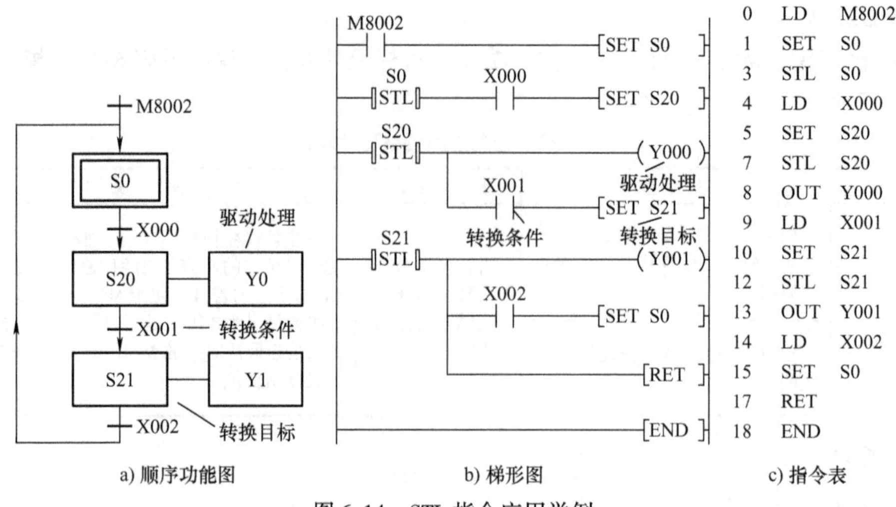

图 6-14　STL 指令应用举例

六、三菱系列 PLC 选型

三菱公司的产品有 F、F1、F2、F2C、F2N、F2NC、F_{3U} 等系列，FX_{3U} 系列 PLC 是第三代微型可编程序控制器。FX_{2N} 系列 PLC 是三菱公司的典型产品，属于高性能小机型，系统最大 I/O 点数为 128 点，配置扩展单元后可以达到 256 点，这类机型在我国应用较广泛。三菱系列 PLC 常见机型如图 6-15 所示。

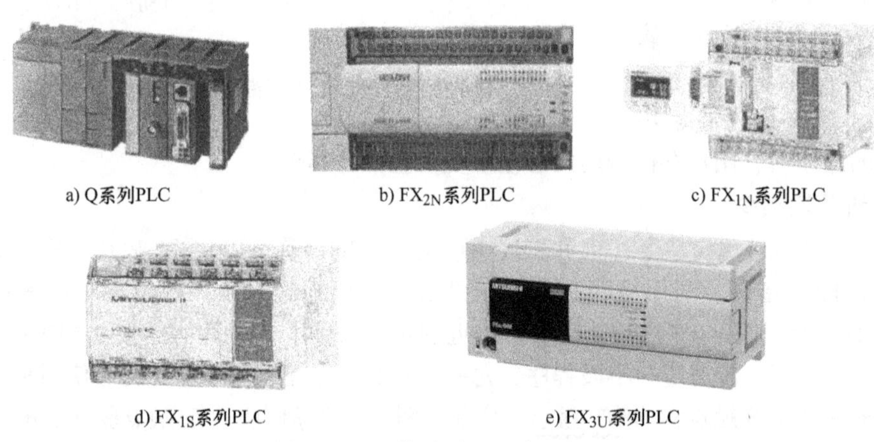

图 6-15　三菱系列 PLC 常见机型

1. 三菱 FX 系列 PLC 型号名称

FX 系列 PLC 型号名称的含义如图 6-16 所示。

系列序号：0、0S、0N、2、2C、1S、2N、2NC、3U 等。

I/O 总点数（输入输出总点数）：10 ~ 256。

单元类型：M—基本单元。

E—输入输出混合扩展单元及扩展模块。

EX—输入专用扩展模块。

EY—输出专用扩展模块。

输出形式：R—继电器输出。

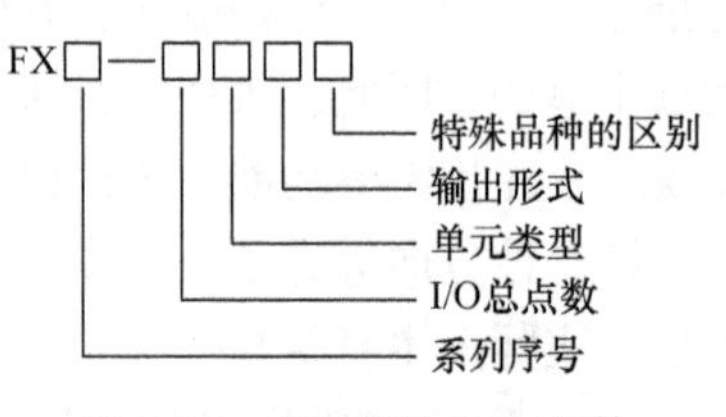

图 6-16　FX 系列 PLC 型号

T—晶体管输出。

S—晶闸管输出。

特殊品种区别：D—DC 电源，DC 输入。

A1—AC 电源，AC 输入。

H—大电流输出扩展模块（1A/1 点）。

V—立式端子排扩展模块。

C—接插口输入输出方式。

F—输入滤波器 1ms 扩展模块。

L—TTL 输入扩展模块。

S—独立端子（无公共端）扩展模块。

例如，FX_{2N}-48MR—D 是指 FX_{2N}系列 PLC，输入输出总点数为 48，继电器输出类型，DC 电源，DC 输入的基本单元。

2. FX_{2N}系列 PLC 的种类

FX_{2N}系列 PLC 的用户存储器容量可扩展到 16K 步，最大可以扩展到 256 个 I/O 点，除基本单元模块以外，还有模拟量输入/输出模块、高速计数器模块、脉冲输出模块、四种位置控制模块、多种串行通信模块或功能扩展板、模拟定时器扩展功能板。使用特殊功能模块和功能扩展板，可以实现模拟量控制、位置控制和联网通信等功能。FX_{2N}系列 PLC 基本单元、扩展单元及扩展模块分别见表 6-13 ~ 表 6-15。

表 6-13 FX_{2N}系列 PLC 基本单元

型号			输入点数	输出点数	扩展模块可用点数
继电器输出	晶闸管输出	晶体管输出			
FX_{2N}-16MR-001	FX_{2N}-16MS	FX_{2N}-16MT	8	8	24 ~ 32
FX_{2N}-32MR-001	FX_{2N}-32MS	FX_{2N}-32MT	16	16	24 ~ 32
FX_{2N}-48MR-001	FX_{2N}-48MS	FX_{2N}-48MT	24	24	48 ~ 64
FX_{2N}-64MR-001	FX_{2N}-64MS	FX_{2N}-64MT	32	32	48 ~ 64
FX_{2N}-80MR-001	FX_{2N}-80MS	FX_{2N}-80MT	40	40	48 ~ 64
FX_{2N}-128MR-001	FX_{2N}-128MS	FX_{2N}-128MT	64	64	48 ~ 64

表 6-14 FX_{2N}系列 PLC 扩展单元

型号			输入点数	输出点数	扩展模块可用点数
继电器输出	晶闸管输出	晶体管输出			
FX_{2N}-32ER	FX_{2N}-32ES	FX_{2N}-32ET	16	16	24 ~ 32
FX_{2N}-48ER		FX_{2N}-48ET	24	24	48 ~ 64

表 6-15 FX_{2N}系列 PLC 扩展模块

型号				输入点数	输出点数
输入	继电器输出	晶闸管输出	晶体管输出		
FX_{2N}-16EX				16	
FX_{2N}-16EX-C				16	
FX_{2N}-16EXL-C				16	
	FX_{2N}-16EYR	FX_{2N}-16EYS			16
			FX_{2N}-16EYT		16
			FX_{2N}-16EYT-C		16

3. FX_{2N}系列 PLC 的外部结构

1）FX_{2N}-64MR 型 PLC 主机的外部结构如图 6-17 所示。

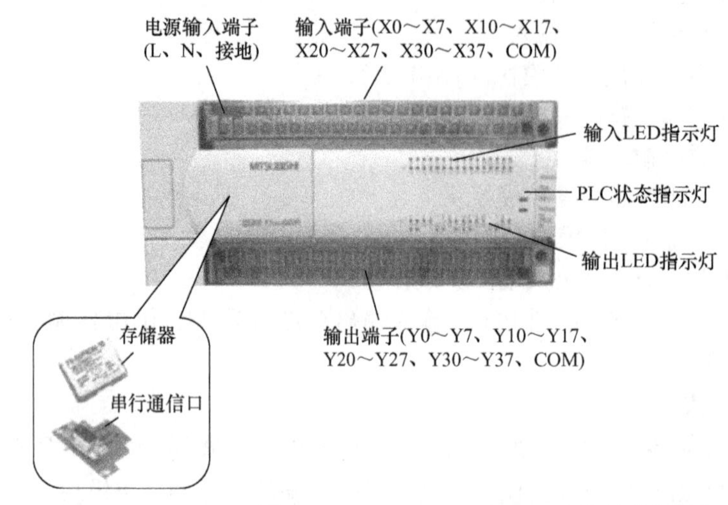

图 6-17　FX_{2N}-64MR 型 PLC 主机的外部结构

2）FX_{2N}-64MR 型 PLC 外接线端子如图 6-18 所示。

⏚	•	COM	COM	X0	X2	X4	X6	X10	X12	X14	X16	X20	X22	X24	X26	X30	X32	X34	X36	•
L	N	•	24+	24+	X1	X3	X5	X7	X11	X13	X15	X17	X21	X23	X25	X27	X31	X33	X35	X37

a) 输入及电源端子

Y0	Y2	•	Y4	Y6	•	Y10	Y12	•	Y14	Y16	•	Y20	Y22	Y24	Y26	Y30	Y32	Y34	Y36	COM6
COM1	Y1	Y3	COM2	Y5	Y7	COM3	Y11	Y13	COM4	Y15	Y17	COM5	Y21	Y23	Y25	Y27	Y31	Y33	Y35	Y37

b) 输出端子

图 6-18　FX_{2N}-64MR 型 PLC 外接线端子

七、PLC 控制系统与继电器－接触器控制系统的区别

PLC 是从继电器-接触器控制系统发展而来的，是将计算机技术应用于控制技术的成果。表 6-16 中列举了继电器-接触器控制系统与 PLC 控制系统的主要区别。

表 6-16　继电器-接触器控制系统与 PLC 控制系统的主要区别

比 较 项 目	继电器-接触器控制系统	PLC 控制系统
控制功能的实现	通过不同的接线方式实现逻辑控制，称为接线程序控制系统	将控制逻辑以程序语言的形式存放在存储器中，通过软件编程来实现系统的控制要求，称为存储程序控制系统
工作方式	硬逻辑并行运行的方式	循环扫描工作方式
控制功能的更改	需进行重新设计和接线，适应性差	只需要修改程序，适应性强
可靠性	硬件元件和触点多，容易出现故障	绝大部分继电器用软元件代替，可靠性高
柔韧性和灵活性	系统扩展性差	具有种类齐全的扩展单元，扩展灵活
控制的实时性	机械动作时间常数大，实时性差	CPU 控制，实时性好
占用空间与安装工作量	硬件元件数量众多，控制柜体积大，安装工作量大	体积小，质量小，安装工作量小
使用寿命	易损，寿命短	寿命长

（续）

比较项目	继电器-接触器控制系统	PLC控制系统
复杂控制功能	极差	强
价格	低	较高
维护和检修	系统接线复杂、维护工作量大	接线简单，维护工作量小
继电器和编程元件	具有线圈和常开、常闭触点，触点的状态随着线圈的通断而变化，线圈得电时，常开触点闭合，常闭触点断开；线圈失电时，常闭触点闭合，常开触点断开	编程元件被选中，代表这个元件的存储单元置1，PLC编程元件可以有无数个常开、常闭触点，编程元件可以无限次访问。失去选中条件，只是这个元件的存储单元置0

【任务实施】

1）认知三菱FX系列PLC的硬件结构，详细记录其各硬件部件的结构及作用。

2）写出三菱FX_{2N}系列PLC的编程软元件，指出各编程软元件的作用。

3）写出三菱FX_{2N}系列PLC的27条基本指令，应用基本指令编写电动机典型电路控制程序，并绘制PLC端子外围硬件接线图，控制要求如下：

① 电动机正反转控制。按下起动按钮SB1，电动机正转；按下起动按钮SB2，电动机反转。在电动机正转时，按反转按钮SB2无效；在电动机反转时，按正转按钮SB1无效，如需正反转切换，应首先按下停止按钮SB0，使电动机处于停止工作状态，然后才可以切换旋转方向。

② 电动机延时正反转控制。按下正转起动按钮SB1，电动机正转，延时10s后，电动机停转；按下起动按钮SB2，电动机反转，延时10s后，电动机停转。电动机正转期间，按反转起动按钮无效；电动机反转期间，按正转起动按钮无效。按下停止按钮SB0，电动机停止运转。

4）下载并安装三菱PLC编程软件GX－Developer，通过查阅资料熟悉该编程软件的使用方法。

5）按图6-19完成PLC控制系统的安装接线。

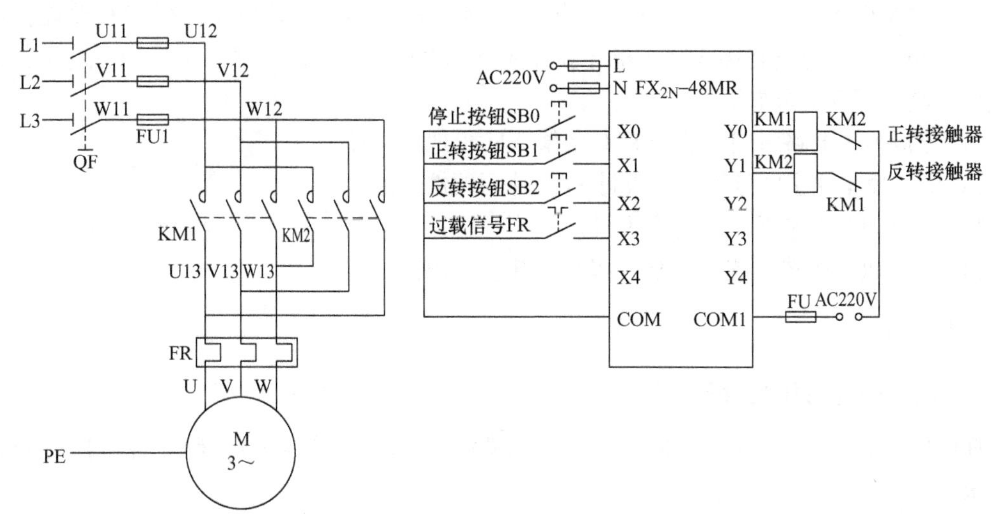

图6-19　电动机正反转PLC控制电路图

6）打开编程软件GX－Developer，编制电动机典型电路控制程序段，单击编程软件中的“在线/PLC写入”，将程序下载至PLC中，下载完毕后，将PLC模式选择开关拨至RUN状态。

7）分别按下SB0～SB2，观察并记录接触器KM1、KM2通断状态和电动机运行状态。

【任务测评】

完成任务后，对任务实施情况进行检查，在表 6-17 相应的方框中打勾。

表 6-17　认识 PLC 任务测评表

序号	能力测评	掌握情况
1	能写出三菱 PLC 的编程软元件及其作用	□好　□一般　□未掌握
2	能写出三菱 PLC 的 27 条基本指令及其作用	□好　□一般　□未掌握
3	能正确使用 GX－Developer 编程软件编制 PLC 程序梯形图	□好　□一般　□未掌握
4	能应用基本指令进行电动机典型电路 PLC 控制程序设计	□好　□一般　□未掌握
5	能完成 PLC 外围硬件电路安装并进行程序调试	□好　□一般　□未掌握

任务二　CA6140 型卧式车床电气控制系统的 PLC 改造

【任务目标】

1）了解 PLC 的硬件结构及系统组成。

2）掌握 PLC 外围硬件电路的正确接线方法。

3）学习使用基本控制指令编制程序。

4）掌握对继电器-接触器控制系统进行 PLC 改造的一般步骤和方法。

5）能正确安装和调试 CA6140 型卧式车床的 PLC 控制系统。

【任务分析】

根据维修电工职业资格鉴定、专业技能抽考标准和题库训练要求，要求学员具备运用基础的 PLC 知识，对常用继电器-接触器控制系统实施 PLC 改造的能力。图 6-20 为 CA6140 型卧式车床模拟设备电气原理图，应用三菱 FX_{2N}－48MR 型 PLC 对该电路进行 PLC 改造；对改造后的控制系统进行安装接线，经指导教师检查无误后上机调试。要求学员严格遵守安全操作规程。具体任务要求如下：

1）分析车床电路原理，确定 PLC 的输入输出地址分配。

2）保持原车床主电路不变，设计 PLC 外围硬件电路。

3）完成 PLC 改造系统的程序设计。

4）完成 PLC 改造系统的安装、接线，并上机调试。

【相关知识】

一、车床电路原理分析

仔细阅读并分析 CA6140 型卧式车床实训模块电路图（图 6-20），确定各被控对象的控制要求。

（1）主轴电动机 M1 的控制　按下起动按钮 SB2，KM1 线圈得电吸合，KM1 辅助常开触点闭合自锁，KM1 主触点闭合，主轴电动机 M1 起动。同时，KM1 的另外一对辅助常开触点闭合，为冷却泵起动做准备。

（2）冷却泵电动机 M2 的控制　主轴电动机起动后，冷却泵电动机才能起动。合上开关

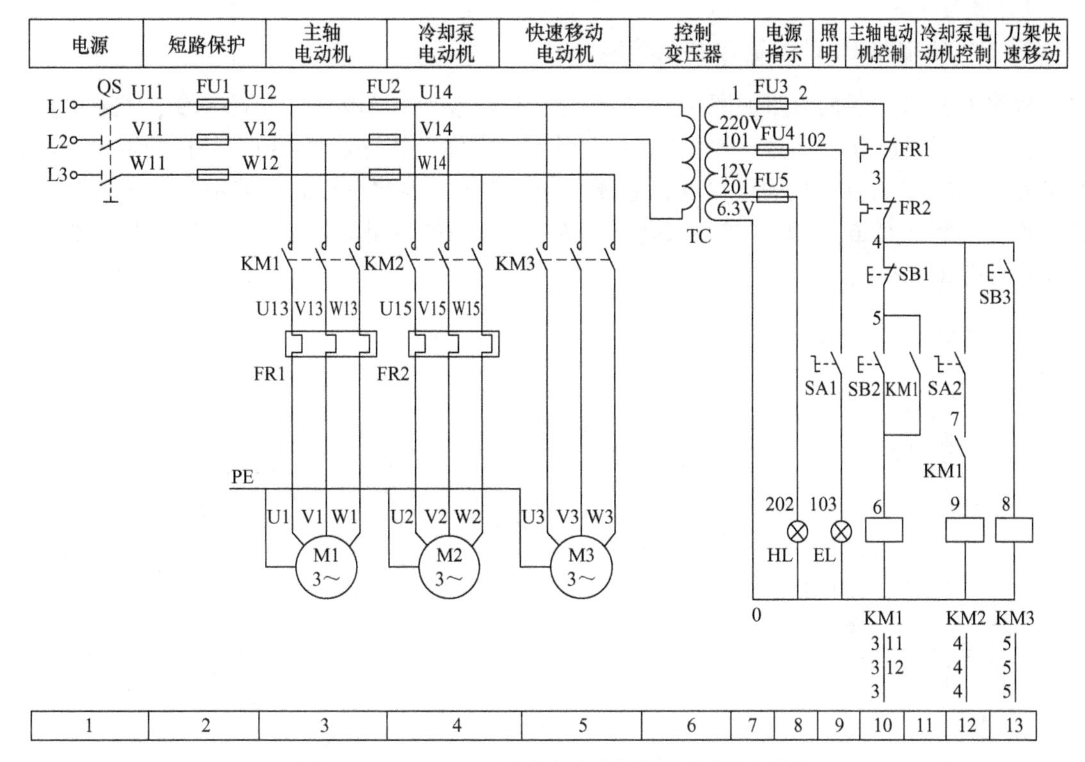

图 6-20　CA6140 型卧式车床实训模块电气原理图

SA2，KM2 线圈经 KM1 常开触点得电吸合，冷却泵电动机起动；将 SA2 断开，冷却泵电动机停转。若主轴电动机停转，则冷却泵电动机也自动停转。

（3）刀架快速移动电动机的控制　刀架快速移动电动机 M3 采用点动控制，按下 SB3，KM3 吸合，其主触点闭合，快速移动电动机 M3 起动；松开 SB3，KM3 释放，电动机 M3 停转。

（4）照明和信号灯电路　接通电源，控制变压器输出电压，将开关 SA1 闭合，则照明灯 EL 亮；将 SA1 断开，则灯 EL 灭。机床接通电源后，电源信号指示灯 HL 直接得电发光。

二、车床电路 PLC 改造输入输出地址分配

根据车床电路原理和控制要求，确定接入 PLC 的输入信号元件（如控制按钮、行程开关等）和输出负载元件（如接触器、信号灯等），据此确定 PLC 的输入继电器信号和输出继电器信号点数，分配对应的输入信号地址和输出信号地址。PLC 的 I/O（输入信号/输出信号）分配见表 6-18。

表 6-18　PLC 的 I/O 分配

输入信号			输出信号		
功能	元件名称	信号地址	功能	元件名称	信号地址
主轴电动机停止按钮	SB1	X0	主轴电动机运转	KM1	Y0
主轴电动机起动按钮	SB2	X1	冷却泵运转	KM2	Y1
刀架快移电动机点动按钮	SB3	X2	刀架快速移动电动机运转	KM3	Y2
照明灯开关	SA1	X3	照明灯	EL	Y4
冷却泵电动机控制开关	SA2	X4	电源信号指示灯	HL	Y5
主轴电动机过载保护	FR1	X5			
冷却泵电动机过载保护	FR2	X6			

三、车床电路 PLC 改造控制系统电路

经过 PLC 改造后的电路如图 6-21 所示，CA6140 型卧式车床的主电路不变，控制电路用 PLC 控制。根据现有实训设备和条件，在安装调试方案上进行微调。PLC 外接的输出元件选用的是 AC 220V 元件，故输出端负载电源为 AC 220V，因此在控制电路中去掉了控制变压器。而在实际的 CA6140 型卧式车床电路改造中，应根据不同负载元件的实际电压等级进行输出信号分配和接线安装。

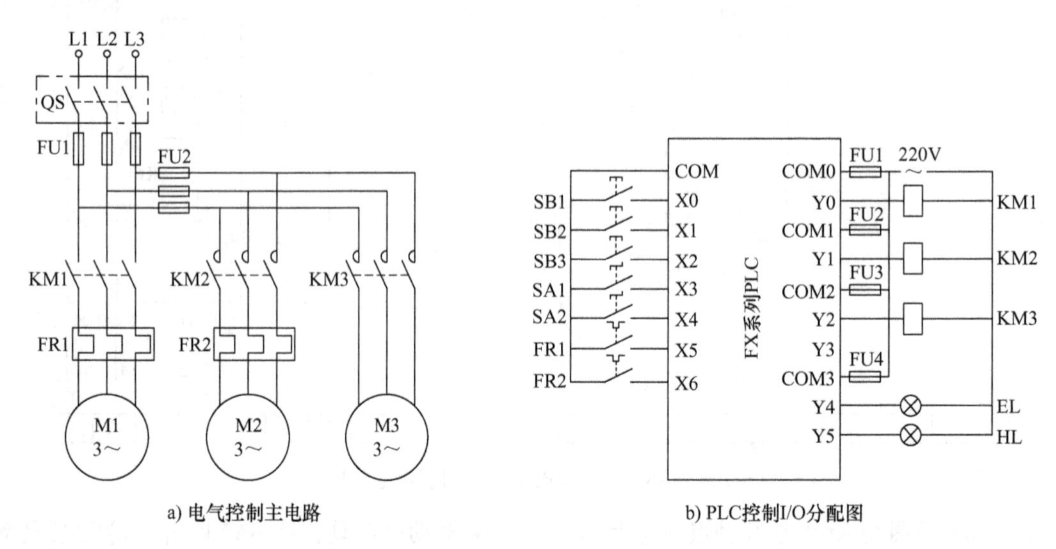

图 6-21　CA6140 型卧式车床 PLC 改造电路

四、车床电路 PLC 改造程序

根据 CA6140 型卧式车床的控制要求编写梯形图程序，参考程序如图 6-22 所示。

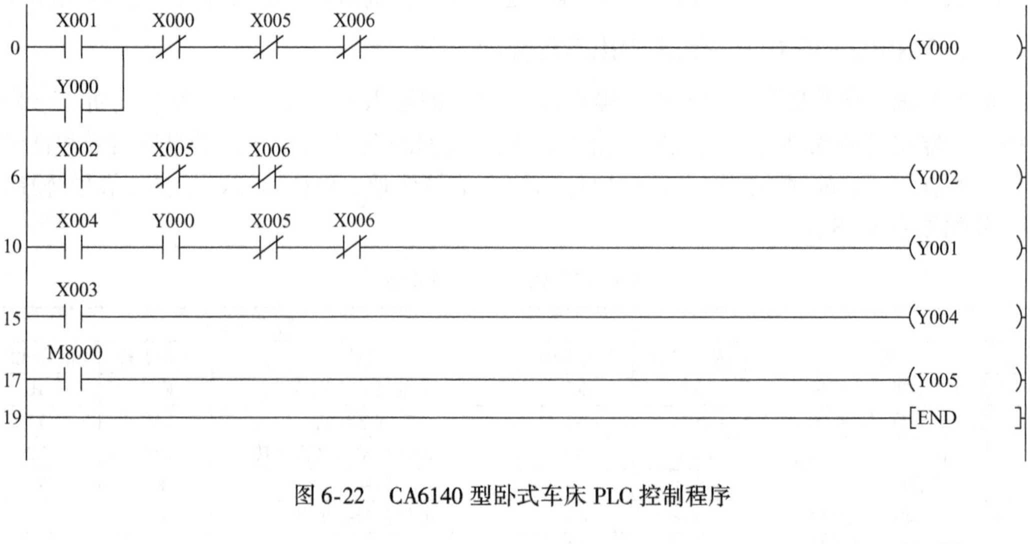

0　X001　X000　X005　X006　(Y000)
　Y000
6　X002　X005　X006　(Y002)
10　X004　Y000　X005　X006　(Y001)
15　X003　(Y004)
17　M8000　(Y005)
19　[END]

图 6-22　CA6140 型卧式车床 PLC 控制程序

【任务实施】

1）检查实训设备、器材是否完好。实训设备和器材明细见表6-19。

表6-19　实训设备和器材明细

序　号	名　称	型号与规格	数　量	备　注
1	实训装置	THPFSL－2	1	
2	三菱PLC	FX_{2N}－48MR	1	
3	通信电缆	RS232/RS 422 通信电缆	1	
4	实训导线		若干	匹配
5	计算机		1	已安装编程软件
6	相关资料	PLC使用说明书	若干	相关学习资料
7	CA6140型卧式车床电气原理图		1	

2）根据PLC的I/O接线图完成PLC与实训模块（或安装好的元件电路板）之间的接线，认真检查，确保正确无误。

3）打开PLC编程软件GX－Developer，将编写好的PLC控制程序（或参考程序）录入PLC中并进行编译，根据编程软件的提示信息及时进行修改，直至程序无误。

4）用RS 232/RS 422通信编程电缆连接计算机串口与PLC通信口，打开PLC主机电源开关，下载程序至PLC中，下载完毕后将PLC的“RUN/STOP”开关拨至“RUN”状态。

5）通过编程软件将PLC程序置于监控模式。

6）按以下步骤操作试运行：

① 电源信号灯控制。合上电源开关QS，合上PLC实训模块电源，PLC上电后，电源信号灯HL亮。

② 照明灯控制。将照明开关SA1旋到“开”位置，照明指示灯EL亮；将SA1旋到“关”位置，照明指示灯EL灭。

③ 主轴电动机控制。按下主轴起动按钮SB2，KM1线圈得电吸合，主轴电动机运转；按下主轴停止按钮SB1，KM1线圈断电释放，主轴电动机停转。

④ 冷却泵电动机控制。起动主轴电动机后，若将冷却泵电动机开关SA2旋到“开”位置，则KM2线圈得电吸合，冷却泵电动机转动；将SA2旋到“关”位置，KM2线圈断电释放，冷却泵电动机停转。

⑤ 刀架快速移动电动机控制。按下SB3，KM3吸合，刀架快速移动电动机转动；松开SB3，KM3释放，刀架快速移动电动机停止。

7）总结记录PLC与外部设备的接线过程、程序调试过程及注意事项，比较继电器-接触器控制与PLC控制的异同及优缺点，完成实训报告。

【任务测评】

任务完成后对任务实施情况进行检查，将结果填入表6-20中。

表 6-20　CA6140 型卧式车床电气控制系统的 PLC 改造任务测评表

<table>
<tr><th colspan="2">测评内容</th><th>配分</th><th colspan="3">考　核　点</th><th>得分</th></tr>
<tr><td rowspan="2">职业素养
与操作规范
（20 分）</td><td>工作准备</td><td>10</td><td colspan="3">清点元件、仪表、电工工具、电动机并摆放整齐；穿戴好劳动防护用品</td><td></td></tr>
<tr><td>6S 规范</td><td>10</td><td colspan="3">操作过程中及作业完成后，保持工具、仪表、元件、设备等摆放整齐；操作过程中无不文明行为，具有良好的职业操守，独立完成考核内容，合理解决突发事件；具有安全用电意识，操作符合规范要求；作业完成后清理、清扫工作现场</td><td></td></tr>
<tr><td rowspan="4">作品
（80 分）</td><td>系统设计</td><td>10</td><td colspan="3">① 正确设计主电路
② 列出 I/O 元件分配表，画出系统接线图，I/O 分配图
③ 正确设计控制程序
④ 正确写出运行调试步骤</td><td></td></tr>
<tr><td>安装与接线</td><td>10</td><td colspan="3">① 安装时关闭电源开关
② 电路布置整齐、合理
③ 不损坏元件
④ 接线规范
⑤ 按 I/O 接线图接线</td><td></td></tr>
<tr><td>系统调试</td><td>20</td><td colspan="3">① 熟练操作软件输入程序
② 进行程序删除、插入、修改等操作
③ 联机下载调试程序</td><td></td></tr>
<tr><td>功能实现</td><td>40</td><td colspan="3">按照被控设备的动作要求进行模拟调试，达到控制要求</td><td></td></tr>
<tr><td>定额工时</td><td colspan="4">120min</td><td>成绩</td><td></td></tr>
<tr><td>开始时间</td><td colspan="2"></td><td>结束时间</td><td></td><td>实际时间</td><td></td></tr>
</table>

任务三　Z3050 型摇臂钻床电气控制系统的 PLC 改造

【任务目标】

1）掌握 Z3050 型摇臂钻床 PLC 控制系统的硬件电路设计。

2）掌握 Z3050 型摇臂钻床 PLC 控制系统的程序设计。

3）能够完成 Z3050 型摇臂钻床 PLC 控制系统的安装调试。

4）进一步熟悉对继电器-接触器控制系统进行 PLC 改造的一般步骤和方法。

【任务分析】

摇臂钻床在机械加工中用于钻孔、扩孔、攻螺纹等操作，是机械加工中重要的机床设备。针对传统继电器-接触器控制系统存在的接线复杂、容易出故障、维修困难等缺点，对 Z3050 型摇臂钻床原有的继电器-接触器控制电路进行 PLC 改造，在保持原有钻床设备的加工能力和工艺控制要求不变的基础上，可有效降低设备的故障率，提高其使用效率。本任务要求采用三菱公司生产的 FX_{2N}系列 PLC，完成 Z3050 型摇臂钻床电气控制系统的改造设计。具体控制要求如下：

1）完成 PLC 输入输出信号地址分配。

2）绘制 PLC 外围硬件电路接线图。

3）完成 PLC 控制程序设计。

4）完成系统调试和试运行。

【相关知识】

一、Z3050型摇臂钻床PLC改造设计思路

1）保持原钻床的工艺加工方法不变。

2）保持原钻床主电路不变，原有主电路元件不变，原控制系统电气操作方法不变。

3）保持原电气控制系统控制元件（包括按钮、行程开关、热继电器、接触器）的作用不变。

4）保持主轴电动机、液压泵电动机、冷却泵电动机、摇臂升降电动机的操作方法不变，保持立柱、主轴箱松夹控制流程以及摇臂升降控制流程不变。

5）根据机床设备生产现场需要，确定接入PLC的输入信号元件（如按钮、行程开关等）和输出负载元件（如接触器、电磁阀、信号灯）及其作用，据此确定PLC的输入、输出继电器信号地址，绘制PLC的外部硬件接线图。确定与继电器-接触器控制电路图中的中间继电器KA、时间继电器KT所对应的PLC梯形图中的辅助继电器M和定时器T的元件号，建立继电器-接触器控制电路图中的硬件元件和PLC程序梯形图中软元件的一一对应关系。

6）根据上述对应关系保持原有的逻辑控制要求，按PLC梯形图语言中的语法规则画出对应梯形图，将原继电器-接触器控制中的硬件接线改为由PLC程序实现。

7）对梯形图进行程序优化，并进行通电调试。经过编辑、编译、下载、调试、运行，直至程序正确。

二、Z3050型摇臂钻床PLC改造输入输出地址分配

Z3050型摇臂钻床的电气原理图见项目四的图4-6。不改变原有的操作方式，将原有的控制按钮、行程开关等开关量作为输入元件接入PLC的输入控制端子，由PLC控制程序驱动原有接触器、电磁阀线圈等。确定PLC输入点数为13点，输出点数为10点。三菱FX_{2N}-48MR型PLC有24个输入继电器和24个输出继电器，能够满足摇臂钻床控制系统的要求。Z3050型摇臂钻床PLC控制系统I/O分配见表6-21。

表6-21　Z3050型摇臂钻床PLC控制系统的I/O分配表

输入信号			输出信号		
功能	元件名称	信号地址	功能	元件名称	信号地址
主轴电动机停止按钮	SB1	X1	主轴电动机接触器	KM1	Y1
主轴电动机起动按钮	SB2	X2	摇臂上升接触器	KM2	Y2
摇臂上升按钮	SB3	X3	摇臂下降接触器	KM3	Y3
摇臂下降按钮	SB4	X4	放松接触器	KM4	Y4
立柱、主轴箱放松按钮	SB5	X5	夹紧接触器	KM5	Y5
立柱、主轴箱夹紧按钮	SB6	X6	松夹电磁阀	YA	Y6
摇臂上升极限保护	SQ11	X10	立柱、主轴箱放松指示	HL1	Y11
摇臂下降极限保护	SQ12	X11	立柱、主轴箱夹紧指示	HL2	Y12
摇臂放松行程限位	SQ2	X12	主轴电动机运转指示	HL3	Y13
摇臂夹紧行程限位	SQ3	X13	电源信号指示	HL4	Y14
立柱、主轴箱松夹限位	SQ4	X14			
主轴电动机M1热过载	FR1	X15			
液压泵电动机M4热过载	FR2	X16			

三、Z3050 型摇臂钻床 PLC 改造硬件电路设计

1. 主电路

保持原有主电路不变，且保持加工方法不变。主电路如图 6-23 所示。

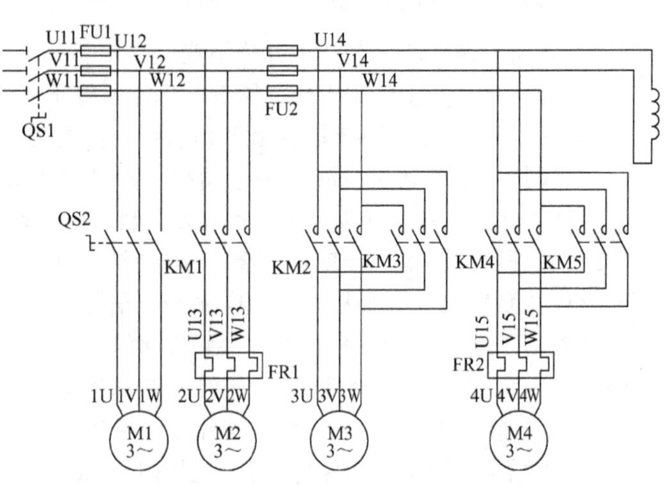

图 6-23 Z3050 型摇臂钻床主电路

2. PLC 外围硬件接线图设计

Z3050 型摇臂钻床 PLC 控制系统外围硬件接线图如图 6-24 所示。

四、Z3050 型摇臂钻床 PLC 改造梯形图程序设计

1. 主轴电动机 M1 起停控制程序

主轴电动机 M1 起停控制程序如图 6-25 所示。

2. 定时器断电延时程序

定时器断电延时程序如图 6-26 所示。

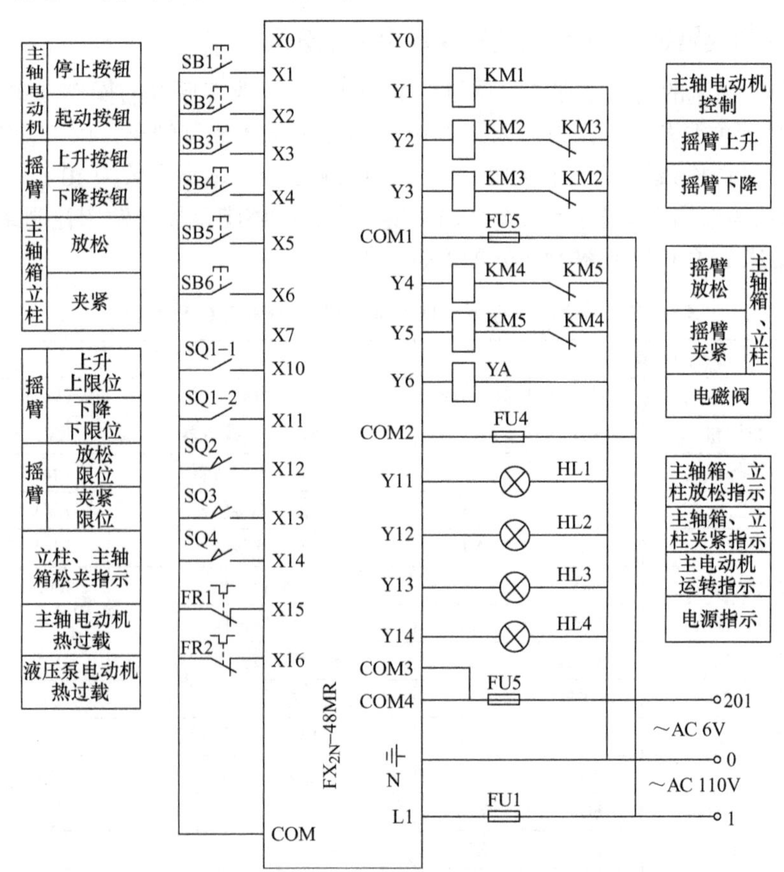

图 6-24 Z3050 型摇臂钻床 PLC 控制系统外围硬件接线图

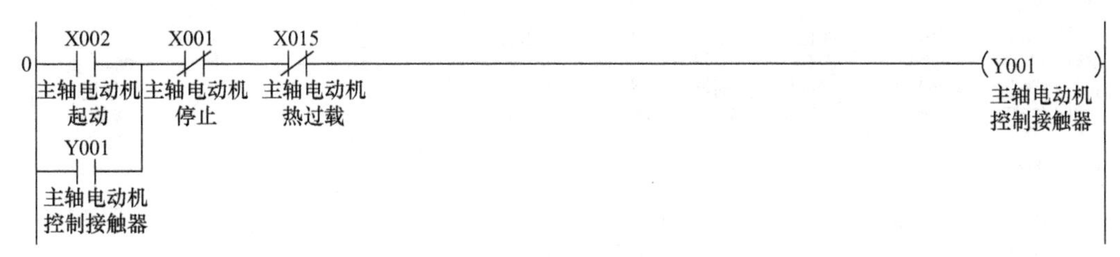

图 6-25　主轴电动机 M1 起停控制程序

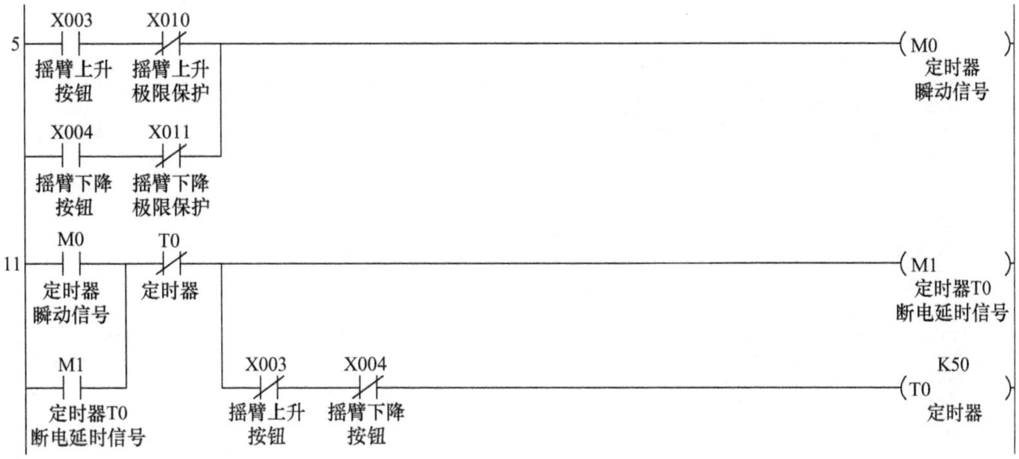

图 6-26　定时器断电延时程序

3. 摇臂升降控制程序

摇臂升降控制程序如图 6-27 所示。

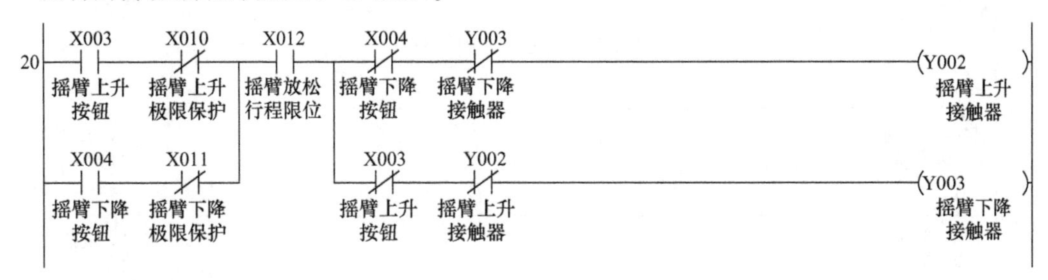

图 6-27　摇臂升降控制程序

4. 液压松夹控制程序

液压松夹控制程序如图 6-28 所示。

5. 信号指示灯控制程序

信号指示灯控制程序如图 6-29 所示。

五、Z3050 型摇臂钻床 PLC 改造程序调试运行方案

1. 主轴电动机 M1 的起停控制

主轴电动机只做单向旋转，其过载保护由热继电器 FR1（X15）完成。按下起动按钮 SB2，X2 接通，Y1 动作，驱动外接 KM1 线圈吸合，主轴电动机 M2 起动运行。按下停止按钮 SB1，X1 接通，常闭触点断开，Y1 失电，外接 KM1 失电，主轴电动机 M2 停转。

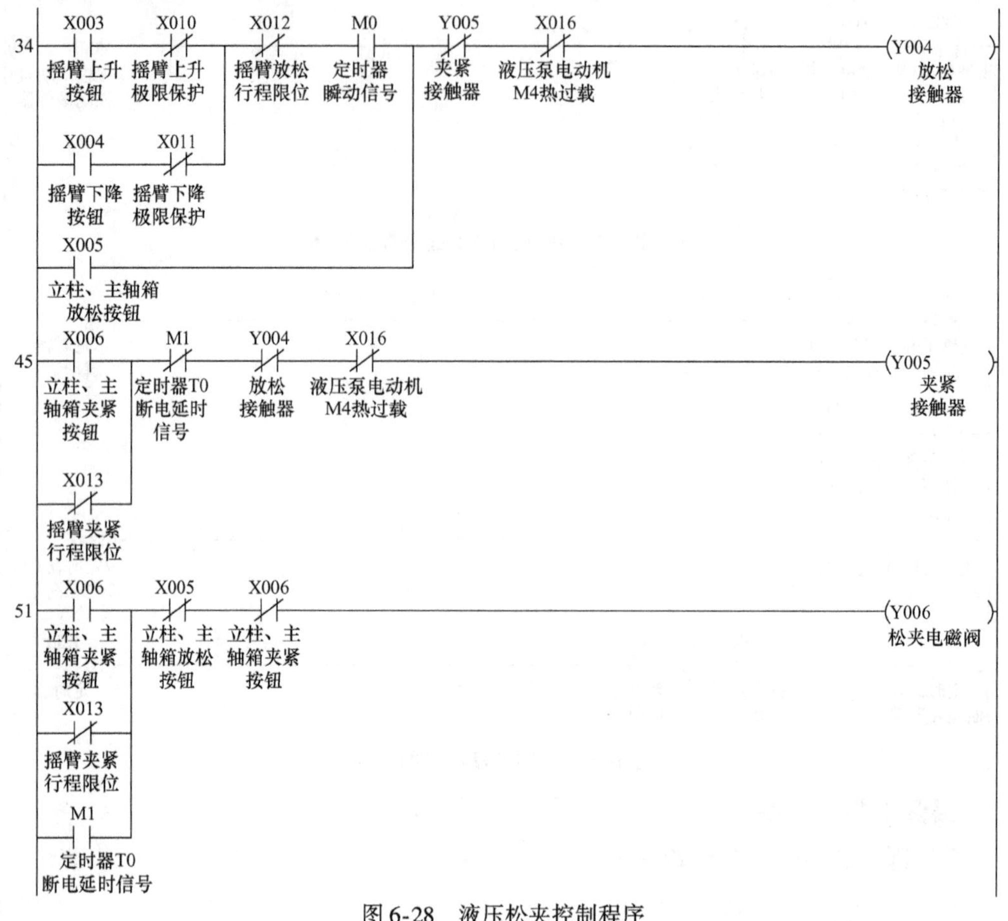

X003
X010
X012
M0
Y005
X016
34
Y004
摇臂上升按钮
摇臂上升极限保护
摇臂放松行程限位
定时器瞬动信号
夹紧接触器
液压泵电动机M4热过载
放松接触器
X004
X011
摇臂下降按钮
摇臂下降极限保护
X005
立柱、主轴箱放松按钮
X006
M1
Y004
X016
45
Y005
立柱、主轴箱夹紧按钮
定时器T0断电延时信号
放松接触器
液压泵电动机M4热过载
夹紧接触器
X013
摇臂夹紧行程限位
X006
X005
X006
51
Y006
立柱、主轴箱夹紧按钮
立柱、主轴箱放松按钮
立柱、主轴箱夹紧按钮
松夹电磁阀
X013
摇臂夹紧行程限位
M1
定时器T0断电延时信号

图 6-28　液压松夹控制程序

X014
57
Y011
立柱、主轴箱松夹限位
立柱、主轴箱放松指示
X014
59
Y012
立柱、主轴箱松夹限位
立柱、主轴箱夹紧指示
Y001
61
Y013
主轴电动机接触器
主轴电动机运转指示
M8000
63
Y014
电源信号指示
65
END

图 6-29　信号指示灯控制程序

2. 摇臂升降控制

（1）摇臂放松　按下摇臂上升按钮 SB3，X3 置 1（或按下摇臂下降按钮 SB4，X4 置 1），瞬动信号继电器 M0 置 1，Y4 动作，外接 KM4 线圈得电，液压泵电动机 M4 起动正向旋转，供给液压油。断电延时信号继电器 M1 置 1，常开触点闭合，Y6 置 1，外接电磁阀 YA 得电，液压油经分

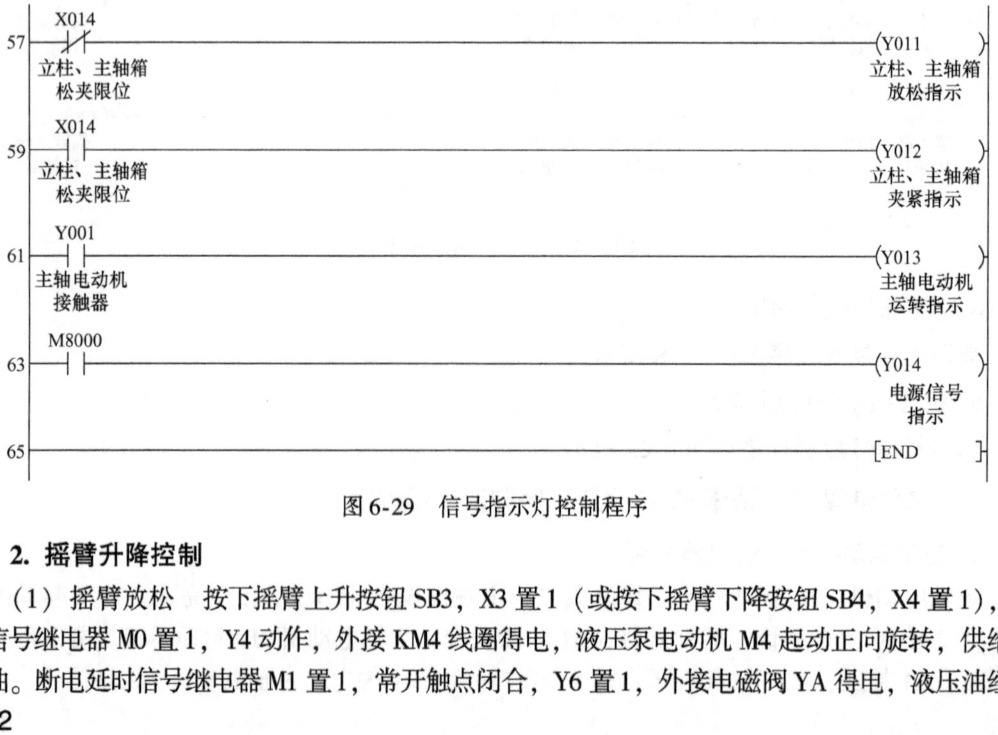

配阀体 YA 进入摇臂与立柱的放松油腔，推动活塞移动，活塞推动菱形块，使摇臂放松。

（2）摇臂上升（或摇臂下降）　摇臂放松到位后，压下位置开关 SQ2，对应的输入继电器 X12 置 1，X12 常闭触点断开，Y4 断开，外接 KM4 线圈失电，液压泵电动机 M4 停转。X12 常开触点闭合，使 Y2 动作（下降时为 Y3 动作），外接 KM2（下降时为 KM3）线圈得电，摇臂升降电动机正转（下降时为反转），驱动摇臂上升（或下降）。上升（或下降）到所需位置后，松开 SB3（或 SB4），输入继电器 X3（下降时为 X4）置 0，使 Y2 断开（下降时为 Y3 断开），外接 KM2（下降时为 KM3）线圈失电，摇臂升降电动机停转，摇臂停止上升（或下降）。

（3）摇臂夹紧　松开 SB3 或 SB4，定时器 T0 计时，5s 时间到，断电延时信号继电器 M1 置 0，常闭触点恢复闭合，使 Y5 动作，外接 KM5 线圈得电，液压泵电动机 M4 起动反向旋转，液压油经分配阀体 YA 进入摇臂与立柱的夹紧油腔，使摇臂夹紧。夹紧到位后，SQ3 被压下，对应的 X13 常闭触点断开，Y5 和 Y6 断开，外接 KM5 和 YA 线圈失电，M3 停转，完成自动夹紧过程。

3. 立柱、主轴箱的松夹控制

立柱、主轴箱的松夹由复合按钮 SB5 和 SB6 控制。按下放松控制按钮 SB5，X5 置 1，X5 常闭触点断开，使 Y6 断开，电磁阀 YA 失电。X5 常开触点闭合，使 Y4 动作，外接 KM4 线圈得电吸合，液压泵电动机 M4 正转，液压油经分配阀体 YA 进入立柱与主轴箱的放松油腔，使立柱与主轴箱同时放松。松开 SB5，使 Y4 断开，外接 KM4 线圈失电，液压泵电动机停转。立柱与主轴箱的放松操作结束。

立柱与主轴箱的夹紧工作原理与放松相似，按下夹紧按钮 SB6，使输出继电器 Y5 动作，外接 KM5 得电，使液压泵电动机 M4 反转。

4. 信号指示灯控制

立柱、主轴箱松夹指示灯 HL2、HL3 由限位开关 SQ4 控制，SQ4 对应的输入继电器 X14 常闭触点闭合时，Y11 动作，外接放松指示灯 HL1 亮。X14 常开触点闭合时，Y12 动作，外接夹紧指示灯 HL2 亮。

按下主轴起动按钮 SB2，X2 置 1，Y1 动作，外接 KM1 线圈得电。同时 Y13 动作，外接主轴电动机运转，指示灯 HL4 亮。

当合上电源开关，PLC 上电后，特殊辅助继电器 M8000 常开触点闭合，Y14 得电，电源指示灯 HL4 亮。

【任务实施】

1）检查实训设备、器材是否完好，检查待调试程序。实训设备和器材明细见表 6-22。

表 6-22　实训设备和器材明细

序号	名　称	型号与规格	数　量	备　注
1	实训装置	THPFSL－2	1	可配安装好的元件板
2	三菱 PLC	FX_{2N}－48MR	1	
3	通信电缆	RS232/RS422 通信电缆	1	
4	实训导线		若干	匹配
5	计算机		1	已安装编程软件
6	相关资料	PLC 使用说明书	若干	相关学习资料
7	Z3050 型摇臂钻床电气原理图		1	

2）根据 PLC 的 I/O 接线图完成 PLC 与实训模块（或安装好的元件电路板）之间的接线，认真检查，确保正确无误。

3）打开 PLC 编程软件 GX－Developer，将编写好的 PLC 控制程序（或参考程序）录入 PLC 中并进行编译，根据编程软件提示信息及时进行修改，直至程序无误。

4）用 RS232/RS422 通信编程电缆连接计算机串口与 PLC 通信口，打开 PLC 主机电源开关，下载程序至 PLC 中，下载完毕后将 PLC 的“RUN/STOP”开关拨至“RUN”状态。

5）通过编程软件将 PLC 程序置于监控模式。

6）操作试运行。

7）总结记录 PLC 与外部设备的接线过程、程序调试过程及注意事项，比较继电器-接触器控制与 PLC 控制的异同及优缺点，完成实训报告。

【任务测评】

完成任务后对任务完成情况进行检查，将结果填入表 6-23 中。

表 6-23　Z3050 型摇臂钻床电气控制系统的 PLC 改造任务测评表

<table>
<tr><th colspan="2">评价内容</th><th>配分</th><th colspan="4">考 核 点</th><th>得分</th></tr>
<tr><td rowspan="2">职业素养
与操作规范
（20 分）</td><td>工作前准备</td><td>10</td><td colspan="4">清点元件、仪表、电工工具、电动机并摆放整齐；穿戴好劳动防护用品</td><td></td></tr>
<tr><td>6S 规范</td><td>10</td><td colspan="4">操作过程中及作业完成后，保持工具、仪表、元件、设备等摆放整齐；操作过程中无不文明行为，具有良好的职业操守，独立完成考核内容，合理解决突发事件；具有安全用电意识，操作符合规范要求；作业完成后清理、清扫工作现场</td><td></td></tr>
<tr><td rowspan="4">作品
（80 分）</td><td>系统设计</td><td>10</td><td colspan="4">① 正确设计主电路
② 列出 I/O 元件分配表，画出系统接线图，I/O 分配图
③ 正确设计控制程序
④ 正确写出运行调试步骤</td><td></td></tr>
<tr><td>安装与接线</td><td>10</td><td colspan="4">① 安装时关闭电源开关
② 电路布置整齐、合理
③ 不损坏元件
④ 接线规范
⑤ 按 I/O 接线图接线</td><td></td></tr>
<tr><td>系统调试</td><td>20</td><td colspan="4">① 熟练操作软件输入程序
② 进行程序删除、插入、修改等操作
③ 联机下载调试程序</td><td></td></tr>
<tr><td>功能实现</td><td>40</td><td colspan="4">照被控设备的动作要求进行模拟调试，达到控制要求。</td><td></td></tr>
<tr><td>定额工时</td><td colspan="4">120min</td><td>成绩</td><td colspan="2"></td></tr>
<tr><td>开始时间</td><td colspan="2"></td><td>结束时间</td><td></td><td>实际时间</td><td colspan="2"></td></tr>
</table>

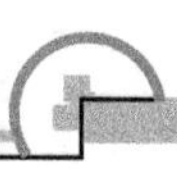

任务四　T68 型卧式镗床电气控制系统的 PLC 改造

【任务目标】

1）掌握 T68 型卧式镗床 PLC 控制系统的硬件电路设计。

2）掌握 T68 型卧式镗床 PLC 控制系统的程序设计。

3）能够完成 T68 型卧式镗床 PLC 控制系统的安装调试。

【任务分析】

镗床属于精密机床，主要用于加工尺寸精度、表面粗糙度要求较高的孔以及各孔间的距离要求较为精确的零件。T68 型卧式镗床的主轴电动机采用双速电动机，要求电动机能实现正转、反转控制；能点动、连续运转；能进行低速、高速切换；停车时要求反接制动停车，还要求能进行主轴变速和进给变速控制。原继电器-接触器控制电路复杂，触点多，故障多，出现故障时维修困难。为克服继电器-接触器控制系统的缺点，降低设备故障率，提高设备使用效率，应用三菱公司的 FX_{2N}系列 PLC 对其进行控制电路改造，任务要求如下：

1）完成 PLC 输入输出信号地址分配。

2）绘制 PLC 外围硬件电路接线图。

3）完成 PLC 控制程序设计。

4）完成系统调试和试运行。

【相关知识】

一、T68 型卧式镗床 PLC 改造设计思路

1）保持原镗床的工艺加工方法不变。

2）保持原镗床的主电路不变，原有主电路元件不变，控制系统电气操作方法不变。

3）保持原电气控制系统控制元件（包括按钮、行程开关、热继电器、接触器）的作用不变。

4）保持镗床主轴电动机低速运转、高速运转、点动运行、反接制动停车、主轴变速和进给变速冲动的操作方法不变，保持镗床快速移动电动机的操作方法不变。

5）根据镗床设备生产现场需要，确定接入 PLC 的输入信号元件（如按钮、行程开关等）和输出负载元件（如接触器、信号灯）及其作用，据此确定 PLC 的输入、输出继电器信号地址，绘制 PLC 的外部硬件接线图。确定原镗床电路图中的中间继电器 KA、时间继电器 KT 所对应的 PLC 梯形图中的辅助继电器 M 和定时器 T 的元件号，建立原镗床电路图中的硬件元件和 PLC 程序梯形图中软元件的一一对应关系。

6）根据上述对应关系，保持原有逻辑控制要求，按 PLC 梯形图语言中的语法规则画出对应梯形图，将原继电器-接触器控制中的硬件接线改为由 PLC 程序实现。

7）可对梯形图进行程序优化，并进行通电调试。经过编辑、编译、下载、调试、运行，直至程序正确。

二、T68 型卧式镗床 PLC 改造输入输出地址分配

T68 型卧式镗床的电气原理图见项目三的图 3-9。不改变原有操作方式，将原有的按钮、行程开关等开关量作为输入元件接入 PLC 的输入信号端子，输出端子外接接触器、信号灯等，由 PLC 内部程序驱动。确定系统的输入点数为 18 点，输出点数为 10 点。三菱 FX_{2N}-48MR 型 PLC 有 24 个输入继电器和 24 个输出继电器，能够满足镗床控制系统的要求。T68 型卧式镗床 PLC 改造系统的 I/O 分配见表 6-24。

表 6-24　T68 型卧式镗床 PLC 改造系统的 I/O 分配表

输入信号			输出信号		
功能	元件名称	信号地址	功能	元件名称	信号地址
主轴电动机制动停车按钮	SB1	X1	主轴电动机正转	KM1	Y0
主轴电动机连续正转按钮	SB2	X2	主轴电动机反转	KM2	Y1
主轴电动机连续反转按钮	SB3	X3	短接限流电阻	KM3	Y2
主轴电动机点动正转按钮	SB4	X4	主轴电动机低速运转	KM4	Y3
主轴电动机点动反转按钮	SB5	X5	主轴电动机高速运转	KM5	Y4
主轴电动机过载保护	FR	X6	进给电动机正转	KM6	Y5
照明开关	SA	X7	进给电动机反转	KM7	Y6
高低速切换开关	SQ9	X10	工作指示	HL1	Y10
主轴进给控制开关	SQ1	X11	运行监控指示	HL2	Y11
工作台进给控制开关	SQ2	X12	照明指示	EL	Y12
主轴变速起停控制开关	SQ3	X13			
进给变速起停控制开关	SQ4	X14	主轴电动机连续正转	M1	无
主轴变速啮合控制开关	SQ5	X15	主轴电动机连续反转	M2	无
进给变速啮合控制开关	SQ6	X16	主轴电动机点动正转	M3	无
进给电动机快速反转位置开关	SQ7	X17	主轴电动机点动反转	M4	无
进给电动机快速正转位置开关	SQ8	X20	镗床正常工作公共电路	M10	无
速度继电器反向信号	KS1	X21	主轴制动控制公共电路	M11	无
速度继电器正向信号	KS2	X22	变速及制动公共电路	M12	无

三、T68 型卧式镗床 PLC 改造硬件电路设计

1. 主电路

保持原有主电路不变，T68 型卧式镗床的主电路图如图 6-30 所示。

2. PLC 外围硬件接线图设计

T68 型卧式镗床 PLC 控制系统外围硬件接线图如图 6-31 所示。

四、T68 型卧式镗床 PLC 改造软件程序设计

1. 镗床电路正常工作中间单元状态程序

将联锁开关 SQ1、SQ2 置于“正常”位置，热继电器 FR 处于正常工作状态，此时可进行下一步操作。镗床正常工作中间单元状态在 PLC 程序中用 M10 表示，如图 6-32 所示。

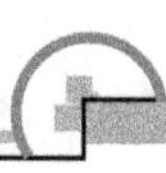

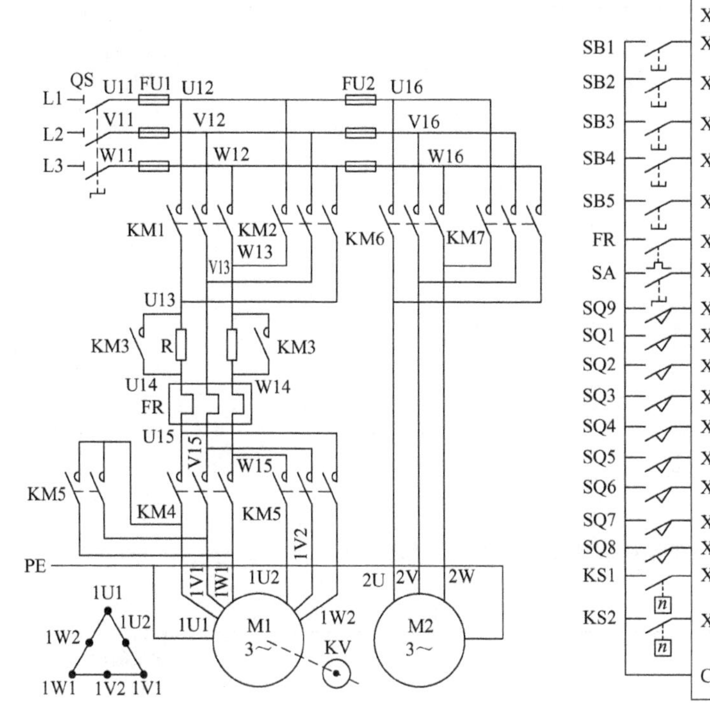

图 6-30　T68 型卧式镗床主电路

图 6-31　T68 型卧式镗床 PLC 控制系统外围硬件接线图

图 6-32　镗床电路正常工作中间单元状态程序

2. 主轴电动机制动控制中间单元状态程序

在原电路图中，停止按钮 SB1 的常开触点与主轴变速开关 SQ3、进给电动机变速开关 SQ4 的常闭触点以及 KM1、KM2 的常开触点并联。其中间单元状态在 PLC 程序中用 M11 表示，如图 6-33 所示。

3. 变速及制动控制中间单元状态程序

变速冲动时，SQ5、SQ6 被压合，通过速度继电器两对正、反触点 KS1、KS2 的交替动作，使得主轴电动机获得低速连续冲动。变速冲动控制中间单元状态在 PLC 程序中用 M12 表示，如图 6-34 所示。

4. 主轴电动机正反转通断状态程序

镗床主轴电动机要求既能点动运转又能连续运转。主接触器正反转通断控制状态在 PLC 程序中用通用继电器 M3（正转）和 M4（反转）表示，如图 6-35 所示。

4
X001
主轴电动机制动停车按钮
X013
主轴变速起停开关
X014
进给变速起停开关
Y000
主轴电动机正转
Y001
主轴电动机反转
M10
镗床正常工作中间单元
M11
主轴制动控制中间单元

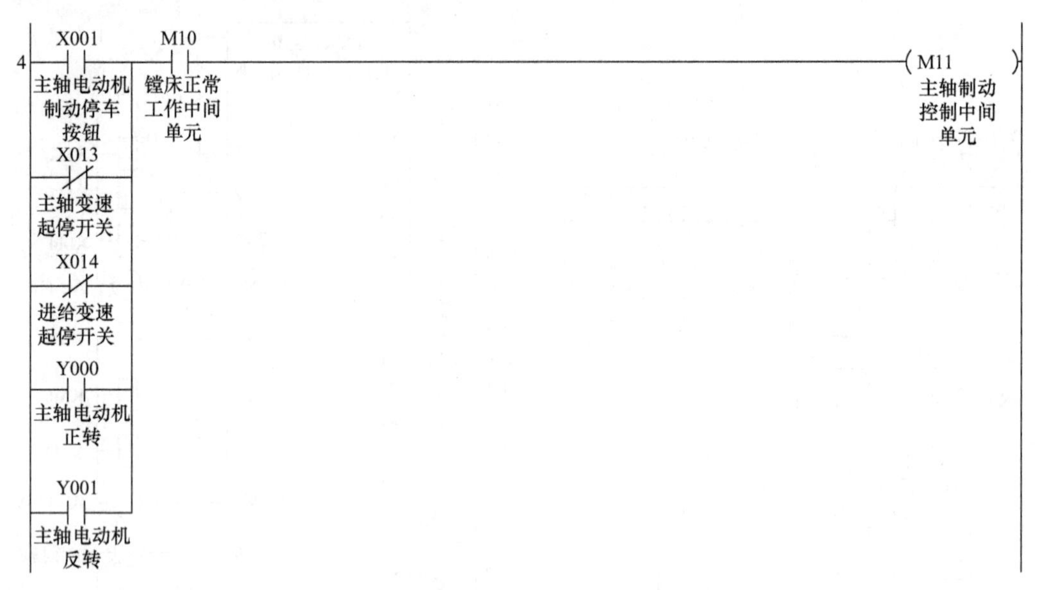

图 6-33 主轴电动机制动控制中间单元状态程序

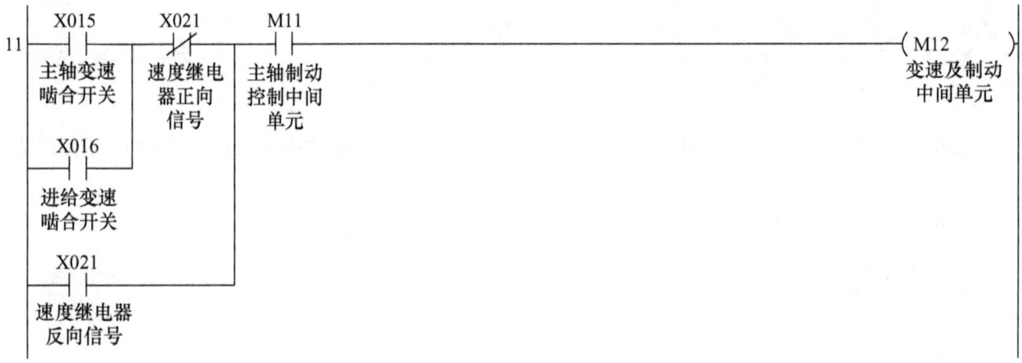
11
X015
主轴变速啮合开关
X016
进给变速啮合开关
X021
速度继电器正向信号
X021
速度继电器反向信号
M11
主轴制动控制中间单元
M12
变速及制动中间单元

图 6-34 变速及制动控制中间单元状态程序

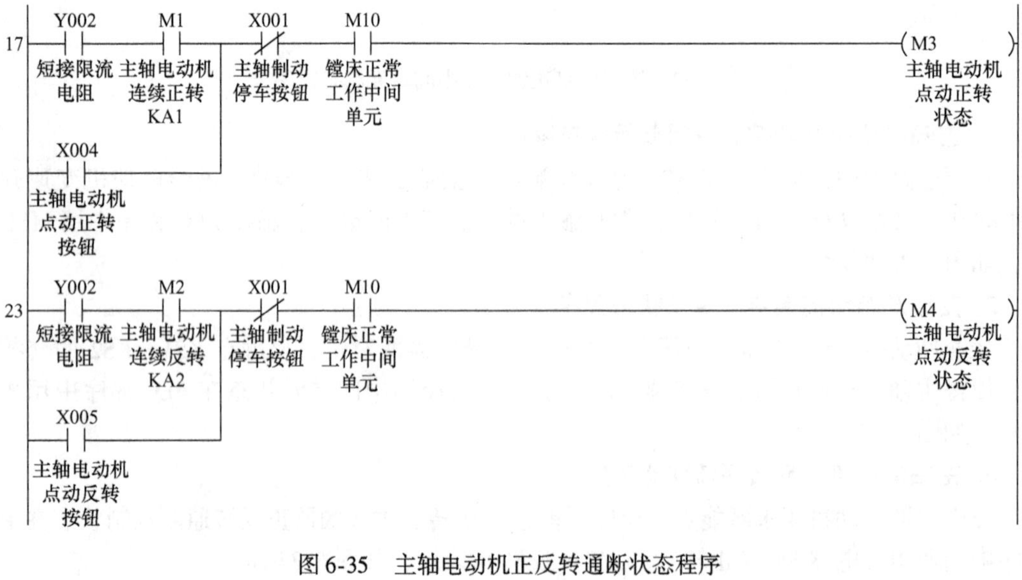
17
Y002
短接限流电阻
M1
主轴电动机连续正转KA1
X001
主轴制动停车按钮
M10
镗床正常工作中间单元
M3
主轴电动机点动正转状态
X004
主轴电动机点动正转按钮
23
Y002
短接限流电阻
M2
主轴电动机连续反转KA2
X001
主轴制动停车按钮
M10
镗床正常工作中间单元
M4
主轴电动机点动反转状态
X005
主轴电动机点动反转按钮

图 6-35 主轴电动机正反转通断状态程序

5. 主接触器正反转通断控制程序

主接触器正反转通断控制程序如图6-36所示。

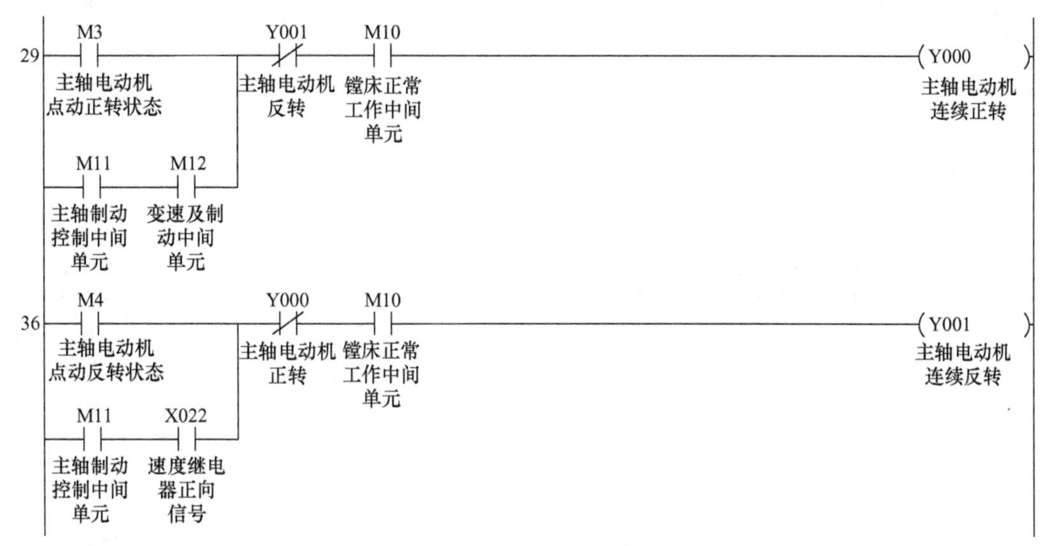

图6-36　主接触器正反转通断控制程序

6. 主轴电动机连续正转、反转中间单元程序

主轴电动机连续正转、反转中间单元程序如图6-37所示。

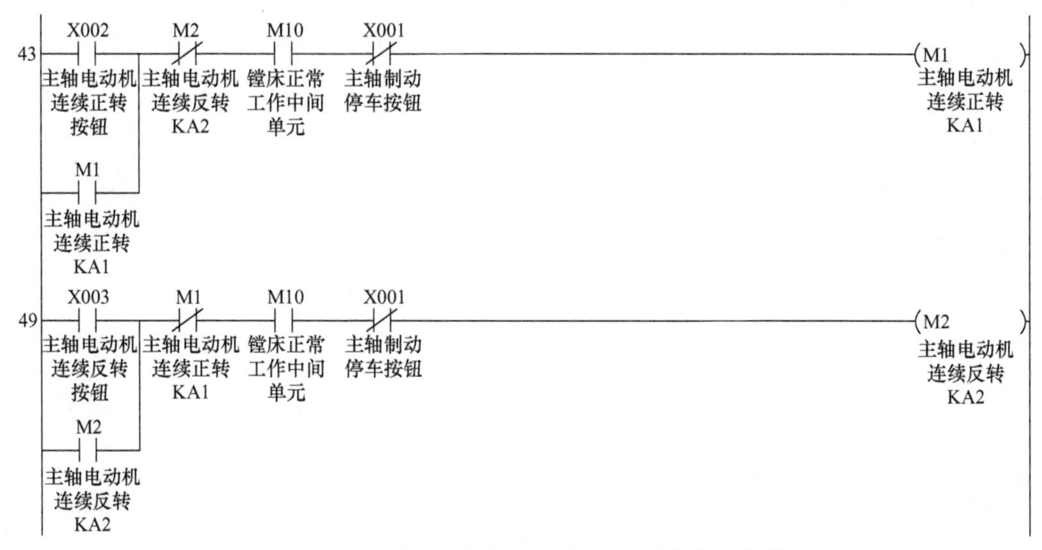

图6-37　主轴电动机连续正转、反转中间单元程序

7. 主轴电动机低速、高速运转及低高速切换程序

主轴电动机低速、高速运转及低高速切换程序如图6-38所示。

8. 进给电动机正转、反转控制程序

进给电动机正转、反转控制程序如图6-39所示。

9. 运行监控、工作指示、照明灯控制程序

运行监控、工作指示、照明灯控制程序如图6-40所示。

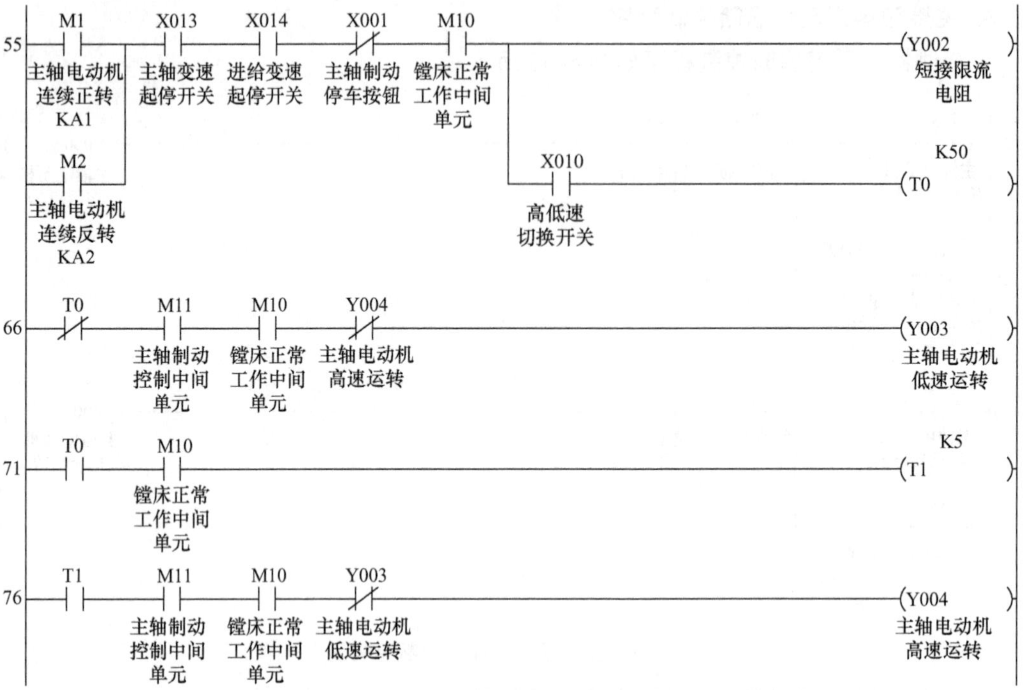

55 M1 主轴电动机连续正转KA1 / M2 主轴电动机连续反转KA2 — X013 主轴变速起停开关 — X014 进给变速起停开关 — X001 主轴制动停车按钮 — M10 镗床正常工作中间单元 — (Y002 短接限流电阻)
X010 高低速切换开关 — (T0 K50)

66 T0 — M11 主轴制动控制中间单元 — M10 镗床正常工作中间单元 — Y004 主轴电动机高速运转 — (Y003 主轴电动机低速运转)

71 T0 — M10 镗床正常工作中间单元 — (T1 K5)

76 T1 — M11 主轴制动控制中间单元 — M10 镗床正常工作中间单元 — Y003 主轴电动机低速运转 — (Y004 主轴电动机高速运转)

图 6-38　主轴电动机低速、高速运转及低高速切换程序

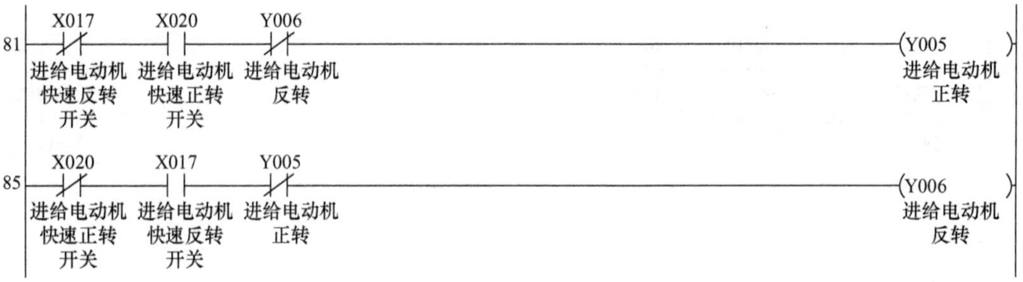

81 X017 进给电动机快速反转开关 — X020 进给电动机快速正转开关 — Y006 进给电动机反转 — (Y005 进给电动机正转)

85 X020 进给电动机快速正转开关 — X017 进给电动机快速反转开关 — Y005 进给电动机正转 — (Y006 进给电动机反转)

图 6-39　进给电动机正转、反转控制程序

89 M8000 — (Y010 运行监控指示)

91 Y000 主轴电动机正转 / Y001 主轴电动机反转 — (Y011 工作指示)

94 X007 照明开关 — (Y012 照明指示)

96 [END]

图 6-40　运行监控、工作指示、照明灯控制程序

五、T68 型卧式镗床 PLC 改造程序调试方案

1. 起动准备

主轴进给控制开关 SQ1（X11）与工作台进给控制开关 SQ2（X12）互锁，不能同时处于进给断开位置，给 PLC 上电后通用继电器 M10 置 1，M10 常开触点闭合，为进行系统程序调试做好准备。

2. 主轴电动机的点动控制

（1）主轴电动机点动正转　按下点动正转按钮 SB4，X4 置 1，使 M3、M10 置 1，Y0、Y3 动作，Y0 外接正转接触器 KM1、Y3 外接低速接触器 KM4 得电，主轴电动机接成三角形联结串电阻低速点动正转。

（2）主轴电动机点动反转　按下点动反转按钮 SB5，X5 置 1，使 M4、M10 置 1，Y1、Y3 动作，Y1 外接反转接触器 KM1、Y3 外接低速接触器 KM4 得电，主轴电动机接成三角形联结串电阻低速点动反转。

3. 主轴电动机的连续控制

（1）主轴电动机正转低速起动　将主轴变速控制开关 SQ3 压合，X13 置 1，进给变速控制开关 SQ4 压合，X14 置 1。高低速切换开关 SQ9 不受压，X10 置 0。

按下正转按钮 SB2，X2 置 1，使 M1、M3、M11 置 1，输出继电器 Y2、Y0、Y3 相继动作，Y0 外接正转接触器 KM1、Y2 外接接触器 KM3、Y3 外接低速接触器 KM4 得电，主轴电动机接成△联结正转低速全压起动，当转速上升到 120r/min 时，速度继电器常开触点 KS2 接通，X22 置 1，为正转停车时的反接制动做准备。

（2）主轴电动机反转低速起动　按下反转按钮 SB3，X3 置 1，M2、M4、M11 置 1，输出继电器 Y2、Y1、Y3 相继动作，Y1 外接反转接触器 KM2、Y2 外接接触器 KM3、Y3 外接低速接触器 KM4 得电，主轴电动机接成△联结反转低速全压起动，当转速上升到 120r/min 时，速度继电器 KS1 常开触点接通，X21 置 1，为反转停车时的反接制动做准备。

（3）主轴电动机正转高速起动　将高低速切换开关置于高速档，SQ9 受压，X10 置 1。按下正转按钮 SB2，X2 置 1，M1、M3、M11 置 1，输出继电器 Y0、Y2、Y3 相继动作，同时由于输入继电器 X10 置 1，T0 开始延时，Y0 外接的 KM1、Y2 外接的 KM3、Y3 外接的 KM4 得电，主轴电动机接成△联结低速全压起动。T0 延时 3 s 后，Y3 复位，Y4 动作，Y3 外接的 KM4 失电，Y4 外接的 KM5 得电，主轴电动机接成YY联结高速运行，当转速上升至 120r/min 时，速度继电器常开触点 KS2 接通（X22 动作），为正转时的反接制动做准备。

（4）主轴电动机反转高速起动　同主轴电动机正转高速起动类似，按下反转按钮 SB3，X3 置 1，M2、M3、M11 置 1，输出继电器 Y1、Y2、Y3 动作，外接 KM2、KM3、KM4 线圈得电，主轴电动机先低速反转，T0 延时 3 s 后，Y3 复位，Y4 动作，主轴电动机接成YY联结高速反转运行，当转速上升至 120r/min 时，KS1（X21）动作，为反转时的反接制动做准备。

4. 主轴电动机反接制动停车

（1）正转低速运行状态下反接制动停车　按下停车按钮 SB1，X1 常闭触点断开，M1、M3、Y0、Y2、Y3 断开，外接 KM1、KM3、KM4 线圈失电，因速度继电器 KS2 常开触点闭合，X22 置 1，同时因 X1 常开触点闭合，Y1、M11、Y3 动作，外接 KM2、KM4 又得电，主轴电动机串电阻 R 进行反接制动。转速下降至 100r/min 时，速度继电器 KS2 复位，X22 断开，Y1、M11、Y3 复位断开，KM4 失电，主轴电动机停车过程结束。

（2）正转高速运行状态下反接制动停车　按下停车按钮 SB1，X1 常闭触点断开，M1、M3、Y0、Y2、Y4 断开，外接 KM1、KM3、KM5 线圈失电，制动过程同正转低速运行状态下的反接制动。

（3）反转低速运行状态下反接制动停车　按下停车按钮 SB1，X1 常闭触点断开，M2、M4、Y1、Y2、Y3 断开，外接 KM2、KM3、KM4 线圈失电，因速度继电器 KS1 常开触点闭合，X21 置 1，同时因输入继电器 X1 常开触点闭合，Y0、M11、Y3 得电动作，KM1、KM4 又得电，主轴电动机串电阻 R 进行反接制动。转速下降至 100r/min 时，速度继电器 KS1 复位，X21 断开，Y0、M11、Y3 复位断开，外接 KM4 线圈失电，主轴电动机停车过程结束。

（4）反转高速运行状态下反接制动停车　按下停车按钮 SB1，X1 常闭触点断开，M2、M4、Y1、Y2、Y4 动作，外接 KM2、KM3、KM5 线圈失电，制动过程同反转低速运行状态下的反接制动。

5. 变速控制

（1）主轴变速　将主轴变速操作手柄拉出，SQ3 常开触点断开，常闭触点闭合。此时主轴电动机反接制动停车，调整变速盘至所需速度，再将变速手柄推回原位，变速完毕，齿轮啮合后受压，SQ3 常开触点压合。

若发生顶齿现象，则 SQ5 受压，X15 置 1，M11、M12、Y0、Y3 动作，外接 KM1、KM4 得电，主轴电动机接成△联结低速起动。转速上升至 120r/min 时，KS2 动作，常闭触点断开，M12、Y0 断开，KS2 常开触点闭合，Y1、M11、Y3 动作，KM2、KM4 得电，主轴电动机反接制动。当转速下降至 100r/min 时，KS2 复位，常开触点断开，KM2 又失电，KS2 常闭触点恢复闭合，KM1 又得电，主轴正向起动。转速上升至 120r/min 时，KS2 又动作，主轴电动机又制动，转速下降。KM1、KM2 交替通断，主轴电动机被间歇地起动、制动直至齿轮啮合好。将变速手柄推回原位后，压合 SQ3，SQ5 复位，切断冲动电路，变速冲动过程结束。

（2）进给变速　与主轴变速类似，进给变速手柄由 SQ4、SQ6 控制。

6. 镗头架、工作台的快速移动

由快速移动操作手柄 SQ7（X17）、SQ8（X20）控制进给电动机的正反转。

【任务实施】

1）检查实训设备、器材是否完好，检查待调试程序。实训设备和器材明细见表 6-25。

表 6-25　实训设备和器材明细表

序　号	名　称	型号与规格	数　量	备　注
1	实训装置	THPFSL－2	1	
2	三菱 PLC	FX_{2N}－48MR	1	
3	通信电缆	RS232/RS422 通信电缆	1	
4	实训导线		若干	匹配
5	计算机		1	已安装编程软件
6	相关资料	PLC 使用说明书	若干	相关学习资料
7	T68 型卧式镗床电气原理图		1	

2）根据 PLC 的 I/O 接线图完成 PLC 与实训模块（或安装好的元件电路板）之间的接线，认真检查，确保正确无误。

3）打开 PLC 编程软件 GX－Developer，将编写好的 PLC 控制程序（或参考程序）录入 PLC 中并进行编译，根据编程软件提示信息及时进行修改，直至程序无误。

4）用 RS232/RS422 通信编程电缆连接计算机串口与 PLC 通信口，打开 PLC 主机电源开关，下载程序至 PLC 中，下载完毕后将 PLC 的“RUN/STOP”开关拨至“RUN”状态。

5）通过编程软件将 PLC 程序置于监控模式。

6）操作试运行。

7）总结记录 PLC 与外部设备的接线过程、程序调试过程及注意事项，比较继电器-接触器控制与 PLC 控制的异同及优缺点，完成实训报告。

【任务测评】

任务完成后对任务实施情况进行检查，将结果填入表 6-26 中。

表 6-26　T68 型卧式镗床电气控制系统的 PLC 改造任务测评表

<table>
<tr><th colspan="2">评价内容</th><th>配分</th><th colspan="4">考　核　点</th><th>得分</th></tr>
<tr><td rowspan="2">职业素养
与操作规范
（20 分）</td><td>工作前准备</td><td>10</td><td colspan="4">清点元件、仪表、电工工具、电动机并摆放整齐；穿戴好劳动防护用品</td><td></td></tr>
<tr><td>6S 规范</td><td>10</td><td colspan="4">操作过程中及作业完成后，保持工具、仪表、元件、设备等摆放整齐；操作过程中无不文明行为，具有良好的职业操守，独立完成考核内容，合理解决突发事件；具有安全用电意识，操作符合规范要求；作业完成后清理、清扫工作现场</td><td></td></tr>
<tr><td rowspan="4">作品
（80 分）</td><td>系统设计</td><td>10</td><td colspan="4">① 正确设计主电路
② 列出 I/O 元件分配表，画出系统接线图、I/O 分配图
③ 正确设计控制程序
④ 正确写出运行调试步骤</td><td></td></tr>
<tr><td>安装与接线</td><td>10</td><td colspan="4">① 安装时关闭电源开关
② 电路布置整齐、合理
③ 不损坏元件
④ 接线规范
⑤ 按 I/O 接线图接线</td><td></td></tr>
<tr><td>系统调试</td><td>20</td><td colspan="4">① 熟练操作软件输入程序
② 进行程序删除、插入、修改等操作
③ 联机下载调试程序</td><td></td></tr>
<tr><td>功能实现</td><td>40</td><td colspan="4">按照被控设备的动作要求进行模拟调试，达到控制要求</td><td></td></tr>
<tr><td>定额工时</td><td colspan="4">120min</td><td>成绩</td><td colspan="2"></td></tr>
<tr><td>开始时间</td><td colspan="2"></td><td>结束时间</td><td></td><td>实际时间</td><td colspan="2"></td></tr>
</table>

作业与思考

一、填空题

1. PLC 型号 FX_{2N}－48MR 的含义为：基本单元由 CPU、存储器、________和编程器组成；输入输出总点数为________点，其中输入点数为________点，输出点数为________点；输出类型为________，是________公司生产的 PLC。

2. 与 PLC 通信的语言通常有两种：一种是________，另一种是 ________。

3. FX_{2N}系列 PLC 编程元件的编号分为两个部分：第一部分是代表功能的字母：输入继电器用________表示，输出继电器用________表示，辅助继电器用________表示，内部定时器用________表示，内部计数器用________表示，状态器用________表示；第二部分为表示该类元件的序号，输入继电器及输出继电器的序号为________进制，其余软元件的序号为________进制。

4. ________称为置位指令，其功能是驱动线圈，使其具有自锁功能，维持接通状态。

5. 步进顺控指令的助记符是________，使步进顺控指令复位的指令是________。SET 指令与________指令均可用于步的活动状态的转换。

6. 计时器 T1 设定值 K10 是指设定时间为________ s。

二、选择题

1. 以下可以产生 1s 方波振荡时钟信号的特殊辅助继电器是（　　）。

A. M8002　　B. M8013　　C. M8034　　D. M8012

2. SET 和 RST 指令都具有（　　）功能。

A. 循环　　B. 自保持　　C. 过载保护　　D. 复位

3. 并联电路块与前面的电路串联时应该使用（　　）指令。

A. ORB　　B. AND　　C. ORB　　D. ANB

4. 使用 MPS、MRD、MPP 指令时，如果其后是单个常开触点，则需要使用（　　）指令。

A. LD　　B. AND　　C. ORB　　D. ANI

5. 主控指令可以嵌套，但最都不能超过（　　）级。

A. 8　　B. 7　　C. 5　　D. 2

6. 计数器除了计数端外，还需要一个（　　）端。

A. 置位　　B. 输入　　C. 输出　　D. 复位

7. 运行监控的特殊辅助继电器是（　　）。

A. M8002　　B. M80013　　C. M8000　　D. M8011

8. 监视元件接通状态，即操作元件由 OFF→ON 状态产生一个扫描周期接通脉冲，应该使用（　　）指令。

A. LDF　　B. LDP　　C. AND　　D. OR

9. M0 是（　　）辅助继电器。

A. 通用　　B. 断电保持　　C. 特殊　　D. 计数

三、问答题

1. PLC 控制系统中常用的输入元件和设备有哪些？常用的输出元件和设备有哪些？

2. 简述继电器-接触器控制系统的 PLC 改造步骤。

3. 继电器-接触器控制系统和 PLC 控制系统的主要区别在哪里？

4. FX 系列 PLC 的编程元件有哪些？

5. 为什么 PLC 控制系统的输入元件常采用常开触点？如果将停止按钮改为常闭触点接入 PLC，程序应做何改动？

6. 若在系统调试过程中发现 PLC 输出均不能接通，试分析故障原因和处理方法。

7. 若发现输出继电器 Y0 不能驱动负载接触器，但 Y10 ~ Y12 外接指示灯能亮，试分析故障原因和处理方法。

8. 写出 Z3050 型摇臂钻床摇臂上升的梯形图程序。

9. 写出 T68 型卧式镗床低速正转的梯形图程序。

项目七　常用机床主拖动系统变频调速改造

【项目描述】 常见的金属切削机床主要有车床、铣床、磨床、钻床及镗床等。机床主要的加工形式是切削，即工件与刀具之间的相对运动。主运动是主轴的旋转运动，可以是带动工件的运动，如车床、刨床；也可以是带动刀具的运动，如钻床、铣床、镗床等。在这些常用机床中，主运动的拖动系统通常采用电磁离合器配合齿轮箱进行机械调速，调速过程中的噪声大、振动大、电磁离合器的损坏率较高，而且调速系统体积大、结构复杂，一旦出了问题，维修难度大、成本高。也有调速系统采用直流电动机调速，此时存在设备造价高、效率低、电路复杂等问题。

变频调速是通过改变交流异步电动机的供电频率进行调速的，它具有性能优良、调速范围大、稳定性好、运行效率高等一系列优点。随着变频调速技术的发展，变频器得到了广泛的应用，是目前公认的交流电动机最理想、最有前途的调速技术。采用变频器对交流异步电动机进行调速控制，使用方便、可靠性高、经济效益显著，因此，交流异步电动机变频调速技术的应用已经扩展到了工业生产的所有领域。应用变频器进行机床主拖动系统的变频调速改造，可以克服传统调速方式的不足，有效地提高机床的综合性能。图 7-1 所示为数控车床，其主轴拖动系统采用变频器控制。

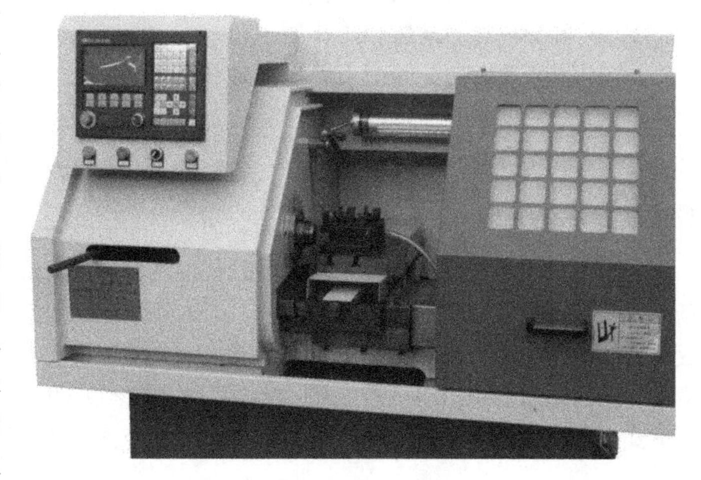

图 7-1　数控车床

【项目目标】

1. 知识目标

1）了解变频器的作用和分类。

2）熟悉变频器系统的硬件构成和工作原理。

3）掌握变频器的基本频率参数及其设置方法。

4）掌握变频器的运行操作模式。

5）掌握变频器的多段调速控制方式。

6）掌握对常用机床主拖动系统实施变频调速改造的一般步骤和方法。

2. 技能目标

1）能完成变频器的面板操作和参数设置。

2）能完成变频器多段速度控制系统的安装和调试。

3）能完成变频器无级调速控制系统的安装和调试。

4）能完成常用机床变频调速改造电路的安装与调试。

【项目分析】

本项目下设四个任务。认识变频器，了解变频器的基本结构和工作原理；学习变频器的操作与运行方法，掌握不同运行模式下变频器的操作方法；重点学习变频器的多段调速控制方式；以卧式车床主拖动系统的变频改造为例，学习变频调速技术在机床控制系统中的应用。通过本项目的学习，掌握常用机床主拖动系统变频调速改造设计的一般步骤和方法，以及变频调速控制系统的安装和调试技能，进一步提升学生对机床电气设备的安装与调试能力、电路分析能力、故障检修能力，以及运用新技术进行相关设备技术改造的能力。

任务一　认识变频器

【任务目标】

1）了解变频器的作用和分类。

2）了解变频器的结构和工作原理。

3）了解变频器功能面板上各按键的作用。

4）认识变频器的主控电路端子。

5）熟悉变频器的外部端子接线。

【任务分析】

随着电力电子技术、微电子技术及现代控制理论的发展，变频器作为高新技术、节能技术产品已经被广泛应用于各个领域。目前，国内外生产的变频器种类很多，不同生产厂家生产的变频器的基本使用方法和提供的基本功能大同小异。本任务主要学习变频器的基础知识，了解变频器的作用和分类，以三菱 FR－D700 系列变频器为例，学习变频器的结构和工作原理、控制方式，了解变频器主控电路端子的作用，以及变频器操作面板上各按键的作用。

【相关知识】

一、变频器的作用和分类

1. 变频器的作用

变频器就是利用电力半导体器件的通、断作用，将频率、电压固定的交流电变换为频率、电压都连续可调的交流电的装置，主要用于交流异步电动机的调速控制。变频器与电动机的连接框图如图 7-2 所示。

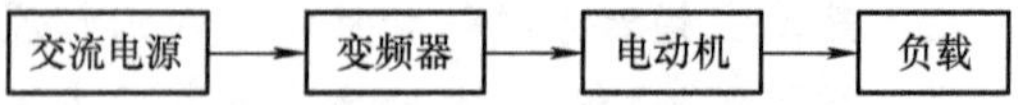

交流电源 → 变频器 → 电动机 → 负载

图 7-2　变频器与电动机的连接框图

2. 变频调速基本原理

由交流异步电动机的转速公式（7-1）可知，改变速度的方式有三种：改变极对数 P、改变转差率 s、改变频率 f。式(7-1）中转速 n 与频率 f 成正比，当频率 f 在 0～50Hz 范围内变化时，电动机转速的调节范围很宽。变频器就是通过改变电动机电源频率来实现速度调节的。

$$n = \frac{60f}{P}(1-s) \tag{7-1}$$

式中，n 是异步电动机的转速（r/min）；f 是电源的频率（Hz）；s 是电动机的转差率；P 是电动机的极对数。

3. 变频器的分类

变频器的分类见表 7-1。

表 7-1　变频器的分类

分类方式	种　　类	性能和应用场合
按变频器的电路组成分类	交-交变频器	将频率固定的交流电直接变换为频率连续可调的交流电
	交-直-交变频器	将频率、电压固定的交流电整流成直流电，再经逆变电路变换为频率、电压都连续可调的交流电
按直流环节的储能方式分类	电压型变频器	整流后靠电容来滤波
	电流型变频器	整流后靠电感来滤波
按输出电压的调压方式分类	脉幅调制（PAM）控制变频器	变频器输出电压的大小是通过改变直流电压来实现的
	脉宽调制（PWM）控制变频器	变频器输出电压的大小是通过改变输出脉冲的占空比来实现的
按变频器的控制方式分类	变频变压控制（U/f）	对变频器输出的电压和频率同时进行控制，通过保持 U/f 恒定使电动机获得所需的转矩特性
	矢量控制（VC）	根据交流电动机的动态数学模型，利用坐标变换手段将交流电动机的定子电流分解成磁场分量电流和转矩分量电流，并分别加以控制
	直接转矩控制	通过控制电动机的瞬时输入电压来控制电动机定子磁链的瞬时旋转速度，改变其对转子的瞬时转差率，从而达到直接控制电动机输出的目的
按变频器的用途分类	通用变频器	与普通的笼型异步电动机配套使用，能适应各种不同性质的负载，并具有多种选择功能
	高性能专用变频器	用于对电动机控制要求较高的系统，大多数采用矢量控制方式，驱动对象通常是变频器厂家指定的专用电动机
	高频变频器	为满足超精密加工和高性能机械中用到的高速电动机的驱动要求，采用 PAM（脉冲幅值调制）控制方式，输出频率可达 3kHz

二、变频器的结构和工作原理

变频器的内部结构除了由电力电子器件组成的主电路外，还有以微处理器为核心的运算、检测、保护、驱动、隔离等控制电路。目前的通用变频器大多采用交-直-交变频变压方式。交-直-交变频器是先把工频交流电通过整流器整流变成直流电，再通过逆变环节变成频率、电压均连续可调的交流电。其基本构成框图如图 7-3 所示。

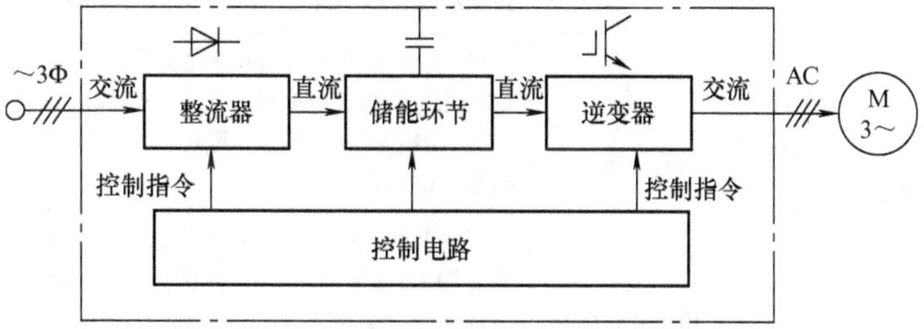

~3Φ　交流　整流器　直流　储能环节　直流　逆变器　交流　AC　M 3~
控制指令　控制指令
控制电路

图 7-3　变频器的基本构成框图

1. 变频器的主电路

为交流异步电动机提供调压调频电源的电力变换部分称为主电路。交-直-交变频器的典型主电路如图 7-4 所示。

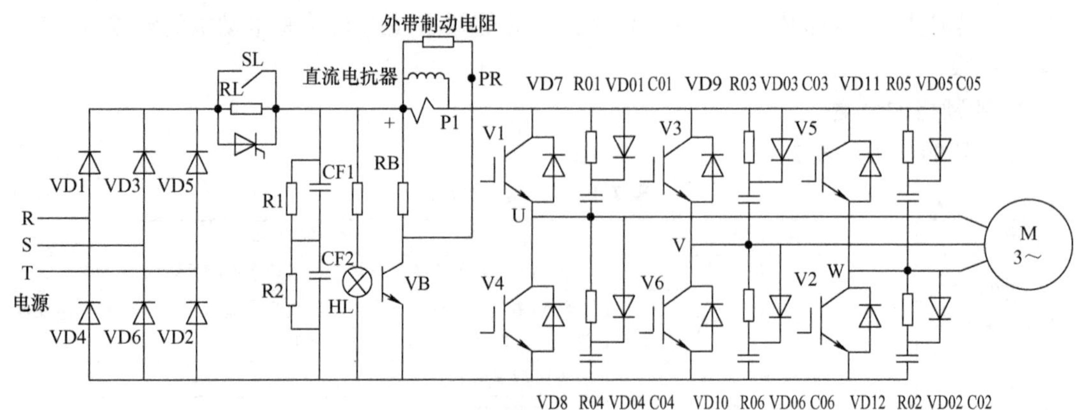

图 7-4　交-直-交变频器的主电路

交-直-交变频器的主电路包括整流电路、直流中间电路及逆变电路三部分。这些电路的组成元件及其作用见表 7-2。

表 7-2　交-直-交变频器主电路的组成元件及其作用

组成部分		元　件	作　用
整流电路		VD1 ~ VD6 组成三相整流桥	将三相 380V 工频交流电整流成脉动的直流电，若三相进线电源线电压为 U_L，则整流后的平均电压为 $U_D = 1.35U_L = 1.35 \times 380V = 513V$
直流中间电路	滤波电路	滤波电容 CF	整流电路输出的整流电压是脉动的直流电压，滤波电容 CF 的主要作用就是滤平桥式整流后的纹波，保持直流电压平稳。另外，它在整流器与逆变器之间起去耦作用，以消除相互干扰
	限流电路	限流电阻 RL 短接开关 SL	1）为了限制滤波电容 CF 的充电电流，在变频器开始接通电源的一段时间内，电路串入限流电阻 RL，将滤波电容 CF 的充电电流限制在允许范围内，以保护整流桥 2）当滤波电容 CF 充电达到一定程度时将开关 SL 闭合，将 RL 短接
	制动电路	制动电阻 RB 制动控制管 VB	1）电动机在降速时处于再生制动状态，回馈到直流电路中的能量将使电压 U_D 不断上升，可能导致过电压危险。因此，需要将这部分能量消耗掉，使 U_D 保持在允许的范围内，制动电阻 RB 就是用来消耗这部分能量的 2）制动控制管一般由功率晶体管 GTR（或 IGBT）及其驱动电路构成，其作用是控制流经 RB 的放电电流
逆变电路	逆变桥	V1 ~ V6 组成三相逆变桥	根据 PWM 控制信号使六个开关器件 V1 ~ V6 按一定的规律轮流导通、关断，将直流电逆变成频率、幅值都可调的三相交流电
	续流电路	由 VD7 ~ VD12 六个续流二极管组成	1）由于电动机是一种感性负载，在导通的桥臂开关管关断时，电流不可能降为零，此时由与其并联的二极管进行续流，将其能量返回直流电源 2）当电动机降速时，其处于再生制动状态，VD7 ~ VD12 为再生电流返回直流电源提供通道
	缓冲电路	由 R01 ~ R06、VD01 ~ VD06、C01 ~ C06 组成	当逆变管 V1 ~ V6 每次由导通状态切换至截止状态的关断瞬间，集电极和发射极（即 C、E）之间的电压 U_{CE} 很快由 0V 升至直流电压 U_D，过高的电压增长率会导致逆变管损坏。C01 ~ C06 的作用就是降低电压增长率。当逆变管 V1 ~ V6 每次由截止状态切换到导通状态的瞬间，C01 ~ C06 上所充的电压将向 V1 ~ V6 放电。该放电电流的初始值是很大的，R01 ~ R06 的作用就是减小 C01 ~ C06 的放电电流。而 VD01 ~ VD06 接入后，在 V1 ~ V6 关断的过程中，可使 R01 ~ R06 不起作用；而在 V1 ~ V6 接通的过程中，又迫使 C01 ~ C06 的放电电流流经 R01 ~ R06

2. 变频器的控制电路

变频器的控制电路为主电路提供各种控制信号，其主要任务是完成对逆变器开关元件的开关控制和提供多种保护功能。除了变频器主电路输出的电压、电流及频率由控制电路的控制指令控制外，对于需要更精密的速度或快速响应的场合，运算控制对象还包括变频器主电路和传动系统检测出来的信号和保护电路信号，即除了要防止因变频器主电路的过电压、过电流引起的损坏，还应保护异步电动机及传动系统等。其控制方式有模拟控制和数字控制两种，变频器控制电路及常见保护电路的作用见表7-3。

表7-3　变频器控制电路及常见保护电路的作用

组成部分		作用
控制电路	运算电路	将外部转矩、速度等指令信号与检测电路的电流、电压信号进行比较运算，以此来决定逆变器的输出电压、频率、电流等
	驱动电路	驱动主电路电力电子元件的关断和导通
	电压/电流检测电路	与主电路电位隔离，检测主电路的电压、电流
	速度检测电路	将从异步电动机主轴上的速度检测器检测出的速度信号送入运算电路，根据指令和运算可使电动机按指令速度运转
	保护电路	检测主电路的电压、电流信号，当发生过载或过电压等异常时，为防止逆变器和异步电动机损坏，使逆变器停止工作或抑制电压、电流值
保护电路	逆变器保护	瞬时过电流保护：当逆变器负载侧短路，使流过逆变器元件的电流达到异常值时，或者当变流器的输出电流达到异常值时，瞬时停止逆变器运转，切断电流
		过载保护：当负载过大，或因负载过大而使电动机堵转时，逆变器的输出电流将超过额定电流值，且持续流通时间达到规定时间以上，为防止逆变器元件、电路等损坏，应使逆变器停止运转。恰当的保护需要反时限特性，采用热继电器或者电子热保护
		再生过电压保护：当逆变器使电动机快速减速时，再生功率直流电路电压将升高，若超过允许值，可采用停止逆变器运转或停止快速减速的办法，防止产生过电压
		瞬时停电保护：瞬时停电时间在10ms以上时，通常会使控制电路误动作，主电路也不能供电，检测出来后应使逆变器停止运转
		接地过电流保护：逆变器负载侧接地时，为保护逆变器，有时要有接地过电流保护功能。为确保人身安全，需要装设剩余电流断路器
	异步电动机保护	冷却风机异常保护：当冷却风机异常时，装置内温度将上升，采用风机热继电器或散热片温度传感器，检测出异常后停止逆变器
		过载保护：过载检测装置与逆变器保护共用，但要考虑低速运转过热时，在异步电动机内埋入温度检测器，或者利用装在逆变器内的电子热保护元件检出过热。动作频繁时，可以考虑减小电动机负载，增加电动机及逆变器容量等
	其他保护	超频（超速）保护：当逆变器的输出频率或异步电动机的转速超过规定值时，停止逆变器运转
		防止失速过电流：失速是指在急加速时，若异步电动机跟踪迟缓，则过电流保护电路动作，运转将不能继续进行。所以在负载电流减小之前要对其进行控制，抑制频率上升或使频率下降。对于恒速运转中的过电流，也进行同样的控制
		防止失速过电压：减速时产生的再生能量会使主电路的直流电压上升，为了防止再生过电压保护电路动作，在直流电压下降之前要对其进行控制，抑制频率下降，防止失速再生过电压

三、变频器的 U/f 控制方式

U/f 控制是目前通用变频器中广泛使用的基本控制方式，在改变变频器输出电压频率的同时，改变输出电压幅值的大小。

异步电动机在调速时，电动机每相定子绕组的感应电动势 E 为

$$E=4.44K_n fN\Phi_m \tag{7-2}$$

式中，E 为旋转磁场切割定子绕组产生的感应电动势；f 为定子供电频率；N 为定子每相绕组串联匝数；K_n 为与绕组有关的结构常数；Φ_m 为每相磁通量。

由式（7-2）可知，感应电动势 E 与定子供电频率 f 和每极磁通量 Φ_m 成正比。当每相定子绕组中感应电动势的有效值 E 不变时，如果改变交流电源频率 f，则必然会导致电动机主磁通量 Φ_m 的变化，从而使电动机电磁转矩 T_M 发生改变。这样也就影响了电动机的机械特性和调速指标。

若保持电动机的主磁通量 Φ_m 不变，则在改变交流电源频率 f 的同时，还必须改变电动机的感应电动势 E，以保持 E/f 比值不变，从而保证在调速范围内电动机的电磁转矩 T_M 不变。考虑到正常运行时电动机的电源电压与感应电动势近似相等，只要控制电源电压 U 和频率 f 的比值 U/f 等于常数，即可使电动机的磁通量基本保持不变。这种方式称为 U/f 控制，即可调电压可调频率（Variable Voltage Variable Frequency，VVVF）。

四、三相异步电动机变频调速后的机械特性

变频调速是以交流电源频率（异步电动机额定频率）$f_n=50\text{Hz}$ 为基本频率，简称基频，其所对应的电动机额定转速为基速。基本频率的 U/f 曲线，即控制曲线如图 7-5 所示。曲线 1 为 $U/f=$ 常数时的电压-频率关系曲线，曲线 2 为有电压补偿时的电压-频率关系曲线。

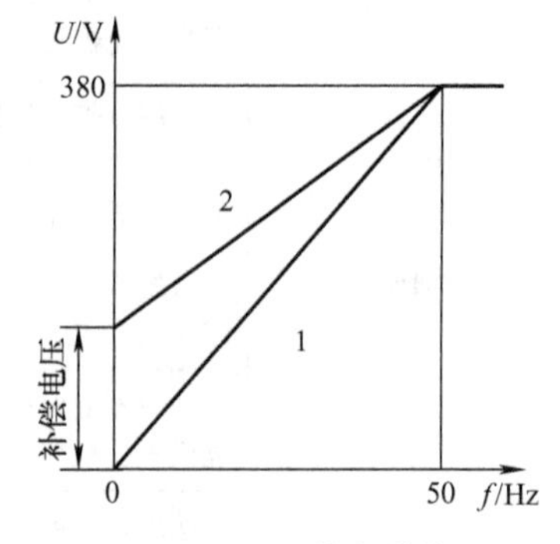

图 7-5　U/f 控制曲线

1. 额定频率以下的调速

在额定频率以下进行调速时，调频的同时也要调压，如图 7-6 所示。在恒压频比条件下改变频率时，异步电动机的机械特性基本上是平行下移的。在不同的运行频率下，电动机的主磁通量基本恒定，输出的转矩恒定，因此，额定频率以下的调速属于恒转矩调速。

2. 额定频率以上的调速

电动机可以在超过额定频率 f_n 时工作，由于电压 U 受额定电压 U_n 的限制不能再升高，只能保持为 $U=U_n$ 不变。根据式(7-2)，主磁通量 Φ_m 将随着 f 的增大而减小。电动机的最大电磁转矩也将减小，机械特性上移。但电动机的转速与转矩的乘积，即电动机的输出功率却保持不变，如图 7-7 所示，因此，额定频率以上的调速属于恒功率调速。

五、变频器的型号规格

1. 型号含义

三菱系列变频器型号的含义如图 7-8。

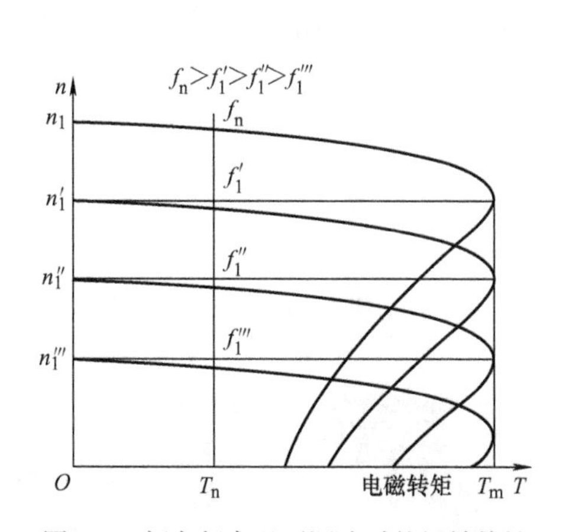

图 7-6　额定频率以下调速时的机械特性

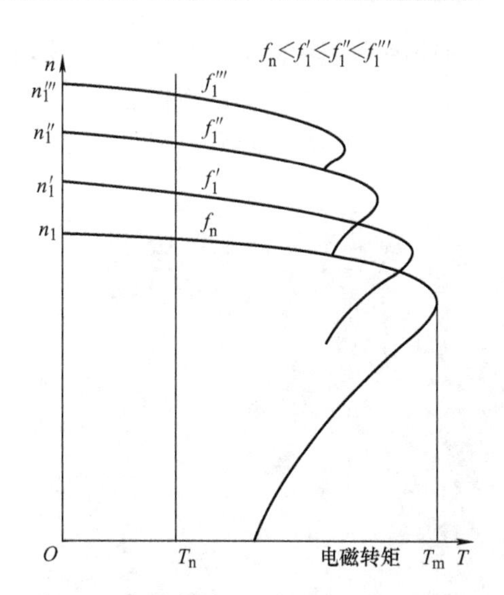

图 7-7　额定频率以上调速时的机械特性

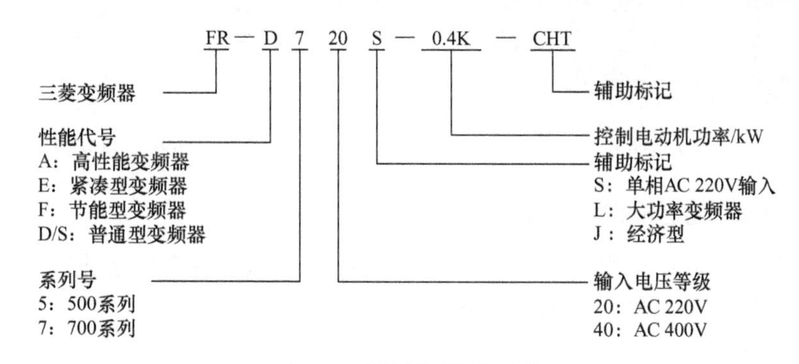

图 7-8　变频器型号的含义

2. 变频器的铭牌

变频器铭牌主要包含变频器型号、额定输入电流、额定输出电流、制造编号等内容。变频器的铭牌如图 7-9 所示。

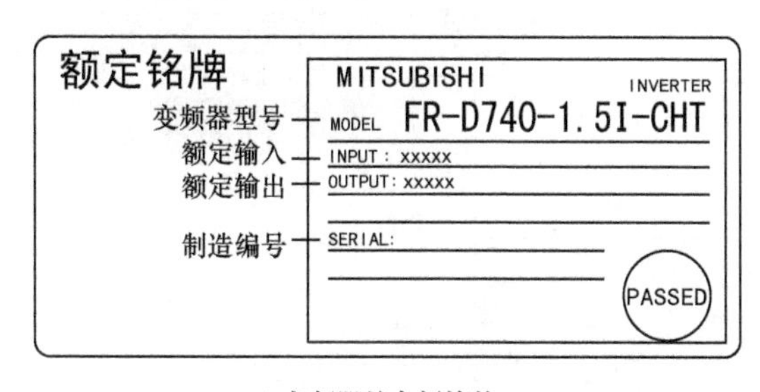

a) 变频器的定额铭牌

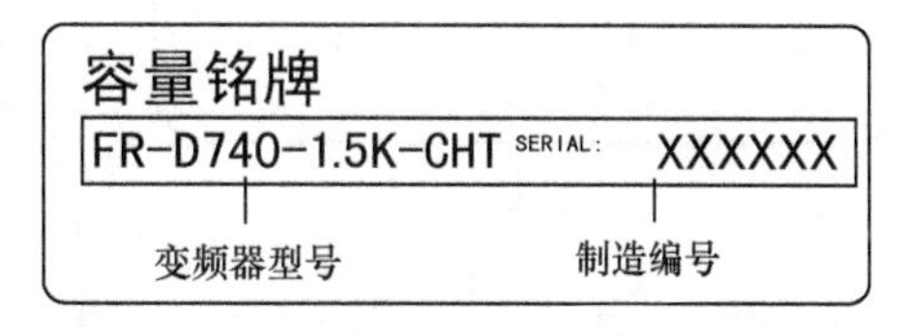

b) 变频器的容量铭牌

图 7-9　变频器的铭牌

六、三菱变频器的外形

三菱 FR－D700 系列变频器的外形如图 7-10 所示。拆掉变频器前盖板可看到接线端子，可以进行变频器的安装接线。

通用变频器的面板功能根据变频器生产厂家的不同而不同，但基本功能是相同的。使用变频器之前，首先应熟悉面板显示和键盘操作单元，并且应按照使用现场的要求合理设置参数。FR－D700 系列变频器的操作面板及各按键的名称如图 7-11 所示。

图 7-10　三菱 FR－D700 系列变频器的外形

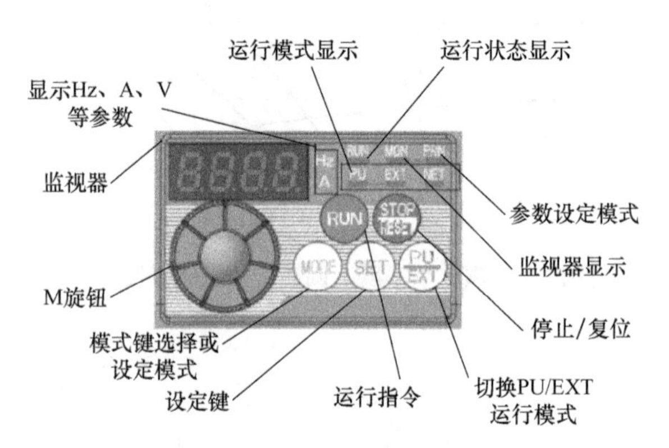

图 7-11　FR－D700 系列变频器的操作面板

七、三菱变频器的外部接线端子

变频器与外界的联系是通过接线端子来实现的，它主要由两部分组成：一部分是主电路接线端子，另一部分是控制电路接线端子。

1. 主电路接线端子

三菱 FR－D740 型变频器外部主电路端子接线示意图如图 7-12 所示。

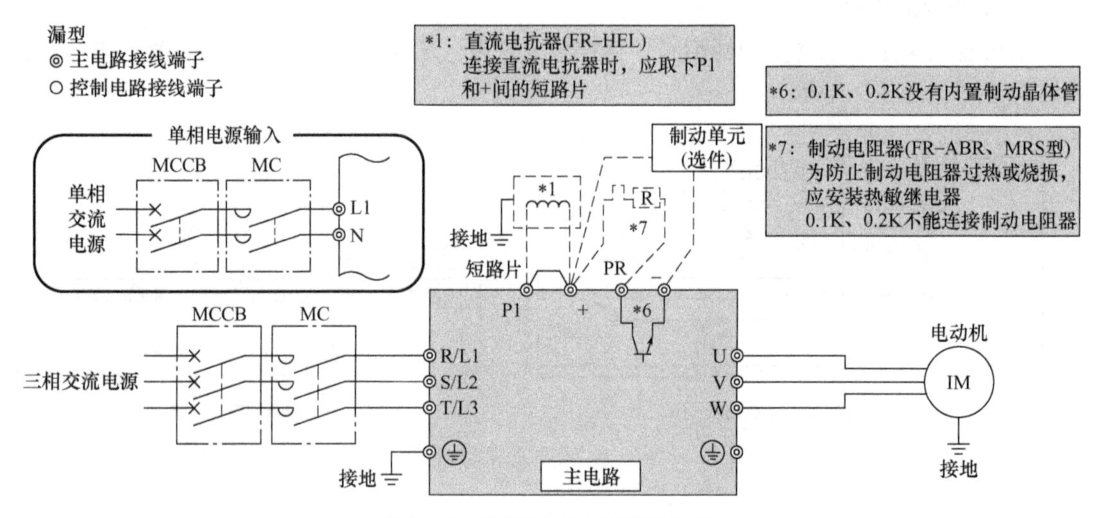

图 7-12　变频器主电路端子接线

主电路接线端子是连接变频器与电源及电动机的接线端子。主电路接线端子的功能见表 7-4。

表 7-4　主电路接线端子的功能

端子记号	端子名称	端子功能说明
R、S、T（三相）（单相为 L1、N）	交流电源输入	连接工频电源。当使用高功率因数的变流器（FR－HC）及共直流母线变流器（FR－CV）时，不要连接任何元件
U、V、W	变频器输出	接三相笼型异步电动机
+、PR	制动电阻器连接	在端子 + 和 PR 间连接选购的制动电阻器（FR－ABR、MRS）
+、－	制动单元连接	连接制动单元（FR－BU2）、共直流母线变流器（FR－CV）及高功率因数变流器（FR－HC）
+、P1	直流电抗器连接	拆下端子 + 和 P1 间的短路片，连接直流电抗器
	接地	变频器外壳接地用

2. 控制电路接线端子

变频器控制电路接线端子包括输入信号端子、输出信号端子及模拟信号端子。三菱 FR－D740 型变频器外部控制电路端子接线示意图如图 7-13 所示。

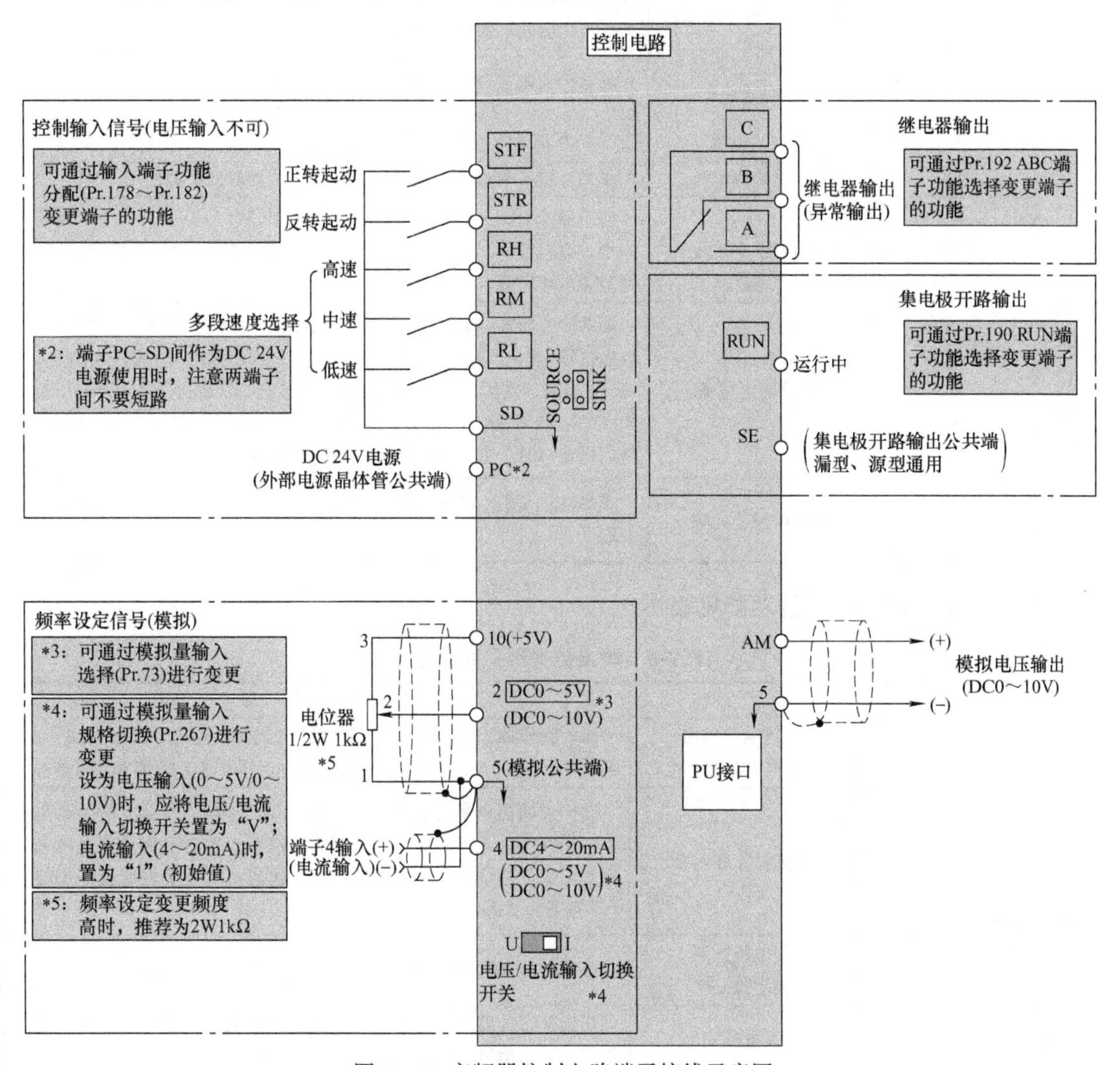

图 7-13　变频器控制电路端子接线示意图

变频器输入信号端子的功能见表7-5。

表7-5　输入信号端子的功能

类型	端子记号	端子名称	说　明
接点输入	STF	正转起动	STF信号ON时为正转指令，OFF时为停止指令
	STR	反转起动	STR信号ON时为反转指令，OFF时为停止指令
	RH、RM、RL	多段速度设定	用RH、RM和RL信号的组合可以选择多段速度
	SD	公共输入端子（漏型）	接点输入端子（漏型逻辑）
		外部晶体管公共端（源型）	源型逻辑时，若连接晶体管输出（即集电极开路输出），如可编程序控制器（PLC），将晶体管输出用的外部电源公共端接到该端子上，可以防止因漏电引起的误动作
		DC24V电源公共端	DC24V、0.1A电源（端子PC）的公共输出端子。与端子5及端子SE绝缘
	PC	外部晶体管公共端（漏型）（初始设定）	漏型逻辑时，若连接晶体管输出（即集电极开路输出），如可编程序控制器（PLC），将晶体管输出用的外部电源公共端接到该端子上，可以防止因漏电引起的误动作
		接点输入公共端（源型）	接点输入端子（源型逻辑）的公共端子
		DC24V电源	可作为DC24V、0.1A的电源使用
频率设定	10	频率设定用电源	作为外接频率设定（速度设定）用电位器时的电源使用。
	2	频率设定（电压）	如果输入DC0~5V（或DC0~10V），在5V（10V）时为最大输出频率，输入与输出成正比。通过Pr.73进行DC0~5V（初始设定）和DC0~10V输入的切换操作
	4	频率设定（电流）	如果输入DC4~20mA（或DC0~5V，DC0~10V），在20mA时为最大输出频率，输入与输出成比例。只有在AU信号为ON时，端子4的输入信号才有效（端子2的输入将无效）。通过Pr.267进行DC4~20mA（初始设定）和DC0~5V、DC0~10V输入的切换操作。电压输入（DC0~5V，DC0~10V）时，应将电压/电流输入切换开关切换至“V”
	5	频率设定公共端	频率设定信号（端子2或4）及端子AM的公共端子。注意不要接大地

变频器输出信号端子的功能见表7-6。

表7-6　输出信号端子的功能

类型	端子记号	端子名称	说　明
继电器	A、B、C	继电器输出（异常输出）	指示变频器因保护功能动作时输出停止的转换接点。异常时：B-C间不导通（A-C间导通）；正常时：B-C间导通（A-C间不导通）
集电极开路	RUN	变频器正在运行	变频器输出频率为起动频率（初始值0.5Hz）或以上时为低电平，正在停止或正在直流制动时为高电平。低电平表示集电极开路输出用的晶体管处于ON（导通）状态；高电平表示处于OFF（不导通）状态
	SE	集电极开路输出公共端	端子RUN的公共端子
模拟	AM	模拟电压输出	可以从多种监视项目中选择一种作为输出；变频器复位中不被输出；输出信号与监视项目的大小成比例

此外，在通信模式下，变频器可通过 PU 端口与 RS－485 进行通信。

【任务实施】

1）认真阅读教材和查找相关资料，分析讨论以下问题。

① 什么是变频器？变频器的主要作用是什么？

② 按照用途划分，变频器有哪些种类？其中电压型变频器和电流型变频器的主要区别是什么？

③ 举例说明变频器在生活中的实际应用。

④ 交流异步电动机的调速方式有哪几种？

⑤ 交-直-交变频器的主电路由哪几部分组成？简述每部分的作用。

⑥ 在什么情况下变频也需变压？在何种情况下变频不能变压？在上述两种情况下电动机的调速特性有何特征？

2）观察实训室变频器铭牌数据，填写变频器铭牌记录表（表 7-7）。

表 7-7　变频器铭牌记录表

品牌型号	出厂编号	变频器容量	输入/输出电压	输入/输出电流	频率调节范围

3）对照实物变频器，绘制变频器面板布置图，查阅变频器使用手册，更多地了解变频器操作面板上各按键和指示信号灯的作用。

4）查阅变频器使用手册，拆开变频器盖板，了解变频器各主控端子的作用，画出变频器主电路、控制电路端子排列图。

【任务测评】

完成任务后，对任务实施情况进行检查，在表 7-8 相应的方框中打勾。

表 7-8　认识变频器任务测评表

序号	能力测评	掌握情况
1	能说出变频器主电路中各组成部分的作用	□好　□一般　□未掌握
2	能正确说出变频器操作面板上各按键的作用	□好　□一般　□未掌握
3	能正确读取并记录变频器的铭牌信息	□好　□一般　□未掌握
4	能说出变频器主电路端子、控制电路端子的作用	□好　□一般　□未掌握

任务二　变频器的操作与运行

【任务目标】

1）熟练掌握变频器功能面板上各操作按键的作用。

2）掌握变频器基本参数的设置方法。

3）掌握变频器的运行操作模式。

4）掌握 PU 运行模式下变频器的操作方法。
5）掌握外部运行模式下变频器的操作方法。
6）掌握组合运行模式下变频器的操作方法。
7）掌握外部模拟量控制的变频调速方法。
8）能正确安装和调试变频器控制系统。

【任务分析】

目前市场上不同生产厂家生产的变频器种类很多，但变频器的基本使用方法、提供的基本功能、运行操作模式大同小异。熟悉变频器面板操作和端子接线图对于正确使用变频器是非常重要的。本任务以三菱 FR－D700 系列变频器为例，通过对变频器面板的操作以及基本参数设置、功能预置等练习，学习变频器的面板操作、参数设置、运行操作模式、不同运行操作模式下变频器的电路接线、起停控制和频率设定方法等。

【相关知识】

一、变频器面板显示及各按键的功能

使用变频器之前，首先应熟悉它的面板显示和键盘操作单元，并应按照使用现场的要求合理设置参数。FR－D740 型变频器的操作面板如图 7-14 所示。

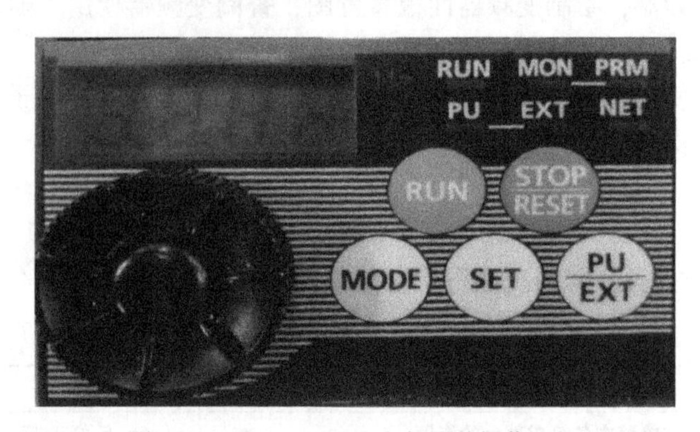

图 7-14　FR－D740 型变频器的操作面板

操作面板上各按键的作用见表 7-9。

表 7-9　操作面板上各按键的作用

按　键	作　用
RUN	起动指令。出厂设定为正转，通过修改 Pr. 40 的值，可以选择旋转方向
STOP/RESET	停止运行；保护功能生效（严重故障）时，也可进行报警复位
PU/EXT	运行模式切换，在 PU 模式和外部运行模式之间进行切换。切换至组合模式时，可同时按 MODE 键 0.5s，或者变更参数 Pr. 79 的值

（续）

按　键	作　用
MODE	模式切换开关。用于切换各设定模式，和 PU/EXT 键同时按下也可以用来切换运行模式。另外，长按此键（2s）可以锁定操作
SET	用于确定频率和参数的设定。在运行中按此键时，监视器出现以下显示：运行频率→输出电流→输出电压
	M 旋钮：用于变更频率设定和参数的设定值。旋动该旋钮可显示以下内容：监视模式下的设定频率、校正时的当前设定值、错误历史模式时的顺序

操作面板指示灯显示状态说明见表 7-10。

表 7-10　操作面板指示灯显示状态说明

显　示	状态说明
RUN	运行状态显示。变频器运行中亮灯或闪烁。正转运行中，亮灯；反转运行中，以 1.4s 为周期循环缓慢闪烁。当按下“RUN”键或输入起动指令都无法运行时，或有起动指令但频率指令在起动频率以下时，或输入了 MRS 信号时，此指示灯以 0.2s 为周期循环快速闪烁
MON	监视器显示，监视模式下亮灯
PRM	参数设定模式显示，参数设定模式下亮灯
PU	PU 运行模式下亮灯。在外部/PU 组合运行模式 1、2 下，PU 与 EXT 同时亮灯
EXT	外部运行模式下亮灯。在外部/PU 组合运行模式 1、2 下，PU 与 EXT 同时亮灯
NET	网络运行模式下亮灯
HZ	显示频率
A	显示电流（显示电压时熄灯，显示设定频率监视时闪烁）

二、变频器的参数设置方法

变频器的操作可通过 PU 面板进行，按面板上的模式切换键“MODE”，可以进行监视模式、频率设定、参数设定、报警记录等操作。

需要对相关参数进行设置，才能使变频器正确工作，以满足生产机械的要求。下面学习常用参数的设置方法。

1. 恢复出厂值

当变频器参数 ALLC = 1 时，可将变频器参数恢复为出厂设定值。恢复出厂值的操作步骤见表 7-11。

表 7-11　恢复出厂值的操作步骤

操作步骤		显示结果
1	电源接通时显示监视器画面	0.00 Hz MON EXT
2	按 PU/EXT 键，显示 PU 操作模式	0.00 PU

（续）

	操作步骤	显示结果
3	按MODE键，进入参数设定模式	P. 0 PRM
4	旋动M旋钮，选择参数号码ALLC	ALLC
5	按SET键，读出当前的设定值	0
6	旋转M旋钮，把设定值变为“1”	1
7	按SET键，完成设定	1 ALLC

注意：在修改或设置参数时，若无法显示ALLC，则将Pr. 160设置为“1”，无法清零时将Pr. 79改为1。

2. 改变参数Pr. 1的设定值

Pr. 1表示上限频率。将上限频率设为50Hz的操作步骤见表7-12。

表7-12　改变参数Pr. 1设定值的操作步骤

	操作步骤	显示结果
1	电源接通时显示监视器画面	0.00 Hz MON EXT
2	按PU/EXT键，显示PU操作模式	0.00 PU
3	按MODE键，进入参数设定模式	P. 0 PRM
4	拨动M旋钮，选择参数号码1	P. 1
5	按SET键，读出当前的设定值	120.0 Hz
6	拨动M旋钮，把设定值变为50	50.00 Hz
7	按SET键，完成设定	50.00 Hz P. 1

3. 改变参数Pr. 160的设定值

参数Pr. 160为扩展功能显示选择，其初始值=9999时，只能显示简单模式参数；参数值设为0时可以显示扩展模式参数。设变参数Pr. 160设定值的操作步骤见表7-13。

表 7-13　改变参数 Pr. 160 设定值的操作步骤

	操作步骤	显示结果
1	电源接通时显示监视器画面	0.00 Hz MON EXT
2	按 PU/EXT 键，显示 PU 操作模式	0.00 PU
3	按 MODE 键，进入参数设定模式	P. 0 PRM
4	拨动 M 旋钮，选择参数号码 160	P.160
5	按 SET 键，读出当前的设定值	9999
6	拨动 M 旋钮，把设定值变为 0	0
7	按 SET 键，完成设定	0　P.160

4. 用操作面板设定运行频率

在 PU 模式下，可通过变频器的操作面板设定运行频率，操作步骤见表 7-14。

表 7-14　用操作面板设定运行频率的操作步骤

	操作步骤	显示结果
1	电源接通时显示监视器画面	0.00 Hz MON EXT
2	按 PU/EXT 键，显示 PU 操作模式	0.00 PU
3	旋转 M 旋钮，显示想要设定的频率，闪烁约 5s	30.00 闪烁约5s
4	数值闪烁期间，按 SET 键设定频率	30.00　F
5	闪烁约 3s 后显示将返回“0.00 ”（监视显示），按 RUN 键运行开始	约3s后 0.00 → 30.00 Hz RUN MON PU
6	按 STOP/RESET 键停止运行	30.00 → 0.00 Hz MON PU

5. 查看运行频率、输出电流、输出电压

在 PU 模式下，可通过操作面板查看运行频率、输出电流、输出电压，操作步骤见表 7-15。

表 7-15　查看运行频率、输出电流、输出电压的操作步骤

操作步骤		显示结果
1	运行中按 SET 键，监视器显示输出频率，“Hz”指示灯亮	50.00 Hz RUN MON EXT
2	按 SET 键，显示输出电流，“A”指示灯亮	1.00 A RUN MON EXT
3	按 SET 键，显示输出电压，“Hz”“A”指示灯均不亮	448.0 RUN MON EXT
4	再按 SET 键，回到输出频率显示模式	

三、变频器常用基本参数

变频器可以在初始设定值不做任何改变的情况下实现单纯的可变速运行。根据负载或运行规格等设定必要的参数，可以通过操作面板进行参数的设定、变更及确认。当 Pr. 160 的初始设定值为 9999 时，只能显示简单模式参数，见表 7-16。

表 7-16　简单模式参数一览表

参数号	参数名称	出厂设定值		设定范围	内　　容
0	转矩提升	0.75kW 以下	6%	0～30%	可以根据负载情况，提高低频时电动机的起动转矩
		1.5kW～3.7kW	4%		
		5.5kW、7.5kW	3%		
1	上限频率	120Hz		0～120Hz	设定输出频率的上限
2	下限频率	0Hz		0～120Hz	设定输出频率的下限
3	基底频率	50Hz		0～400Hz	设定电动机的额定频率
4	3 速设定（高速）	50Hz		0～400Hz	用参数预先设定运转速度，用端子切换速度时使用
5	3 速设定（中速）	30Hz		0～400Hz	
6	3 速设定（低速）	10Hz		0～400Hz	
7	加速时间	5s/10s *		0～3600s	可以设定加减速时间。* 初始值根据变频器容量不同而不同（3.7K 以下/5.5K、7.5K）
8	减速时间	5s/10s *		0～3600s	
9	电子过电流保护	变频器额定电流		0～500A	用变频器对电动机进行热保护。设定电动机的额定电流
79	操作模式选择	0		0、1、2、3、4、6、7	选择起动指令场所和频率设定场所
125	端子 2 频率设定增益	50Hz		0～400Hz	改变电位器最大值（初始值为 5V）的频率
126	端子 4 频率设定增益	50Hz		0～400Hz	改变最大输入电流（初始值为 20mA）时的频率
160	扩展功能显示选择	9999		0～9999	限制通过操作面板或参数单元读取的参数

四、变频器的运行操作模式

变频器的运行操作模式是指变频器的起动控制和频率设定的方式和场所。模式的选择通常是根据生产过程的控制要求和生产现场的工作条件等因素决定的。变频器常见运行操作模式有“PU 运行模式”“外部运行模式”“组合运行模式”“程序运行模式”“计算机通信模

式”等。三菱变频器的运行操作模式由参数 Pr. 79 设定。

变频器出厂时运行操作模式是将 Pr. 79 设为 0，电源接通时为外部运行模式，可通过“PU/EXT”键在外部（EXT）运行模式与面板（PU）运行模式之间进行切换。

当 Pr. 79 设为 1 时，变频器切换到面板（PU）运行模式。变频器的起停控制由面板操作，其频率调节用面板上的旋钮来完成，用“SET”键设定频率。这种模式不需要外接其他的操作控制信号。

当 Pr. 79 设为 2 时，变频器切换到外部（EXT）运行模式。将外部信号接入 STF 或 STR 端子起停变频器，频率调节也由外部信号接入或外部输入模拟量给定。

当 Pr. 79 设为 3 时，为外部/PU 组合模式 1，用面板按键设定频率，由外部信号控制变频器的起停。

当 Pr. 79 设为 4 时，为外部/PU 组合模式 2，用面板按键控制变频器的起停，由外部输入信号或外部输入模拟量给定控制频率。

此外，有些变频器还可以进行程序控制的设定。当 Pr. 79 设为 5 时，各程序段的运行时间由变频器内部的定时器根据用户预置的参数计时决定。每个程序步的设定包括工作方式、工作频率及工作时间等的设定。

当 Pr. 79 设为 6 时，为计算机通信模式。可通过 RS485 接口和通信电缆将变频器的 PU 接口与 PLC、工业计算机等数字化控制器进行连接，实现数字化控制和通信操作。

【任务实施】

一、PU 运行模式下变频器参数的设置

1）观察并记录变频器铭牌上的有关信息，包括型号、出厂编号、容量、输入/输出电压及电流等。

2）绘制变频器操作面板布局图，并标注各功能按键和指示灯的作用。

3）查阅变频器参数表，接通变频器电源，在 PU 运行模式下完成以下参数的设置，并记录操作步骤。

① 将参数 ALLC 设置 1，进行恢复出厂值操作。

② 将上限频率 Pr. 1 设置为 50Hz。

③ 将下限频率 Pr. 2 设置为 5Hz。

④ 将加速时间参数 Pr. 7 设置为 3s。

⑤ 将减速时间参数 Pr. 8 设置为 4s。

⑥ 将 Pr. 79 设置为 1。

4）旋动面板上“MODE”旋钮，设置五组运行输出频率，在 PU 运行模式下起动变频器，分别记录对应频率时的转速、输出电压、输出电流值，将结果填入表 7-17 中。

5）完成各项实训任务后，填写实训记录，完成实训报告。

表 7-17　频率、转速、电压、电流测量值

频率/Hz	60	50	40	30	20
转速/（r/min）					
输出电压值/V					
输出电流值/A					

二、外部运行模式下的变频调速控制

1）检查实训设备和器材是否齐全，见表7-18。

表7-18　实训设备和器材

序　号	名　称	型号与规格	数　量	备　注
1	实训装置	THPFSL-2	1	
2	变频器实训挂箱	FR-D720	1	
3	导线	3号/4号	若干	
4	电动机	WDJ26	1	
5	旋钮电位器	2W/1kΩ	1	

2）正确设置变频器输出的额定频率、额定电压、额定电流、额定功率、额定转速。

3）通过操作面板控制电动机的起动和停止，通过操作面板调频，检查变频器的好坏。

4）根据外部模拟量调频方式下的变频器外部接线图（图7-15）接好电路，并确保正确无误。

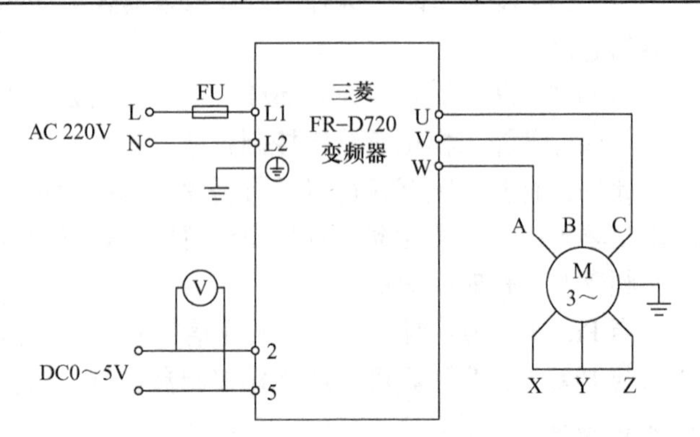

图7-15　变频器外部接线图

5）根据表7-19正确设置相关参数。

表7-19　相关参数设置

序　号	变频器参数	出厂值	设定值	功 能 说 明
1	Pr. 1	50	50	上限频率（50Hz）
2	Pr. 2	0	0	下限频率（0Hz）
3	Pr. 7	5	5	加速时间（5s）
4	Pr. 8	5	5	减速时间（5s）
5	Pr. 9	0	0.35	电子过电流保护（0.35A）
6	Pr. 160	9999	0	扩展功能显示选择
7	Pr. 79	0	4	操作模式选择
8	Pr. 73	1	1	0~5V输入

注：设置参数前先将变频器参数复位为工厂的默认设定值。

6）调节外接电位器和输入电压，观察并记录变频器、电动机的运转情况，将结果填入表7-20中。并根据试验数据绘制变频器的U/f特性曲线。

7）完成各项实训任务后，填写实训记录，认真完成实训报告。

表7-20　外接模拟量方式下的变频调速控制试验记录

频率/Hz	10	20	25	30	35	40	45	50	55	60
转速/(r/min)										
输出电压/V										
电位器给定电压/V										

【任务测评】

完成任务后对任务实施情况进行检查，在表7-21相应的方框中打勾。

表 7-21　变频器的操作与运行任务测评表

序号	能力测评	掌握情况
1	能正确完成变频器面板的操作	□好　□一般　□未掌握
2	能正确完成变频器功能参数的设置	□好　□一般　□未掌握
3	能正确完成变频器与外围电路接线	□好　□一般　□未掌握
4	正确设置和选择变频器的四种运行操作模式	□好　□一般　□未掌握
5	操作步骤正确，能实时监控变频器的运行状态	□好　□一般　□未掌握
6	职业素养与安全规范	□好　□一般　□未掌握

任务三　变频器的多段调速控制

【任务目标】

1）掌握变频器外部控制端子的功能。
2）掌握外部运行模式或组合运行模式下变频器的操作方法。
3）掌握变频器与 PLC 相结合的变频器调速控制方法。
4）掌握变频器的多功能输入端子的参数设置方法。
5）能正确安装和调试变频器多段调速控制系统。

【任务分析】

在实际工业生产中，生产机械的正、反转运行速度需要经常改变，为方便这类负载，大多数变频器都提供了多段调速控制功能。变频器对这些生产机械进行多段调速控制的最基本的方法，就是在外部运行模式或组合运行模式下，利用参数预置功能先行设定多种运行速度（FR-D740 型变频器最多可以设置 15 种速度），运行时根据控制要求由变频器的控制端子进行通断组合，得到不同的运行速度，实现在不同转速下运行的目的。

【相关知识】

在 FR-D700 系列变频器多段调速控制中，可以通过端子 RH、RM、RL 信号的切换，由参数 Pr. 4 ~ Pr. 6 设定 1 速 ~3 速；通过 RH、RM、RL 信号的组合，可以设定 4 速 ~17 速，由参数 Pr. 24 ~ Pr. 27 设定；通过 REX 与 RH、RM、RL 的组合，可以设定 8 速 ~15 速，由参数 Pr. 232 ~ Pr. 239 设定。注意：在初始状态的简单参数模式下，4 速 ~15 速为无法使用的设定，需要将参数 Pr. 160 设为 0。

REX 信号输入所使用的端子，可通过将 Pr. 178 或 Pr. 179（输入端子功能选择）设定为 “8” 来分配 15 速运行功能。

一、外接开关的 7 段速度运行控制

1. 7 段速度变频器控制端子接线

7 段速度变频器控制端子接线如图 7-16 所示。

2. 7 段速度变频器控制端子状态组合

7 段速度变频器控制端子状态组合与电动机运行速度的关系如图 7-17 所示。

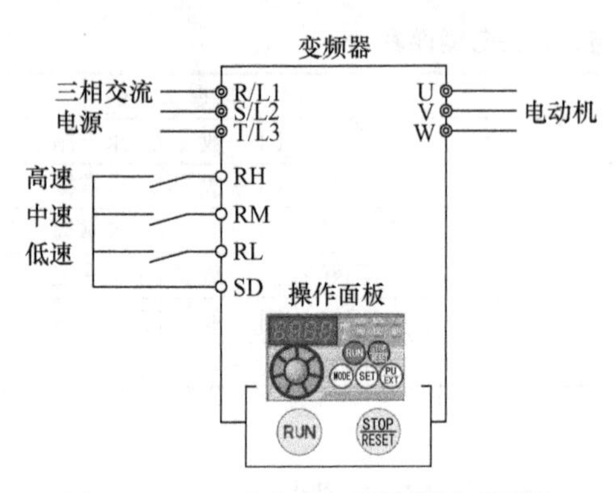

图 7-16　7 段速度变频器控制端子接线

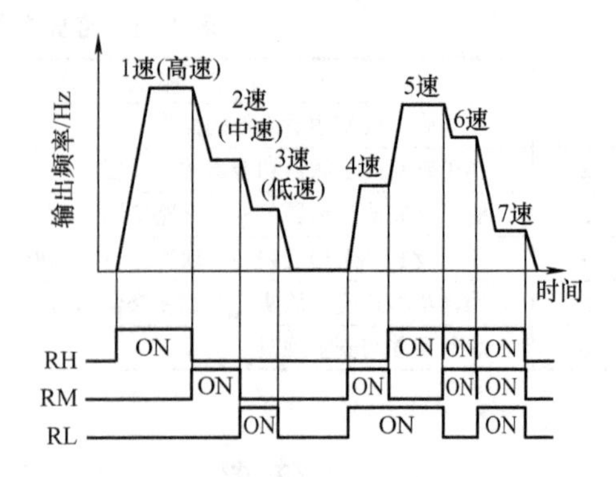

图 7-17　7 段速度变频器控制端子状态组合与电动机运行速度的关系

3. 变频器参数预置

7 段速度变频器运行参数对应关系见表 7-22。

表 7-22　7 段速度变频器运行参数对应关系

控制端子	RH	RM	RL	RM、RL	RH、RL	RH、RM	RH、RM、RL
参数号	Pr. 4	Pr. 5	Pr. 6	Pr. 24	Pr. 25	Pr. 26	Pr. 27
设定值/Hz	f_1	f_2	f_3	f_4	f_5	f_6	f_7

二、外接开关的 15 段速度运行操作

1. 15 段速度变频器控制端子接线

15 段速度变频器控制端子接线如图 7-18 所示。

2. 15 段速度变频器控制端子状态组合

8－15 段速度变频器控制端子状态组合与电动机运行速度的关系如图 7-19 所示。

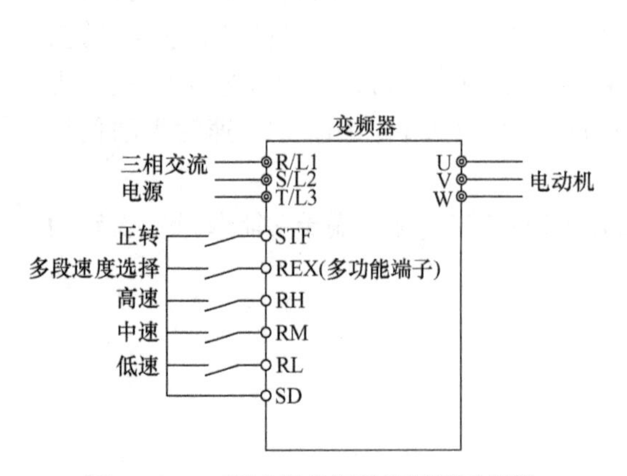

图 7-18　15 段速度变频器控制端子接线

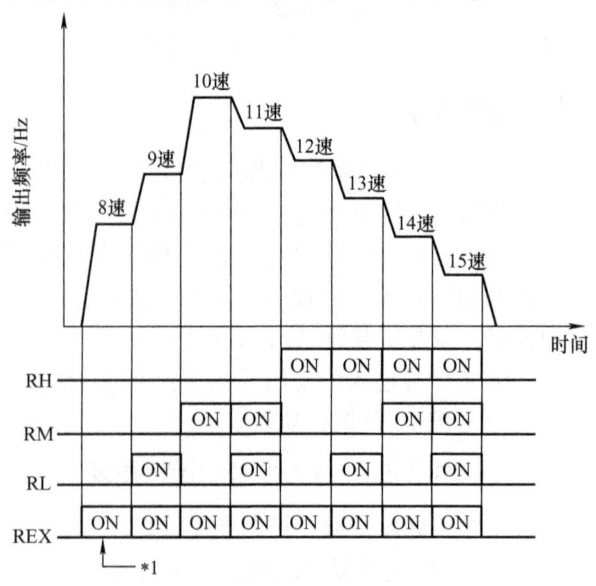

图 7-19　8－15 段速度变频器控制端子状态组合与电动机运行速度的关系

3. 8－15 段速度变频器参数预置

8－15 段速度变频器运行参数与频率设置的对应关系见表 7-23。

表 7-23　8－15 段速度变频器运行参数与频率设置的对应关系

控制端子	REX	REX、RL	REX、RM	REX、RM、RL	REX、RH	REX、RH、RL	RH、RM、REX	REX、RH、RM、RL
参数号	Pr. 232	Pr. 233	Pr. 234	Pr. 235	Pr. 236	Pr. 237	Pr. 238	Pr. 239
设定值/Hz	f_8	f_9	f_{10}	f_{11}	f_{12}	f_{13}	f_{14}	f_{15}

4. REX 多功能输入端子

在 15 段速度运行控制端子接线图中，并没有 REX 端子，可以借助变频器的其他输入端子来充当 REX 端子。FR－D700 系列变频器输入端子的功能分配见表 7-24。

表 7-24　输入端子的功能分配

<table>
<tr><th>参数号</th><th>参数名称</th><th>初始值</th><th>可设定范围</th><th>内　容</th></tr>
<tr><td>Pr178</td><td>STF 端子
功能选择</td><td>60</td><td>0～5、7、8、10、12、14、16、18、24、25、37、60、62、65～67、9999</td><td rowspan="5">0：低速运行指令
1：中速运行指令
2：高速运行指令
3：第 2 功能选择
4：端子 4 输入选择
5：点动运行选择
7：外部热敏继电器输入
8：15 段速度选择
10：变频器运行许可信号（FR－HC/FR－CV 连接）
12：PU 运行外部互锁
14：PID 控制有效端子
16：PU/外部运行切换
18：U/f 切换
24：输出停止
25：起动自保持选择
37：三角波功能选择
60：正转指令［只能分配给 STF 端子（Pr. 178）］
61：反转指令［只能分配给 STR 端子（Pr. 179）］
62：变频器复位
65：PU/NET 运行切换
66：外部/网络运行切换
67：指令权切换
9999：无功能</td></tr>
<tr><td>Pr179</td><td>STR 端子
功能选择</td><td>61</td><td>0～5、7、8、10、12、14、16、18、24、25、37、61、62、65～67、9999</td></tr>
<tr><td>Pr180</td><td>RL 端子
功能选择</td><td>0</td><td rowspan="3">0～5、7、8、10、12、14、16、18、24、25、37、62、65～67、9999</td></tr>
<tr><td>Pr181</td><td>RM 端子
功能选择</td><td>1</td></tr>
<tr><td>Pr182</td><td>RH 端子
功能选择</td><td>2</td></tr>
</table>

三、外接 PLC 的变频器多段调速控制

在实际工业生产中，运行速度的改变通常需要自动进行，用手动选择变频器控制端子 RH、RM、RL 不能满足生产的自动控制要求，因此可通过 PLC 控制变频器外部端子来实现频率的自动切换控制。

现以 7 段变频调速为例，分析用 PLC 实现多段转速自动切换运行的方法。控制要求：打开开关“K1”，变频器每过 10s 自动切换一种输出频率，按照 5Hz→10Hz→15Hz→20Hz→30Hz→40Hz→50Hz 的顺序递增，达到 50Hz 时变频器稳定运行，关闭开关“K1”，电动机停转。

1. PLC 的 I/O 分配

PLC 的 I/O 分配表见表 7-25。

表 7-25　用 PLC 实现多段调速控制的 I/O 分配表

输入信号地址	输入元件	作用	输出信号地址	输出元件	作用
X0	K1	起停开关	Y0	STF	正转
			Y1	RL	低速
			Y2	RM	中速
			Y3	RH	高速

2. PLC 与变频器的硬件接线图

PLC 与变频器的硬件接线图如图 7-20 所示。

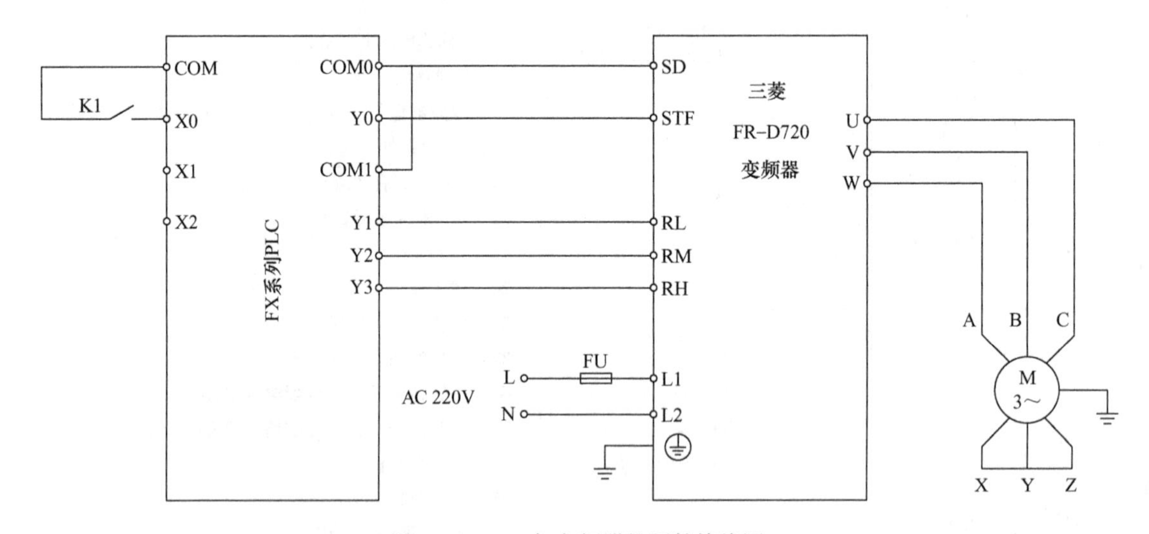

图 7-20　PLC 与变频器的硬件接线图

3. PLC 参考程序

用 PLC 实现 7 段调速的自动控制程序（梯形图）如图 7-21 所示。

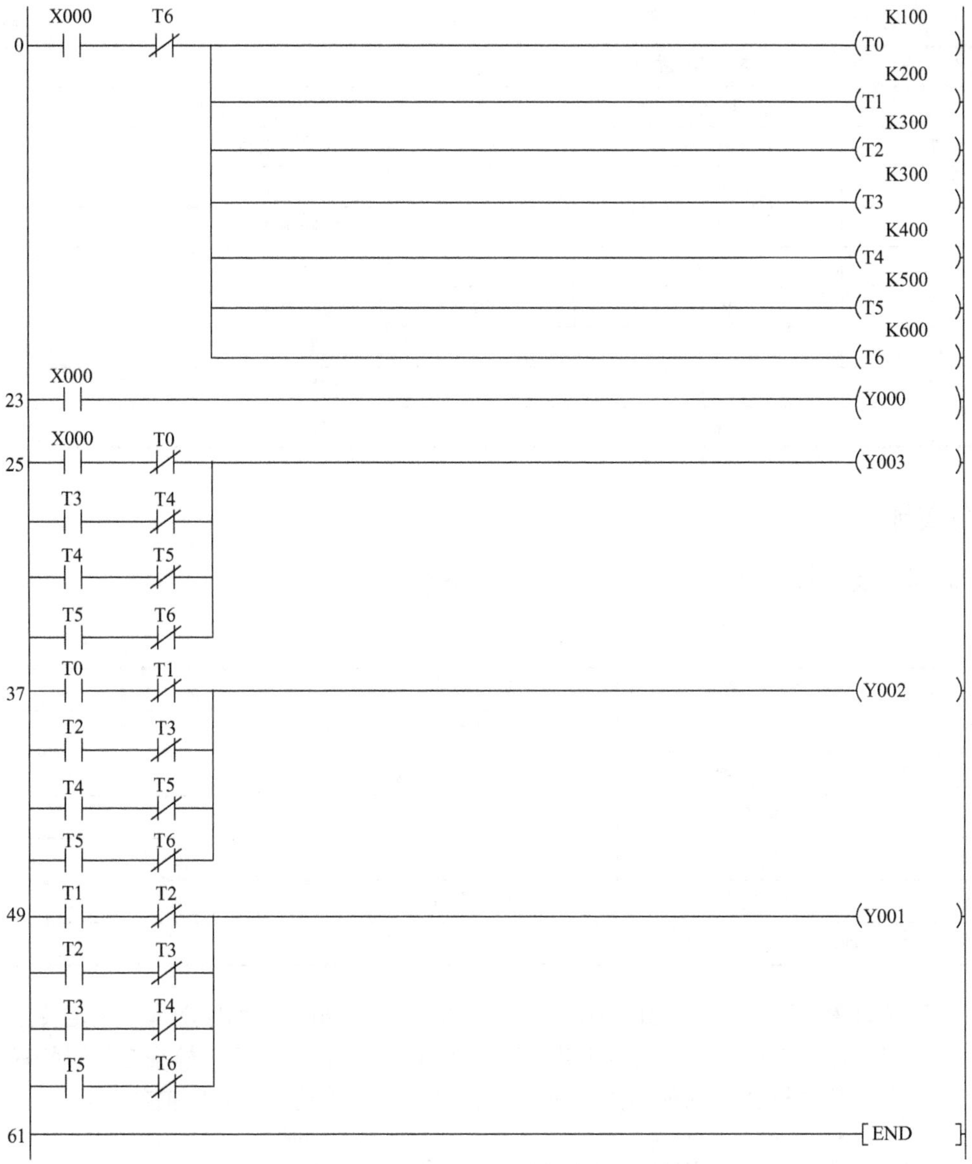

图 7-21　用 PLC 实现 7 段调速的梯形图

4. 变频器参数设置

变频器基本运行参数设置见表 7-26。

表 7-26　变频器基本运行参数设置

序　号	变频器参数	设 定 值	功 能 说 明
1	Pr. 1	50	上限频率（50Hz）
2	Pr. 2	0	下限频率（0Hz）
3	Pr. 7	5	加速时间（5s）
4	Pr. 8	5	减速时间（5s）
5	Pr. 9	0. 35	电子过电流保护（0. 35A）

（续）

序　号	变频器参数	设　定　值	功 能 说 明
6	Pr. 160	0	扩展功能显示选择
7	Pr. 79	3	操作模式选择
8	Pr. 4	5	固定频率 1
9	Pr. 5	10	固定频率 2
10	Pr. 6	15	固定频率 3
11	Pr. 24	20	固定频率 4
12	Pr. 25	30	固定频率 5
13	Pr. 26	40	固定频率 6
14	Pr. 27	50	固定频率 7

【任务实施】

1）对照表 7-27，检查实训设备和器材是否齐全。

表 7-27　实训设备和器材

序　号	名　　称	型号与规格	数　　量	备　　注
1	实训装置	THPFSL－2	1	
2	变频器实训挂箱	FR－D720 型变频器	1	
3	导线	3 号/4 号	若干	
4	电动机	WDJ26	1	
5	PLC 模块	FX_{2N}－48MR	1	
6	计算机（带编程软件）		1	

2）正确设置变频器输出的额定频率、额定电压、额定电流、额定功率及额定转速。

3）通过操作面板控制电动机的起动和停止，通过操作面板调频，检查变频器的好坏。

4）根据变频器与 PLC 的外部接线图（图 7-22）接好电路，并确保正确无误。

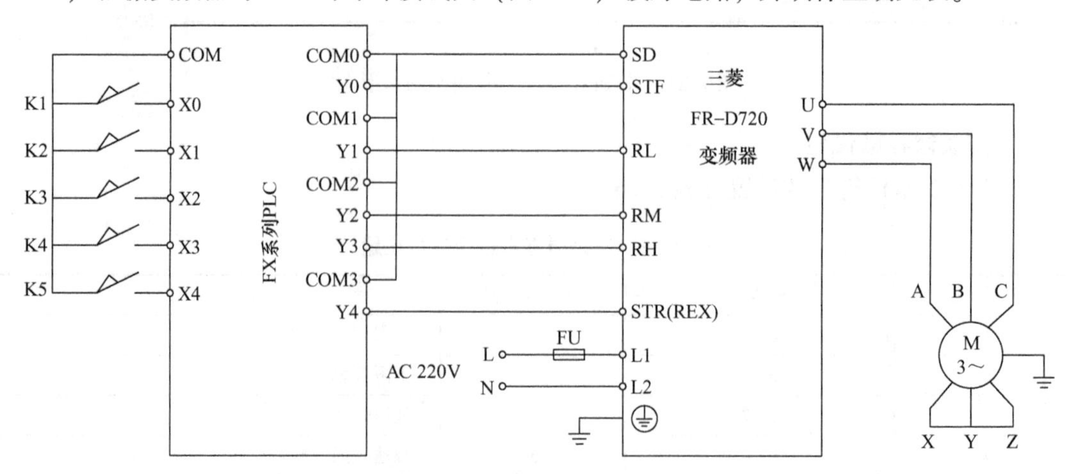

图 7-22　变频器与 PLC 外部接线图

5）根据表7-28正确设置相关参数。

表7-28　相关参数设置

序　号	变频器参数	出　厂　值	设　定　值	功能说明
1	Pr. 1	120	50	上限频率（50Hz）
2	Pr. 2	0	0	下限频率（0Hz）
3	Pr. 7	5	5	加速时间（5s）
4	Pr. 8	5	5	减速时间（5s）
5	Pr. 9	0	0. 35	电子过电流保护（0. 35A）
6	Pr. 160	9999	0	扩展功能显示选择
7	Pr. 79	0	3	操作模式选择
8	Pr. 179	61	8	多段速运行指令
9	Pr. 180	0	0	多段速运行指令
10	Pr. 181	1	1	多段速运行指令
11	Pr. 182	2	2	多段速运行指令
12	Pr. 4	50	5	固定频率1
13	Pr. 5	30	10	固定频率2
14	Pr. 6	10	15	固定频率3
15	Pr. 24	9999	18	固定频率4
16	Pr. 25	9999	20	固定频率5
17	Pr. 26	9999	23	固定频率6
18	Pr. 27	9999	26	固定频率7
19	Pr. 232	9999	29	固定频率8
20	Pr. 233	9999	32	固定频率9
21	Pr. 234	9999	35	固定频率10
22	Pr. 235	9999	38	固定频率11
23	Pr. 236	9999	41	固定频率12
24	Pr. 237	9999	44	固定频率13
25	Pr. 238	9999	47	固定频率14
26	Pr. 239	9999	50	固定频率15

注：设置参数前先将变频器参数复位为工厂的默认设定值。

6）录入参考程序，如图7-23所示。

图7-23　手动15速控制PLC梯形图

7）合上开关K1，变频器正转起动。手动切换开关K2、K3、K4、K5，观察变频器是否按照事先预置的频率、功能运行。观察并记录变频器、电动机的运转情况。填写表7-29。

表7-29　外接PLC的变频器多段调速控制

输入段速		输入信号状态				输出信号状态			
段速	运行频率	X4	X3	X2	X1	Y4（REX）	Y3（RH）	Y2（RM）	Y1（RL）
1速		0	1	0	0				
2速		0	0	1	0				
3速		0	0	0	1				
4速		0	0	1	1				
5速		0	1	0	1				
6速		0	1	1	0				
7速		0	1	1	1				
8速		1	0	0	0				
9速		1	0	0	1				
10速		1	0	1	0				
11速		1	0	1	1				
12速		1	1	0	0				
13速		1	1	0	1				
14速		1	1	1	0				
15速		1	1	1	1				

8）完成各项实训任务后，填写实训记录，认真完成实训报告。

【任务测评】

完成任务后，对任务实施情况进行检查，在表7-30相应的方框中打勾。

表7-30　变频器的多段调速控制任务测评表

序号	能 力 测 评	掌 握 情 况
1	变频器与PLC外围电路接线正确	□好　□一般　□未掌握
2	正确设置功能参数	□好　□一般　□未掌握
3	正确读取并记录变频器的运行值	□好　□一般　□未掌握
4	变频器预先设定频率与实际运行频率一致	□好　□一般　□未掌握
5	操作步骤正确，能实时监控变频器的运行状态	□好　□一般　□未掌握
6	职业素养与安全规范	□好　□一般　□未掌握

任务四　卧式车床主拖动系统的变频调速改造

【任务目标】

1）掌握变频器的无级调速原理。

2）掌握用 PLC 实现变频器多段调速控制的方法。

3）掌握应用变频器技术、PLC 技术实现卧式车床变频调速改造的步骤和方法。

4）能自主查询设备资料了解不同型号变频器在设备改造中的应用。

【任务分析】

车床的主运动承受车削加工时的主要切削功率。车床的主运动要求能够调速，并且调速范围宽，通常在停机的情况下进行，这为车床进行变频调速时采用无级调速和多档传动比方案的可行性提供了基础。本任务以卧式车床为例，应用变频器对车床的主运动拖动系统进行调速改造。已知原拖动系统采用电磁离合器配合机械齿轮箱进行调速，原拖动电动机的额定功率为 2.2kW，额定转速为 1450r/min。原拖动系统的转速分为 8 个档位，分别为 75r/min、120r/min、200r/min、300r/min、500r/min、800r/min、1200r/min、2000r/min。现选用三菱系列变频器对车床的主拖动系统进行变频调速改造，要求完成变频调速控制电路的设计改造、变频器参数的设置，并对系统进行安装和调试。

【相关知识】

一、卧式车床的基本结构和主拖动系统分析

1. 卧式车床的基本结构

项目一中介绍了 CA6140 型卧式车床的基本结构，卧式车床的基本结构是相似的，都具有头座、尾座、刀架、主轴箱、进给箱等部分。

1）头座可通过卡盘固定零件，内装齿轮箱和传送带，是卧式车床主要的传动机构之一。

2）尾座与头座（图中未示出）相互配合，用于顶住零件，是固定工件用的辅助部件。

3）刀架用于固定车刀。

4）主轴箱内装有传动齿轮，用于调节主轴转速。

5）进给箱在自动进给时用于和齿轮箱配合，控制刀具的进给运动。

2. 卧式车床的主拖动系统

卧式车床的主拖动包括主轴带动零件旋转的主运动和刀架的进给运动。

1）主运动在机床运动中通常是指主轴的旋转运动，在卧式车床中为主轴带动工件做旋转运动。主轴电动机带动主轴旋转的拖动系统称为主拖动系统。

2）进给运动在机床运动中通常是指工作台的进给运动，而在卧式车床中并无独立的进给拖动系统，进给运动是指刀架的移动。因为在车削螺纹时，刀架的移动速度必须和主轴带动工件的旋转速度严格配合，刀架的进给是由主轴电动机经进给传动链通过齿轮传动来实现的。

二、卧式车床主拖动系统机械特性分析

机床主拖动系统的作用是把电动机的转速和转矩通过一定的途径传给主轴，使工件以不同的速度运动。可见，主拖动系统性能的好坏，直接影响工件的加工质量和生产率。

（1）主拖动系统负载转矩（阻转矩）的形成　主拖动系统的负载转矩（阻转矩）就是零件在切削过程中形成的阻转矩。理论上来说，切削功率用于实现切屑的剥落和变形，故切削力与所切削材料的性质和截面积成正比，截面积是由吃刀量和进给量决定的。而切削转矩则取决于切削力和工件回转半径的乘积，因此，其大小与吃刀量、给进量、工件的材料与回转半径等因素有关。

（2）主拖动系统的负载性质　卧式车床主轴的机械特性如图 7-24 所示。恒转矩与恒功率区的分界转速用 n_D 表示，n_D又称为计算转速，通常规定将主轴最高转速的 1/4 作为计算转速。

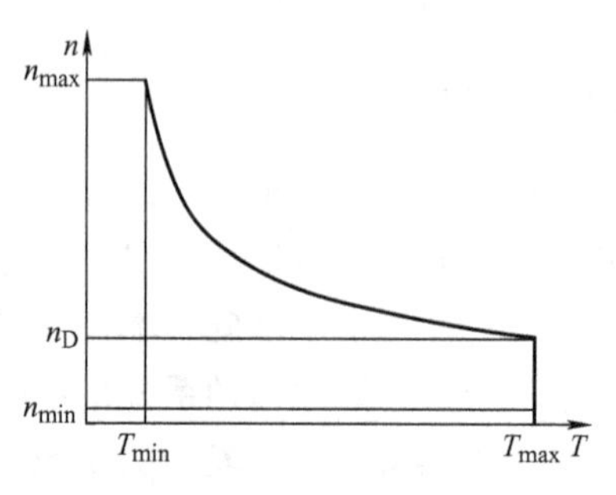

图 7-24　卧式车床主轴的机械特性

在低转速范围内，卧式车床的最大允许进给量都是相同的，负载转矩也相同，因而具有恒转矩特点，属于恒转矩负载区。拖动系统经降速后的额定转矩将远远高于负载的最大阻转矩，具有极强的过载能力。而在高速阶段，由于受床身机械强度和振动以及刀具强度等因素的影响。转速越大，允许的背吃刀量和最大进给量越小，负载转矩也越小，但此时的切削功率保持不变，属于恒功率区。

三、变频器及外围设备的选择

应用变频器对卧式车床主拖动系统进行改造时，首先应明确原拖动系统的调速档位、操作方法，以及原拖动电动机的额定功率和额定电流。

1. 原拖动系统的调速档位

根据控制要求，原拖动电动机的额定功率为 2.2kW，额定转速为 1450r/min。原拖动系统是采用电磁离合器配合齿轮箱进行调速的，共有 8 档转速：75r/min、120r/min、200r/min、300r/min、500r/min、800r/min、1200r/min、2000r/min。

2. 变频器容量的选择

变频器的容量通常用适用电动机功率（kW）、额定输出电流（A）或输出容量（kVA）表示。对于标准四极电动机拖动的连续恒定负载，变频器的容量可根据适用电动机的功率来选择。对于其他极数的电动机拖动的负载、断续负载、短时负载、变动负载，通常因其额定电流比标准电动机大，所以应按运行过程中可能出现的最大工作电流来选择变频器容量。变频器的额定电流 I_n 应大于或等于电动机的最大工作电流 I_{max}。

车床在低速切削毛坯时常常会出现较大的过载现象，且过载时间有可能超过 1min。因此，变频器的容量应比正常的配用电动机容量加大一档。本项目选用三菱 FR - A740 系列变频器对卧式车床实施改造。三菱 FR - A740 系列变频器的部分技术数据（见变频器使用说明书）见表 7-31。

表 7-31　FR－A740 系列变频器的部分技术数据

<table>
<tr><td colspan="3">型号 FR－A740－□□K－CHT</td><td>0.4</td><td>0.75</td><td>1.5</td><td>2.2</td><td>3.7</td><td>5.5</td><td>7.5</td><td>11</td><td>15</td><td>18.5</td><td>22</td><td>30</td><td>37</td><td>45</td><td>55</td></tr>
<tr><td colspan="2" rowspan="4">适用电动机容量/kW①</td><td>SLD</td><td rowspan="2">0.75</td><td rowspan="2">1.5</td><td rowspan="2">2.2</td><td rowspan="2">3.7</td><td rowspan="2">5.5</td><td rowspan="2">7.5</td><td rowspan="2">11</td><td rowspan="2">15</td><td rowspan="2">18.5</td><td rowspan="2">22</td><td rowspan="2">30</td><td rowspan="2">37</td><td rowspan="2">45</td><td rowspan="2">55</td><td>90</td></tr>
<tr><td>LD</td><td>75</td></tr>
<tr><td>ND</td><td>0.4</td><td>0.75</td><td>1.5</td><td>2.2</td><td>3.7</td><td>5.5</td><td>7.5</td><td>11</td><td>15</td><td>18.5</td><td>22</td><td>30</td><td>37</td><td>45</td><td>55</td></tr>
<tr><td>HD</td><td>—</td><td>0.4</td><td>0.75</td><td>1.5</td><td>2.2</td><td>3.7</td><td>5.5</td><td>7.5</td><td>11</td><td>15</td><td>18.5</td><td>22</td><td>30</td><td>37</td><td>45</td></tr>
<tr><td rowspan="11">输出</td><td colspan="2">额定容量/kVA②</td><td>1.1</td><td>1.9</td><td>3</td><td>4.6</td><td>6.9</td><td>9.1</td><td>13</td><td>17.5</td><td>23.6</td><td>29</td><td>32.8</td><td>43.4</td><td>54</td><td>65</td><td>84</td></tr>
<tr><td rowspan="4">额定电流/A③</td><td>SLD</td><td>2.3</td><td>3.8</td><td>5.2</td><td>8.3</td><td>12.6</td><td>17</td><td>25</td><td>31</td><td>38</td><td>47</td><td>62</td><td>77</td><td>93</td><td>116</td><td>180⑩</td></tr>
<tr><td>LD</td><td>2.1</td><td>3.5</td><td>4.8</td><td>7.6</td><td>11.5</td><td>16</td><td>23</td><td>29</td><td>35</td><td>43</td><td>57</td><td>70</td><td>85</td><td>106</td><td>144⑩</td></tr>
<tr><td>ND</td><td>1.5</td><td>2.5</td><td>4</td><td>6</td><td>9</td><td>12</td><td>17</td><td>23</td><td>31</td><td>38</td><td>44</td><td>57</td><td>71</td><td>86</td><td>110</td></tr>
<tr><td>HD</td><td>0.8</td><td>1.5</td><td>2.5</td><td>4</td><td>6</td><td>9</td><td>12</td><td>17</td><td>23</td><td>31</td><td>38</td><td>44</td><td>57</td><td>71</td><td>86</td></tr>
<tr><td rowspan="4">过载能力④</td><td>SLD</td><td colspan="15">110% 60s，120% 3s（反时限特性）周围温度 40℃</td></tr>
<tr><td>LD</td><td colspan="15">120% 60s，150% 3s（反时限特性）周围温度 50℃</td></tr>
<tr><td>ND</td><td colspan="15">150% 60s，200% 3s（反时限特性）周围温度 50℃</td></tr>
<tr><td>HD</td><td colspan="15">200% 60s，250% 3s（反时限特性）周围温度 50℃</td></tr>
<tr><td colspan="2">电压⑤</td><td colspan="15">三相 380～480V</td></tr>
<tr><td>再生制动转矩</td><td>最大值，允许使用率</td><td colspan="7">100% 转矩，2% ED⑥</td><td colspan="4">20% 转矩，连续⑥</td><td colspan="4">20% 转矩，连续</td></tr>
<tr><td rowspan="4">电源</td><td colspan="2">额定输入交流电压、频率</td><td colspan="15">三相 380～480 50Hz/60Hz</td></tr>
<tr><td colspan="2">交流电压允许波动范围</td><td colspan="15">323～528V 50Hz/60Hz</td></tr>
<tr><td colspan="2">频率允许波动范围</td><td colspan="15">±5%</td></tr>
<tr><td colspan="2">电源设备容量/kvA⑦</td><td>1.5</td><td>2.5</td><td>4.5</td><td>5.5</td><td>9</td><td>12</td><td>17</td><td>20</td><td>28</td><td>34</td><td>41</td><td>52</td><td>66</td><td>80</td><td>100</td></tr>
<tr><td colspan="3">保护结构（JEM 1030）⑨</td><td colspan="11">封闭型（IP20）⑧</td><td colspan="4">开放型（IP00）</td></tr>
<tr><td colspan="3">冷却方式</td><td colspan="3">自冷</td><td colspan="12">强制风冷</td></tr>
<tr><td colspan="3">大约质量/kg</td><td>3.5</td><td>3.5</td><td>3.5</td><td>3.5</td><td>3.5</td><td>6.5</td><td>6.5</td><td>7.5</td><td>7.5</td><td>13</td><td>13</td><td>23</td><td>35</td><td>35</td><td>37</td></tr>
</table>

① 适用电动机容量是使用三菱标准四极电动机时的最大适用容量。
② 额定输出容量是指 440V 时的容量。
③ 对于 75kW 以上容量的变频器，如果将 Pr.72 PWM 频率选择设定为大于 2kHz 的值进行运行，则额定输出电流为（　）内的值。
④ 过载能力是以过电流与变频器的额定电流之比的百分数（%）表示的，反复使用时，必须等待变频器和电动机降到 100% 负荷时的温度以下。
⑤ 最大输出电压不能大于电源电压，在电源电压以下可以任意设定最大输出电压，但是变频器输出侧电压的峰值应为电源电压的 $\sqrt{2}$ 倍。
⑥ 通过连接 FR－ABR－H（选件），0.4～7.5kW 产品成为 100% 转矩，10% ED，11～22kW 产品成为 100% 转矩，6% ED。
⑦ 电源容量随着电源侧阻抗（包括输入电抗器和电线）的值而变化。
⑧ 变频器前盖板的插销安装内置选件时，变成开放型（IP00）
⑨ FR－DU07：IP40（除了 PU 接口部分）。
⑩ 使用 55kW 的 LD、SLD 时，应安装 DC 电抗器（FR－HEL－90K 选件）。

车床主轴电动机的容量为 2.2kW，所选择变频器的容量应比正常配用电动机的容量加大一档，故变频器容量按配用 $P_{wn}=3.7\text{kW}$ 的电动机来选择，即变频器型号选用 FR－A740－3.7K－CHT。变频器容量选用 $S_n=6.9\text{kW}$，输出额定电流 I_n 为 9A。

3. 其他元件的选择

1）电源侧低压断路器的额定电流可按变频器额定电流的 1.3～1.4 倍来选用。

2）接触器的额定电流可按变频器的额定电流来选用，即 $I_{kn}\geqslant I_n=9\text{A}$。在变频器控制系统中，电动机的起动电流可以控制在较小范围内，但不能频繁地起动或停止变频器，且不能用电源侧的交流接触器停止变频器。

3）若采用外接调速电位器无级调速控制方案，则可选 2kΩ/2W 电位器或 10kΩ/1W 的多圈电位器。

4）若采用多段调速控制方案，则可选用三菱 FX_{2N}-48MR 系列 PLC。

四、变频器频率给定方式的选择

要调节变频器的输出频率，首先要向变频器发出改变频率的信号，这个信号就是频率指令信号，也称频率给定信号。变频器的频率给定方式有很多种，主要包括面板给定、预置给定、外接给定及通信给定等。在进行车床主拖动系统改造时，应充分考虑原操作者的操作习惯。

1. 无级调速频率给定方式

无级调速可以实现转速的连续、平滑变化，而且可以保证在整个转速调节范围内的任意一点都能稳定运行。采用无级调速方案增加了转速的选择性，并且电路也比较简单，调速时的频率是给定的，可以直接通过变频器的面板进行调速，也可以通过外接的电位器提供模拟量电压或模拟量电流进行调速。车床改造电路采用无级调速方案，其频率给定电路示意图如图 7-25 所示。

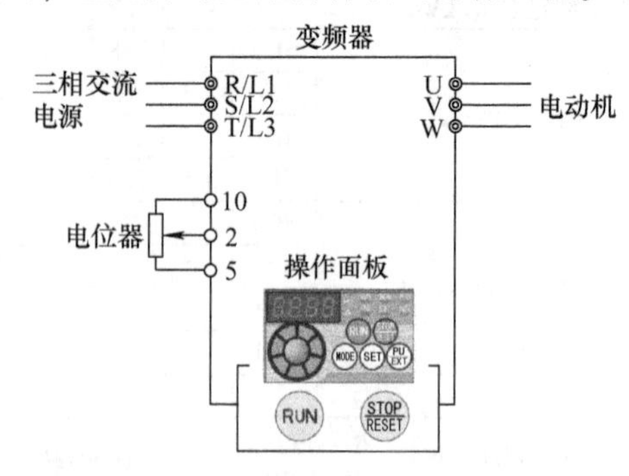

图 7-25　无级调速频率给定电路示意图

2. 利用多档电位开关进行分段调速的频率给定方式

原有车床采用机械齿轮调速，其调速装置是用一个手柄旋转多个档位，通过控制不同的电磁离合器来调速的。按照原有的操作习惯，转速的调节是分段进行的。若需保留原有的操作方式，可采用电阻分压式给定方法实施分段调速。其频率给定电路示意图如图 7-26 所示，各档电阻值的大小应使各档转速与改造前相同。

3. 利用 PLC 进行分段调速的频率给定方式

变频器与 PLC 组合可以进行较为复杂的程序控制。分段调速频率给定可通过 PLC 结合变频器的多段调速功能来实现，变频器通过输入端子的多功能设置可实现 15 段调速。电动机的正转、反转、多段速度可分别由按钮来控制。利用 PLC 进行分段调速频率给定的电路示意图如图 7-27 所示。

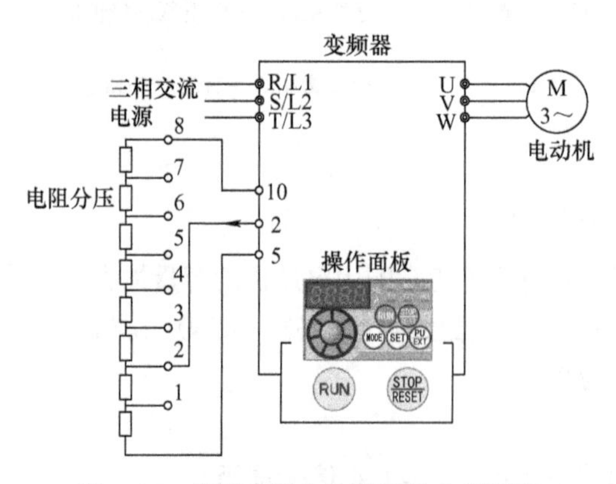

图 7-26　利用多档电位开关的分段调速频率给定电路示意图

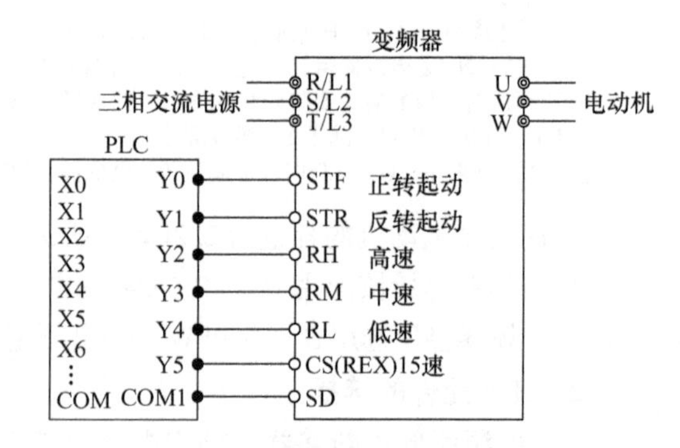

图 7-27　利用 PLC 进行分段调速频率给定电路示意图

五、车床变频调速改造系统控制方案设计

在变频调速控制系统中，变频器的正转、反转控制需在变频器接通电源后才能进行；只有正转、反转都不工作时，才能切断变频器电源。而且在正转与反转之间需设置互锁环节。

1. 外接电位器车床无级调速控制电路

通过外接电位器来实现无级调速的控制电路如图 7-28 所示。

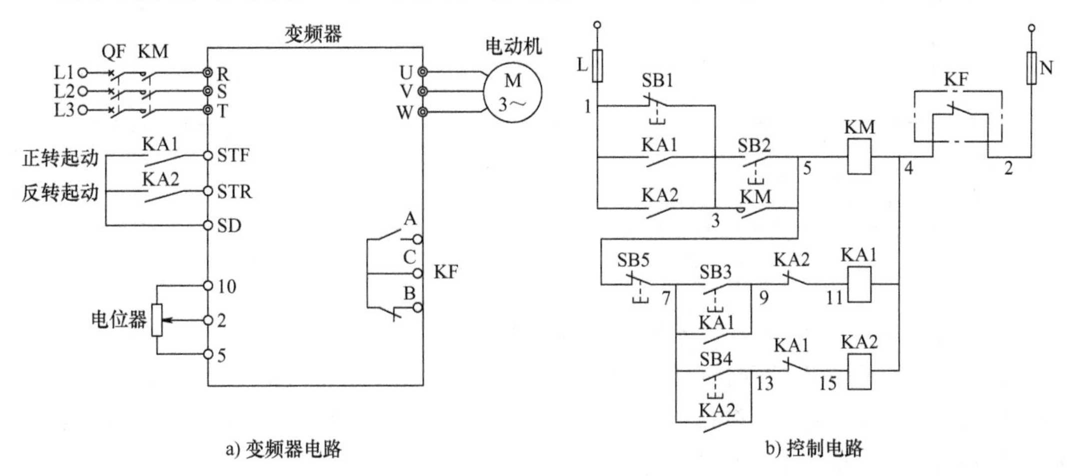

图 7-28　外接电位器无级调速控制电路

2. 用 PLC 实现的车床多段调速控制电路和程序设计

（1）多段调速控制电路图　利用 PLC 实现车床多段调速的控制电路如图 7-29 所示。图中的 SA1 ~ SA8 为多档位选择开关的八个档位，拨动选择开关，可选择相应的速度档位，保持了原有车床的操作习惯。

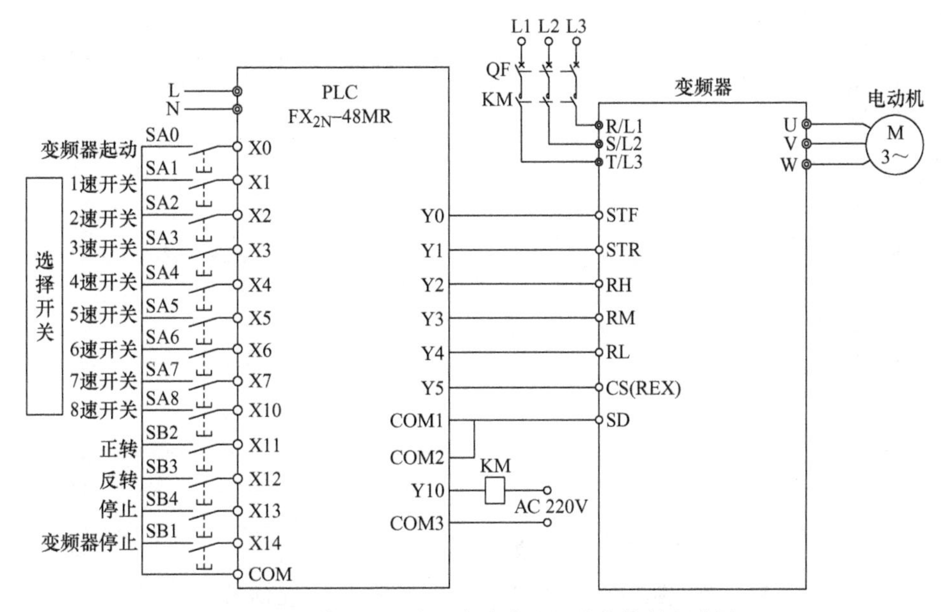

图 7-29　利用 PLC 实现车床多段调速的控制电路图

（2）车床多段调速控制程序设计

1）变频器起停控制程序如图 7-30 所示。用按钮 X0（SB0）控制变频器的电源接通或断开（即主接触器 KM 吸合或断开），用按钮 X11（SB2）和 X12（SB3）控制变频器的正转和反转。只有在 Y10（KM）接通，变频器主电源接入后，才能起动变频器的正反转控制信号 Y0（STF）、Y1（STR）。

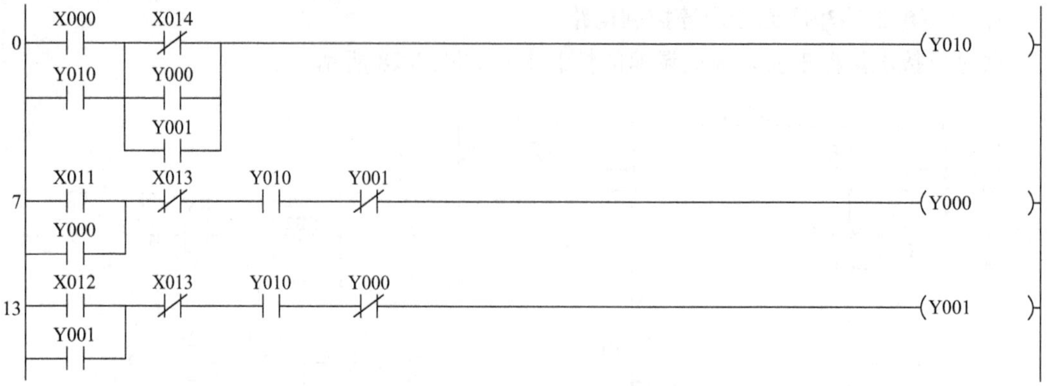

图 7-30　变频器起停控制程序

2）变频器多段速度控制程序如图 7-31 所示。X1 ~ X7、X10（SA1 ~ SA8）为多段速度选择开关，接入 PLC 的输入端口；PLC 输出信号 Y2 ~ Y5 接变频器的速度端子。PLC 输入与输出信号之间的对应关系见表 7-32。

图 7-31　变频器多段速度控制程序

表 7-32　多段速控制 PLC 输入与输出信号之间的对应关系

速度对应输入信号	Y5（REX）	Y2（RH）	Y3（RM）	Y4（RL）	参　数
1 速（X1）	OFF	ON	OFF	OFF	Pr. 4
2 速（X2）	OFF	OFF	ON	OFF	Pr. 5
3 速（X3）	OFF	OFF	OFF	ON	Pr. 6
4 速（X4）	OFF	OFF	ON	ON	Pr. 24
5 速（X5）	OFF	ON	OFF	ON	Pr. 25

（续）

速度对应输入信号	Y5（REX）	Y2（RH）	Y3（RM）	Y4（RL）	参　数
6速（X6）	OFF	ON	ON	OFF	Pr. 26
7速（X7）	OFF	ON	ON	ON	Pr. 27
8速（X10）	ON	OFF	OFF	OFF	Pr. 232

3. 变频器相关参数设置

在额定电压下，将基本频率参数 Pr. 3 预置为 50Hz，利用外接电位器调速当给定信号达到最大值时，对应的最高频率设置为 100Hz。考虑到车削螺纹的需要，可将加速时间参数 Pr. 7 和减速时间参数 Pr. 8 预置为 1s。

电子过电流保护参数 Pr. 9 用于设置电子过电流保护的电流值，电子过电流保护功能可防止电动机温度过高，让电动机获得最优性能保护。电子过电流功能参数见表 7-33。

表 7-33　电子过电流功能参数

参数编号	名称	初始值	设置范围		内　容
Pr. 9	电子过电流保护	变频器额定电流	55kW 以下	0 ~ 500A	设定电动机的额定电流
			75kW 以上	0 ~ 3600A	

使用中变频器的额定电流一般均大于电动机的额定电流。电子过电流参数值通常按电动机的额定电流值 × 过载系数（110%）来设置。

在设置电子过电流保护功能参数时还应注意以下几点：

1）电子过电流保护功能在变频器的电源复位及复位信号输入后恢复到初始状态，所以要尽量避免不必要的复位或电源切断。

2）连接多台电动机时，电子过电流保护功能无效，每个电动机需要设置热继电器。

3）变频器与电动机的容量差大，设置值变小时电子过电流保护作用将降低，需要使用热继电器。

4）特殊电动机不能使用电子过电流功能进行保护，而需要使用热继电器。

利用 PLC 实现的车床多段调速控制方案中，1 ~ 7 速调速频率分别用参数 Pr. 4、Pr. 5、Pr. 6、Pr. 24、Pr. 25、Pr. 26、Pr. 27 进行设置。实现 8 ~ 15 速调速时，可依次用参数 Pr. 232 ~ Pr. 238 进行频率设置。并借助其他输入端子，使其功能变为 REX（15 速）功能。相关参数的设置可以查阅 FR - A740 系列产品使用手册。

本书在附录中提供三菱 FR - D700 系列变频器和西门子 MM420 变频器的部分常用参数供学习者参考学习。

【任务实施】

1）按照表 7-34 检查实训设备和器材是否齐全。

表 7-34　实训设备和器材

序　号	名　称	型号与规格	数　量	备　注
1	实训装置	THPFSL - 2	1	
2	变频器实训挂箱	FR - A740	1	
3	导线	3 号/4 号	若干	
4	电动机	WDJ26	1	
5	PLC 模块	FX_{2N}-48MR	1	
6	计算机（带编程软件）		1	

2）正确设置变频器输出的额定频率、额定电压、额定电流、额定功率及额定转速。

3）通过操作面板控制电动机起动和停止；通过操作面板调频，检查变频器的好坏。接入电动机，在 PU 模式下测量并记录控制要求所需的八档运行速度对应的频率，并填入表 7-35 中。

表 7-35　频率与速度对应值记录

转速/(r/min)	75	120	200	300	500	800	1200	2000
频率/Hz								

4）安装接线。根据图 7-29 所示的车床多段调速控制电路图完成 PLC 与变频器的硬件电路接线，确保正确无误。

5）变频器的参数设置。查阅产品使用说明书或相关教材，按照控制要求，对变频器的相关参数逐一进行设置，并记录相关参数设置情况。

6）录入参考程序（按图 7-30 和图 7-31），或重新编译程序。

7）系统调试。结合实际情况进行调试，根据控制要求进行适当修改，以满足车床主拖动系统的变频调速控制要求。观察变频器是否按照事先预置的频率和功能运行；观察并记录变频器、电动机的运转情况，将观察结果填入表 7-36 中。

8）完成各项实训任务后，填写实训记录，认真完成实训报告。

表 7-36　PLC 控制的变频器多段调速控制

输入段速		输出信号				运行记录		设定值
段速	档位开关	Y5	Y4	Y3	Y2	运行频率/Hz	运行转速/(r/min)	对应参数
1 速	SA1	0	1	0	0			
2 速	SA2	0	0	1	0			
3 速	SA3	0	0	0	1			
4 速	SA4	0	0	1	1			
5 速	SA5	0	1	0	1			
6 速	SA6	0	1	1	0			
7 速	SA7	0	1	1	1			
8 速	SA8	1	0	0	0			

【任务测评】

完成任务后对任务实施情况进行检查，在表 7-37 相应的方框中打勾。

表 7-37　卧式车床主拖动系统的变频调速改造任务测评表

序号	能力测评	掌握情况
1	变频器与外围电路连接正确	□好　□一般　□未掌握
2	能根据任务要求正确设置功能参数	□好　□一般　□未掌握
3	PLC 的输入和输出符合被控设备要求	□好　□一般　□未掌握
4	操作步骤正确，能完成通电调试并实时监控变频器	□好　□一般　□未掌握
5	操作调试过程中能及时发现和处理故障	□好　□一般　□未掌握
6	职业素养与安全规范	□好　□一般　□未掌握

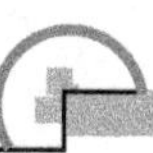

作业与思考

一、填空题

1. 变频器就是利用电力半导体器件的通断作用，将频率、电压________的交流电变换为频率、电压都________的交流电的装置，主要用于对异步电动机的________控制。

2. 变频器具有多段调速功能，三菱 FR-D700 变频器可以设置________段不同运行频率。

3. 按照电路组成分类，变频器可以分为________变频器和________变频器。

4. 按控制方式不同，变频器可以分为________控制、矢量控制和直接转矩控制。

5. FR-D720 变频器的运行控制端子中，STF 的作用是________；STR 的作用是________；RH 的作用是________；RM 的作用是________；RL 的作用是________。

6. 异步电动机定子转速的计算公式为：$n=\frac{60f}{p}(1-s)$，式中，n 表示转速；f 表示________；s 表示________；p 表示________。

7. 根据直流环节的储能方式不同，交-直-交变频器又可分为________和________两种类型。

8. 电压型滤波器是指整流后靠________来滤波，电流型滤波器是指整流后靠________来滤波。

9. 变频器型号是 FR-D720 S-0.4K-CHT，此变频器是________公司生产的，变频器的输入电压级数是________，控制电动机的功率是________ W。

二、选择题

1. 变频调速过程中，为了保持磁通恒定，必须保持（　　）。

A. 输出电压 U 不变　　B. 频率 f 不变　　C. U/f 不变　　D. Uf 不变

2. 变频器的基本频率是指输出电压达到（　　）时输出的频率值。

A. U_n　　B. $U_n/2$　　C. $U_n/3$　　D. $U_n/4$

3. 型号为 FR-D740-2K-CHT 的 E700 变频器适配的电动机容量为（　　）kW。

A. 0.1　　B. 1　　C. 1.5　　D. 2

4. 目前，在中小型变频器中普遍采用的电力电子器件是（　　）。

A. SCR　　B. GTO　　C. MOSFET　　D. IGBT

5. FR-D700 变频器的运行操作模式由参数（　　）设定。

A. Pr. 78　　B. Pr. 125　　C. Pr. 79　　D. Pr. 161

6. 对电动机从基本频率向上的变频调速属于（　　）调速。

A. 恒功率　　B. 恒转矩　　C. 恒磁通　　D. 恒转差率

7. 下列制动方式中，不适用于变频调速系统的是（　　）。

A. 直流制动　　B. 回馈制动　　C. 反接制动　　D. 能耗制动

8. 变频器的节能运行方式只能用于（　　）控制方式。

A. U/f 开环　　B. 矢量　　C. 直接转矩　　D. CVCF

三、简答题

1. 对变频器进行频率给定的方法有哪几种？列举三种方法并画出相应的控制电路。

2. 对车床主拖动系统进行变频调速改造时，如何选择变频器的容量和控制方式？

3. 过电流的原因是什么？应怎样设置参数以避免过电流？

附　　录

附录 A　三菱 FR-D700 系列变频器的部分常用参数

功能	参数	名　　称	设 定 范 围	最小设定单位	初始值
基本功能	0	转矩提升	0~30%	0.10%	6%/4%/3%
	1	上限频率	0~120Hz	0.01Hz	120Hz
	2	下限频率	0~120Hz	0.01Hz	0Hz
	3	基准频率	0~400Hz	0.01Hz	50Hz
	4	多段速度设定（高速）	0~400Hz	0.01Hz	50Hz
	5	多段速度设定（中速）	0~400Hz	0.01Hz	30Hz
	6	多段速度设定（低速）	0~400Hz	0.01Hz	10Hz
	7	加速时间	0~3600s	0.01Hz	5s/10s
	8	减速时间	0~3600s	0.1s	5s/10s
	9	电子过电流保护	0~500A	0.1s	变频器额定电流
直流制动	10	直流制动动作频率	0~120Hz	0.01Hz	3Hz
	11	直流制动动作时间	0~10s	0.1s	0.5s
	12	直流制动动作电压	0~30%	0.10%	4%
—	13	起动频率	0~60Hz	0.01Hz	0.5Hz
—	14	适用负载选择	0~3	1	0
JOG 运行	15	点动频率	0~400Hz	0.01Hz	5Hz
	16	点动加减速时间	0~3600s	0.1s	0.5s
—	17	MRS 输入选择	0、2、4	1	0
—	18	高速上限速率	120~400Hz	0.01Hz	120Hz
—	19	基准频率电压	0~1000V，8888，9999	0.1V	9999
加减速时间	20	加减速基准频率	1~400Hz	0.01Hz	50Hz
失速防止	22	失速防止动作水平	0~200%	0.10%	150%
	23	倍速时失速防止动作水平补偿系数	0~200%，9999	0.10%	9999
多段速度设定	24	多段速度设定（4 速）	0~400Hz，9999	0.01Hz	9999
	25	多段速度设定（5 速）	0~400Hz，9999	0.01Hz	9999
	26	多段速度设定（6 速）	0~400Hz，9999	0.01Hz	9999
	27	多段速度设定（7 速）	0~400Hz，9999	0.01Hz	9999

（续）

功能	参数	名　　称	设 定 范 围	最小设定单位	初始值
—	29	加减速曲线选择	0、1、2	1	0
—	30	再生制动功能选择	0、1、2	1	0
—	71	适用电动机	0、1、2、13、23、40、43、50、53	1	0
—	72	PWM 频率选择	0～15	1	1
—	73	模拟量输入选择	0、1、10、11	1	1
—	74	输入滤波时间常数	0～8	1	1
—	75	复位选择/PU 脱离检测/PU 停止选择	0～3、14～17	1	14
—	77	参数写入选择	0、1、2	1	0
—	78	反转防止选择	0、1、2	1	0
—	79	运行模式选择	0、1、2、3、4、6、7	1	0
电动机常数	80	电动机容量	0.1～7.5kW，9999	0.01kW	9999
	82	电动机励磁电流	0～500A，9999	0.01A	9999
	83	电动机额定电压	0～1000V	0.1V	400V
	84	电动机额定频率	10～120Hz	0.01Hz	50Hz
	90	电动机常数（R1）	0～50Ω，9999	0.001Ω	9999
—	158	AM 端子功能选择	1～3、5、8～12、14、21、24、52、53、61、62	1	1
—	160	扩展功能显示选择	0、9999	1	9999
—	161	频率设定/键盘锁定操作选择	0、1、10、11、	1	0
再起动	162	瞬时停电再起动动作选择	0、1、10、11、	1	1
	165	再起动失速防止动作水平	0～200%	0.10%	150%
多段速度设定	232	多段速度设定（8 速）	0～400Hz，9999	0.01Hz	9999
	233	多段速度设定（9 速）	0～400Hz，9999	0.01Hz	9999
	234	多段速度设定（10 速）	0～400Hz，9999	0.01Hz	9999
	235	多段速度设定（11 速）	0～400Hz，9999	0.01Hz	9999
	236	多段速度设定（12 速）	0～400Hz，9999	0.01Hz	9999
	237	多段速度设定（13 速）	0～400Hz，9999	0.01Hz	9999
	238	多段速度设定（14 速）	0～400Hz，9999	0.01Hz	9999
	239	多段速度设定（15 速）	0～400Hz，9999	0.01Hz	9999

附录B　西门子MM420变频器的部分常用参数

序号	变频器参数	出厂值	设定值	功能说明
1	P0304	230V	380V	电动机的额定电压（380V）
2	P0305	3.25A	0.35A	电动机的额定电流（0.35A）
3	P0307	0.75W	0.06W	电动机的额定功率（60W）
4	P0310	50.00Hz	50.00Hz	电动机的额定频率（50Hz）
5	P0311	0r/min	1430r/min	电动机的额定转速（1430r/min）
6	P1000	2Hz	3Hz	固定频率设置
7	P1080	0Hz	0Hz	电动机的最小频率（0Hz）
8	P1082	50Hz	50.00Hz	电动机的最大频率（50Hz）
9	P1120	10s	10s	斜坡上升时间（10s）
10	P1121	10s	10s	斜坡下降时间（10s）
11	P0700	2	1	BOP设置
		2	2	选择命令源（由端子排输入）
		2	4	通过BOP链路的USS设置
		2	5	通过COM链路的USS设置
		2		通过COM链路的通信板设置
12	P0701	1	17	固定频率设置（二进制编码选择+ON命令）
		1	1	ON/OFF（接通正转/停止命令1）
13	P0702	12	17	固定频率设置（二进制编码选择+ON命令）
		12	12	反转
14	P0703	9	17	固定频率设置（二进制编码选择+ON命令）
		9	4	OFF3（停车命令3）按斜坡函数曲线快速降速停车
15	P1001	0.00Hz	5.00Hz	固定频率1
16	P1002	5.00Hz	10.00Hz	固定频率2
17	P1003	10.00Hz	20.00Hz	固定频率3
18	P1004	15.00Hz	25.00Hz	固定频率4
19	P1005	20.00Hz	30.00Hz	固定频率5
20	P1006	25.00Hz	40.00Hz	固定频率6
21	P1007	30.00Hz	50.00Hz	固定频率7

附录 C　常用机床电气故障检修测评标准

1. 电气自动化专业技能抽考机床控制电路分析与故障处理测评标准

测评内容		配分	考核点
职业素养与操作规范（20 分）	工作准备	10	清点元件、仪表、电工工具、电动机并摆放整齐；穿戴好劳动防护用品
	6S 规范	10	操作过程中及作业完成后，保持工具、仪表、元件、设备等摆放整齐；操作过程中无不文明行为，具有良好的职业操守，独立完成考核内容，合理解决突发事件；具有安全用电意识，操作符合规范要求
继电器控制系统的障分析（80 分）	观察故障现象	10	操作机床屏柜观察并写出故障现象
	故障处理步骤及方法	10	采用正确、合理的操作方法和步骤进行故障处理；熟练操作机床，掌握正确的工作原理；正确选择并使用工具、仪表，进行继电器控制系统的故障分析与处理，操作规范，动作熟练
	写出故障原因及排除方法	20	写出故障原因及正确排除方法，故障现象分析正确，故障原因分析正确，处理方法得当
	排除故障	40	故障点正确；采用正确方法排除故障，不超时，按定时处理问题
工时			80min

2. 机电一体化专业电路故障诊断与检修项目测评标准

测评内容		配分	考核点	备注
操作规范与职业素养（20 分）	工作前准备	10	清点仪表、工具并摆放整齐；穿戴好劳动防护用品	出现明显失误造成安全事故者，以及严重违反考场纪律造成恶劣影响者，本次测试记 0 分
	6S 规范	10	操作过程中及任务完成后，保持工具、仪表、设备等摆放整齐；操作过程中无不文明行为，具有良好的职业操守，独立完成考核内容，合理解决突发事件；具有安全意识，操作符合规范要求；任务完成后清理、清扫工作现场	
作品（80 分）	调查研究	10	操作设备，对故障现象进行调查研究	
	故障分析	15	分析产生故障的可能原因，划定最小故障范围	
	故障查找	15	正确使用工具和仪表，选择正确的故障检修方法，找到故障现象对应的故障点	
	故障排除	40	在规定时间内找出故障点并排除故障	

附录 D　机电一体化专业湖南省技能抽考机床检修图样

1. M7120 型平面磨床电气控制线路故障图

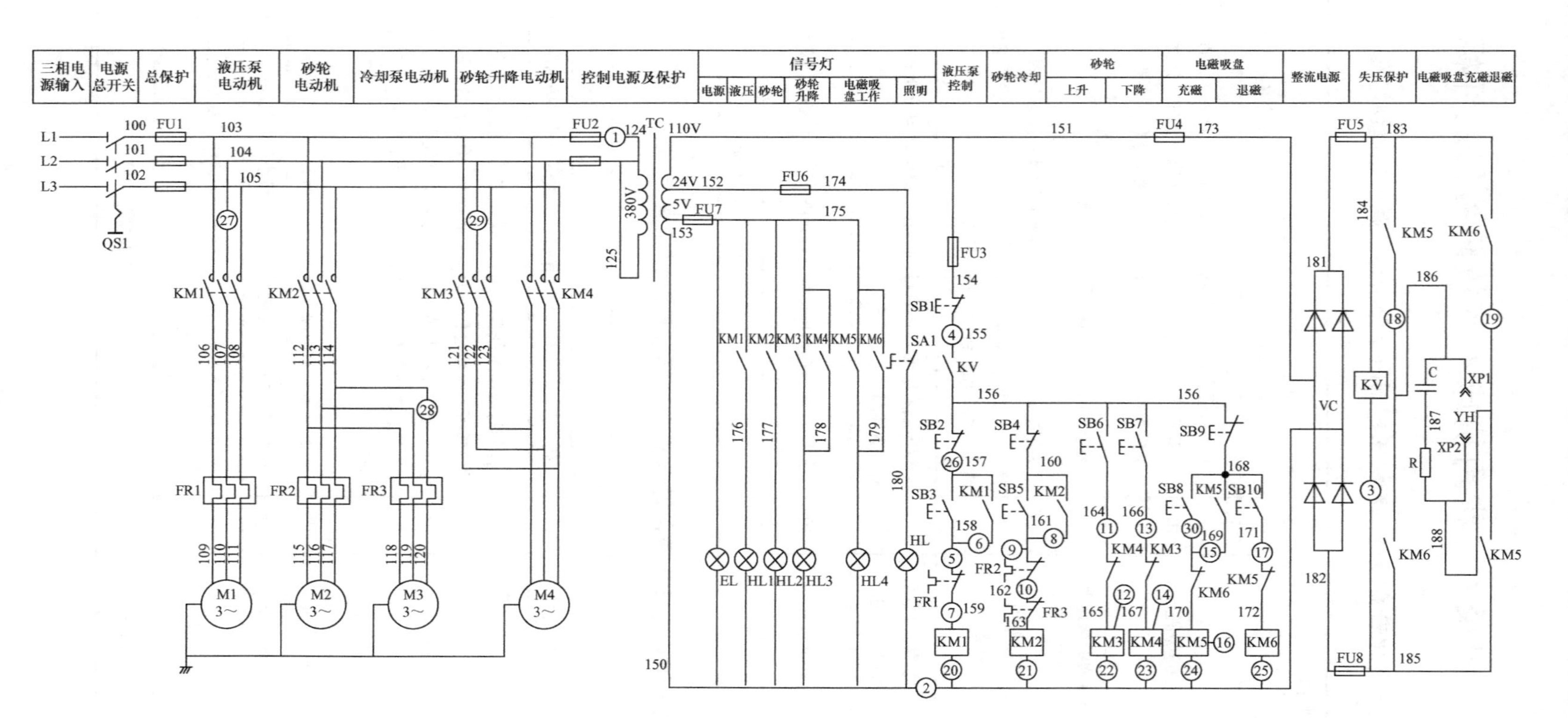

图 D-1　M7120型平面磨床电气控制线路故障图

2. T68型卧式镗床电气控制线路故障图

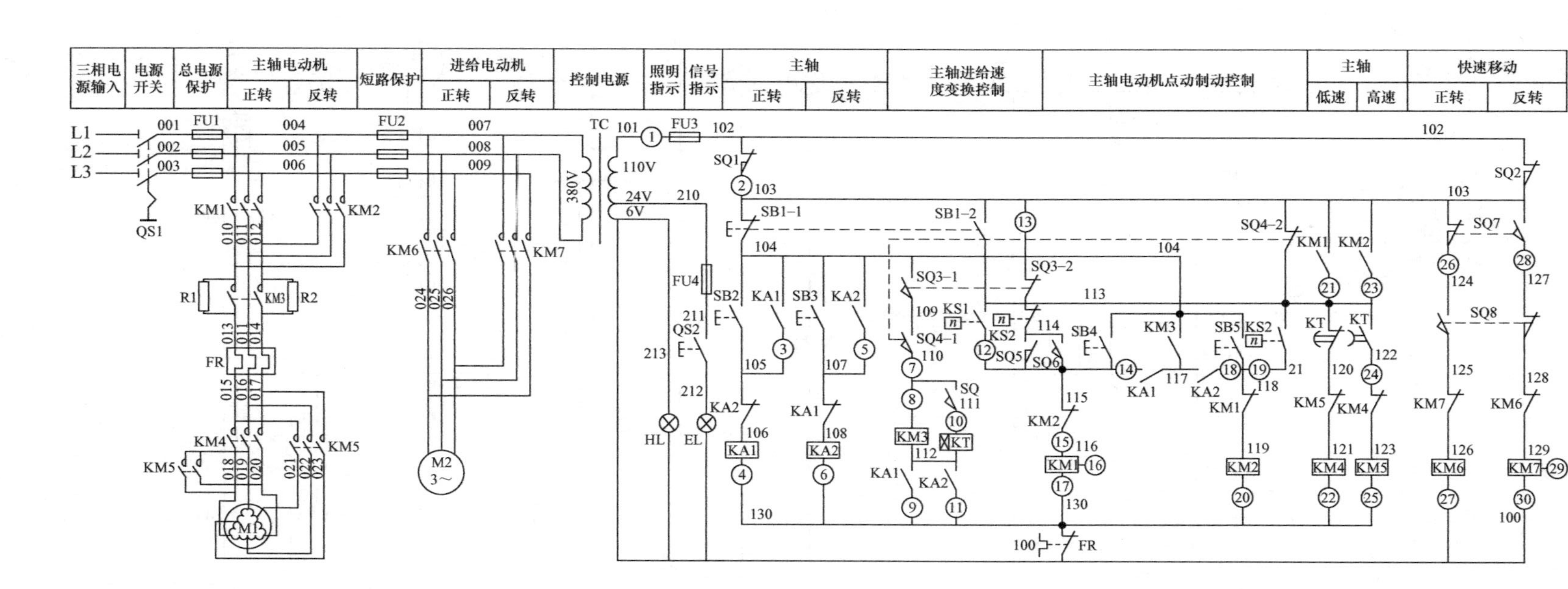

图D-2　T68型卧式镗床电气控制线路故障图

3. X62W型万能铣床电气控制线路故障图

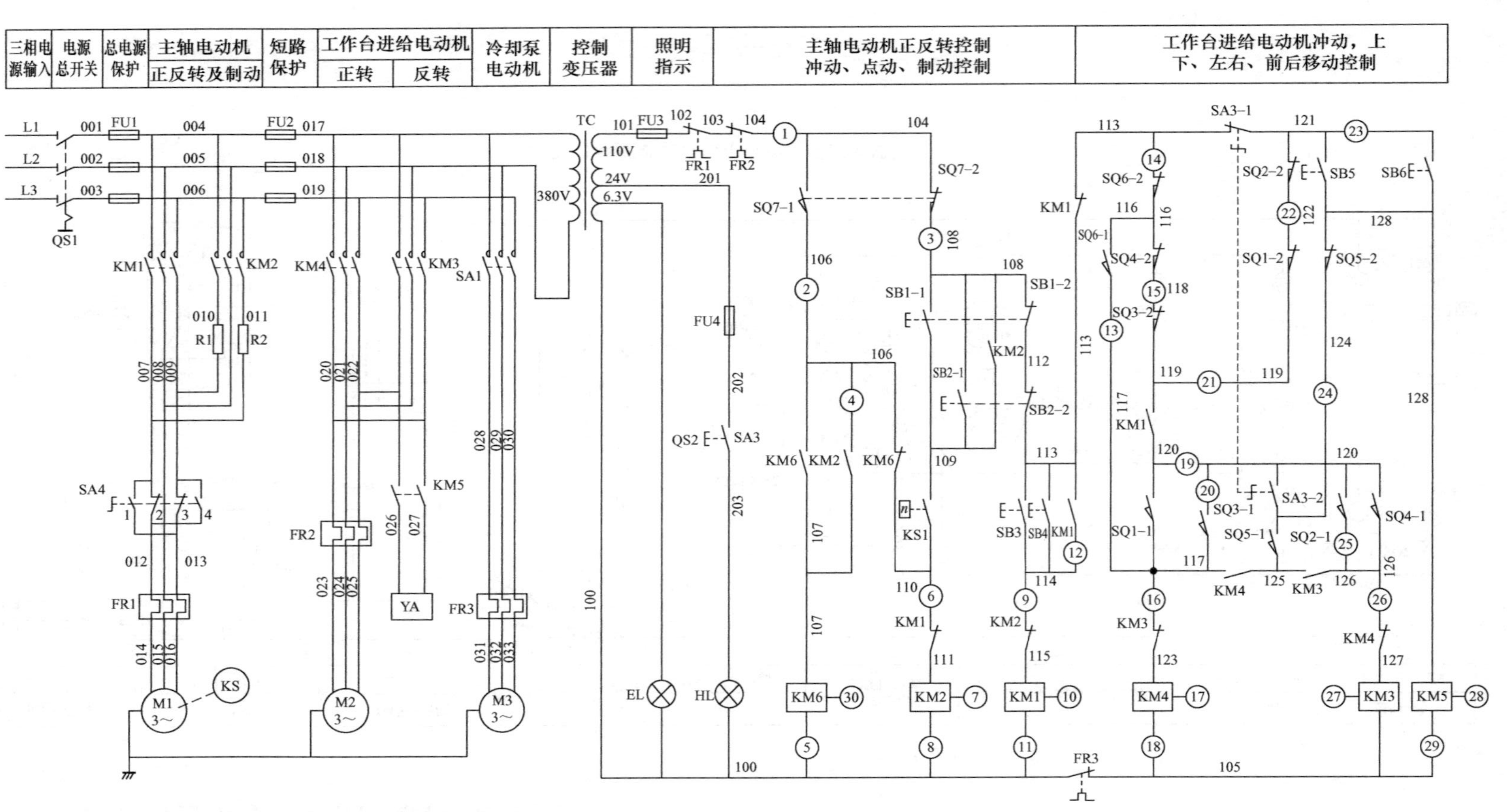

图D-3　X62W型万能铣床电气控制线路故障图

4. Z3050型摇臂钻床电气控制线路故障图

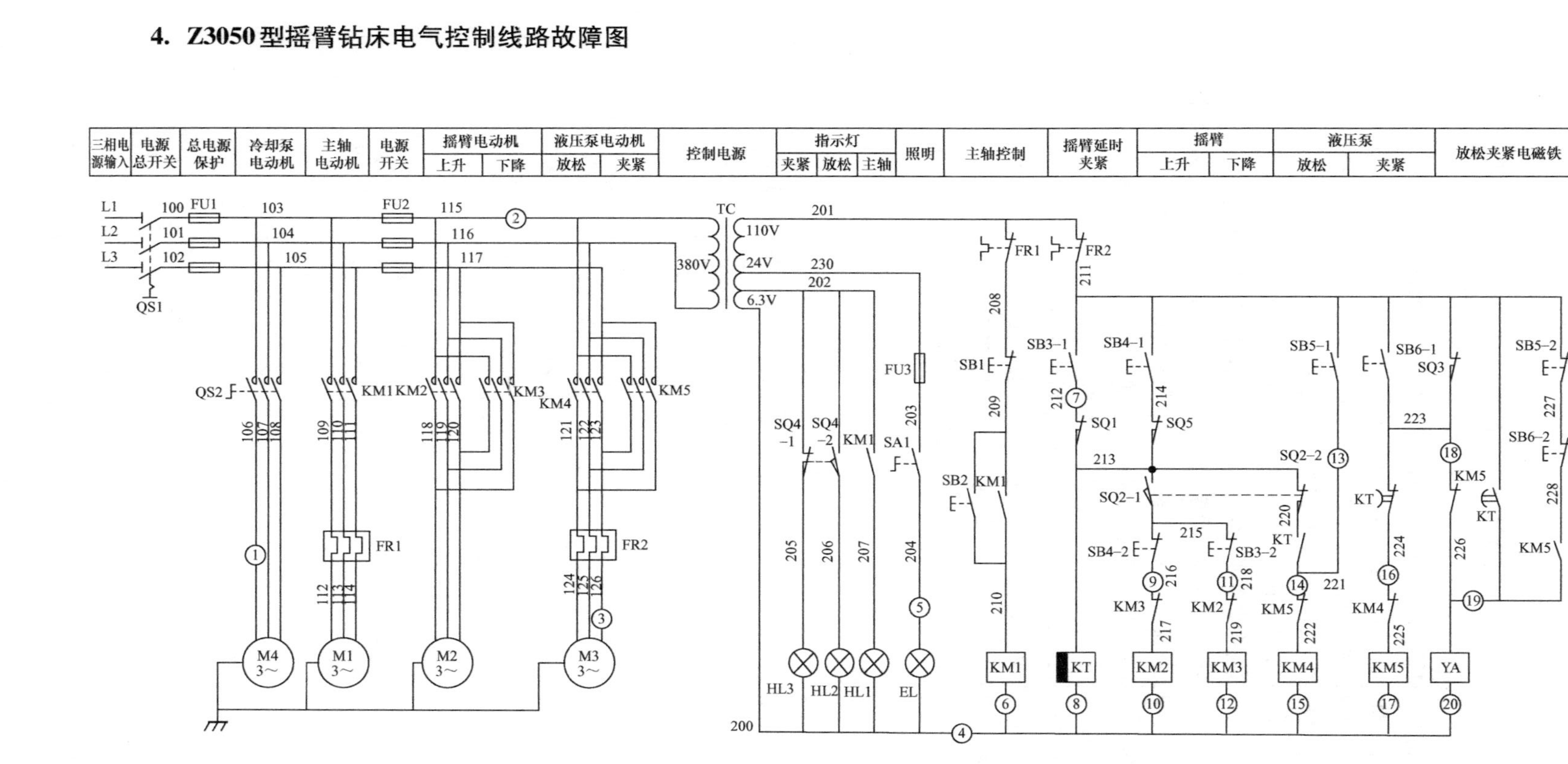

图 D-4　Z3050型摇臂钻床电气控制线路故障图

参 考 文 献

[1] 王兵. 常用机床电气检修 [M]. 北京：中国劳动社会保障出版社，2014.
[2] 瞿彩萍. PLC 应用技术 [M]. 北京：中国劳动社会保障出版社，2006.
[3] 李敬梅. 电力拖动控制线路与技能训练 [M]. 北京：中国劳动社会保障出版社，2007.
[4] 余波. 常用机床电气设备维修 [M]. 北京：中国劳动社会保障出版社，2006.
[5] 华满香，刘小春. 电气控制与 PLC 应用 [M]. 北京：人民邮电出版社，2012.
[6] 刘美华，周惠芳，唐如龙. 电工电子实训 [M]. 北京：高等教育出版社，2014.
[7] 岳庆来. 变频器、可编程序控制器及触摸屏和综合应用技术 [M]. 北京：机械工业出版社，2006.
[8] 曹菁. 三菱 PLC、触摸屏和变频器应用技术 [M]. 北京：机械工业出版社，2010.
[9] 胡俊达，周惠芳，郭鹏. 工业控制与 PLC 应用入门 [M]. 北京：中国电力业出版社，2014.
[10] 薛晓明. 变频器技术与应用 [M]. 北京：北京理工大学出版社，2009.
[11] 郭艳萍. 变频器应用技术 [M]. 北京：北京师范大学出版社，2000.
[12] 王少华. 电气控制与 PLC 应用 [M]. 长沙：中南大学出版社，2013.
[13] 廖常初. PLC 电气编程及应用 [M]. 北京：机械工业出版社，2008.
[14] 王兰军，王炳实. 机床电气控制 [M]. 北京：机械工业出版社，2007.